MANUEL

DE

MÉTÉOROLOGIE,

OU

EXPLICATION

THÉORIQUE ET DÉMONSTRATIVE

DES PHÉNOMÈNES CONNUS SOUS LE NOM DE MÉTÉORES;

PAR J. B. FELLENS,

Membre de l'Athénée des Arts, de la Société Grammaticale
de Paris, etc.

PARIS.

À LA LIBRAIRIE ENCYCLOPÉDIQUE DE RORET,

RUE HAUTEFEUILLE, N° 10 BIS, AU COIN DE LA RUE DU BATTOIR.

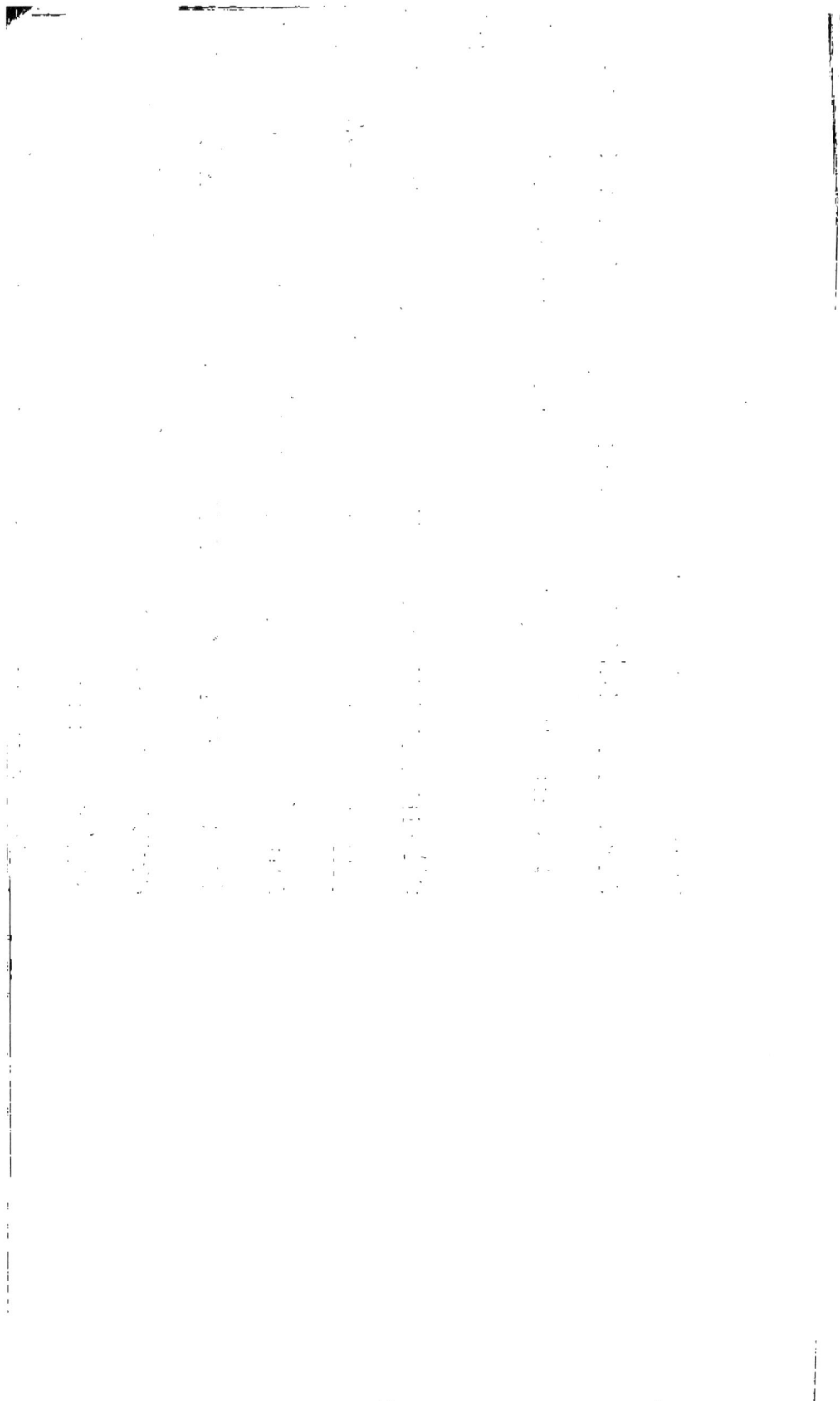

MANUEL

DE

MÉTÉOROLOGIE.

MANUEL

DE

MÉTÉOROLOGIE,

OU

EXPLICATION

THÉORIQUE ET DÉMONSTRATIVE

DES PHÉNOMÈNES CONNUS SOUS LE NOM DE MÉTÉORES;

Ouvrage extrêmement méthodique, à l'usage de toutes
les classes de lecteurs;

PAR J.-B. FELLENS,

Membre de l'Athénée des Arts, de la Société Grammaticale
de Paris, etc.

PARIS,

A LA LIBRAIRIE ENCYCLOPÉDIQUE DE RORET,

RUE HAUTEFEUILLE, N° 10 BIS,

1833.

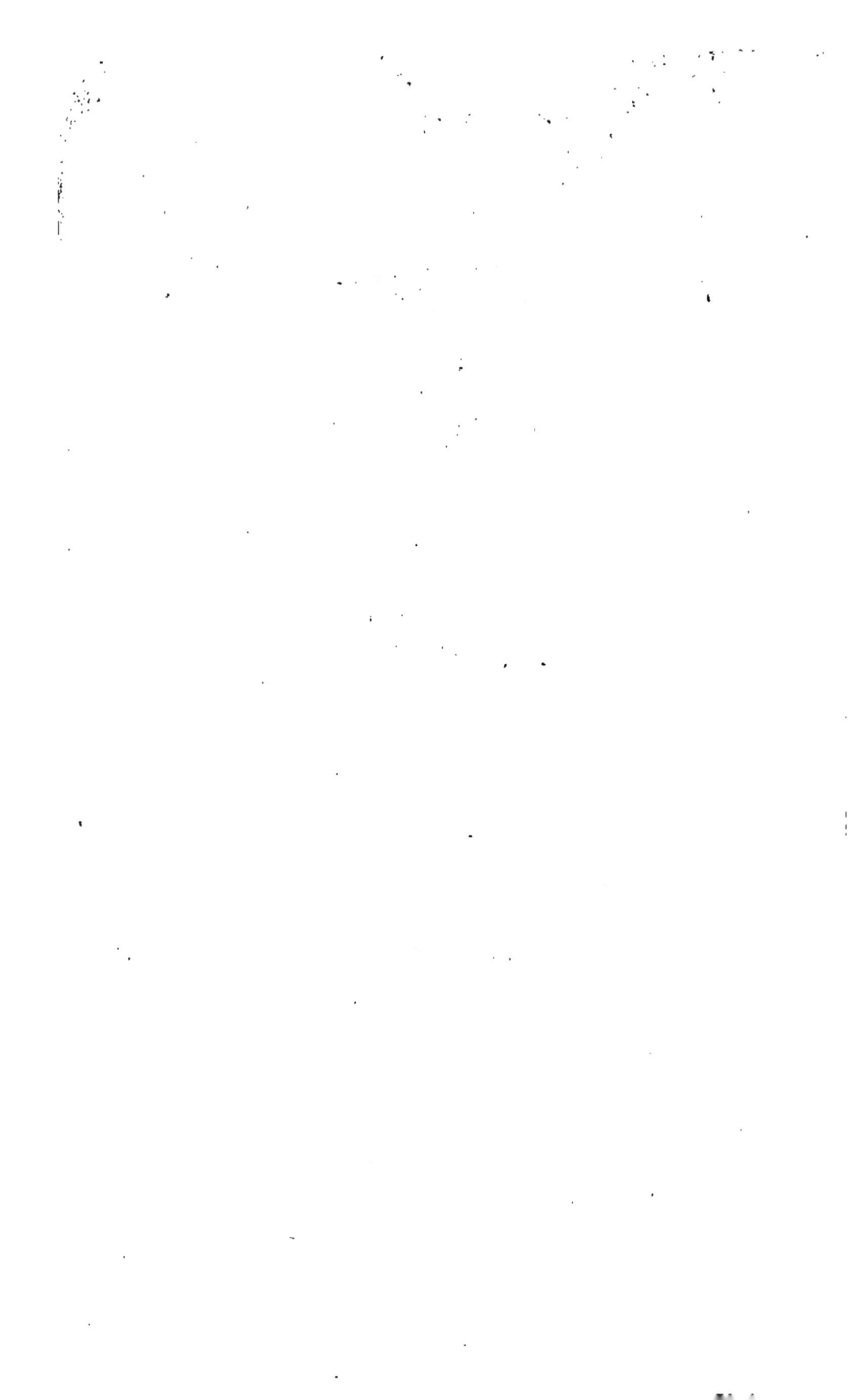

PRÉFACE.

UNE des marques les moins douteuses de l'esprit d'instruction qui nous anime aujourd'hui, c'est le goût prononcé qui paraît diriger la jeunesse vers les études positives, vers les sciences physiques et naturelles. Les abstractions de la métaphysique, les rêveries spéculatives des inventeurs de certains systèmes, qui n'ont pour fondement ni la certitude mathématique, ni l'autorité des savans philosophes, et que le temps n'a point fait passer par le creuset de l'expérience ; toutes ces opinions extravagantes, sujets insipides de tant d'*infolios* depuis long-temps oubliés, si toutefois il en reste encore sur les rayons poudreux de quelques bibliothèques du moyen âge ; opinions que défendaient jadis avec une autorité toute-puissante de très-graves docteurs, qui n'en étaient pas moins ridicules ; toutes ces aberrations d'une raison encore dans l'enfance ; ces vieilles erreurs, taches héréditaires que le genre humain a malheureusement lavées dans des ruisseaux de sang ; tout cela est regardé maintenant comme au-

1

tant de frivoles niaiseries, et l'on s'étonne-
rait justement, de nos jours, que des systèmes aussi erronés, soit en politique, soit en
morale, soit même en matière de religion
(voy. *l'ancienne Encyclopédie et les Crimes
de la Révolution*), aient pu trouver un seul
défenseur, s'il n'était prouvé que l'ambition
s'étaie souvent de ce qu'il y a de plus absurde, parce que dans les siècles d'ignorance,
de même qu'aux époques d'abrutissement, ce
sont toujours les maximes les plus ridicules
qui font fortune.

Quelle était donc la folie de nos malheureux ancêtres? Le temps et l'opinion sont parvenus à faire justice de tant de sottises, de
tant de crimes; et, grâce aux bienfaisantes
institutions qui nous régissent, la tolérance
est presque érigée en culte, et l'étude de la vérité, du moins, est érigée positivement en loi.

Animée des sentimens les plus philantro-
piques, l'Université de France, qui chaque
jour acquiert, par ses sages réglemens, des
droits inaltérables à la reconnaissance de la
patrie, comprenant d'ailleurs combien la connaissance des sciences positives est la base iné-
branlable de toute doctrine, et le fondement
assuré du bonheur de l'homme sur la terre;
l'Université, dis-je, recommande chaque an-

née, d'une manière précise, l'étude de la physique, même aux jeunes adeptes qui ne se proposent d'entrer que dans la carrière des lettres ; tant la connaissance des sciences naturelles paraît être un besoin de notre époque, parce que c'est là que les écarts de l'imagination se trouvent contenus dans les bornes les plus étroites ; c'est là seulement que la vérité ne se couvre pas de voiles impénétrables. Ceux dont elle s'enveloppe, soulevés en partie par les efforts des Coulomb, des Lavoisier, des Laplace, etc., dans le dernier siècle, finiront par être déchirés entièrement pendant le siècle présent, par les travaux des Cuvier, dans l'Histoire générale de la Nature ; par les expériences des Gay-Lussac, des Thénard, des Biot ; enfin par les recherches d'une foule de savans dans la partie des sciences purement physiques.

Sans doute il reste encore des points douteux, et d'autres qui ne sont pas suffisamment éclaircis. Il est dans la science de la nature des difficultés que l'esprit de l'homme ne pénétrera peut-être jamais ; car la nature est immense, elle est infinie, et le génie de l'homme est essentiellement fini. Son ambition, il est vrai, ne connaît pas de limites ; mais que celles de son pouvoir sont resserrées . . . . . .!

Au milieu d'un domaine aussi vaste qu'est le champ des sciences naturelles, dont il est donné à peu de génies de pouvoir embrasser l'ensemble, nous avons dû nous attacher à l'exploitation d'une partie qui doit être, en quelque sorte, le vestibule de l'histoire de la nature. La météorologie, qui donne l'explication d'une foule d'effets extrêmement curieux, dont nous sommes tous les jours les témoins, nous a paru réunir le double mérite de l'utile et de l'agréable; et nous nous sommes attachés d'autant plus volontiers à cette matière, que notre travail se bornait à mettre en ordre et à développer les leçons que nous donnons à nos élèves (1), en leur faisant suivre, dans leurs momens de loisir, un cours de météorologie, auquel ils s'adonnent généralement avec un plaisir, un empressement qui nous a fourni la preuve de l'intérêt qu'un pareil sujet pourrait offrir, s'il était traité méthodiquement.

Nous avons entrepris ce travail, mais sans nous dissimuler les difficultés qu'il nous faudrait surmonter, sans prétendre donner au public un ouvrage parfait. Notre intention

---

(1) L'auteur de ce Manuel tient une maison d'éducation de jeunes gens, à Saint-Denis.

était seulement de réunir en un corps d'ouvrage les observations que nous avons faites, et le résultat de quinze années d'étude sur une matière encore peu approfondie.

La première difficulté sortait du sujet même. Il s'agissait d'en poser les limites ; car les sciences naturelles s'enchaînent de telle sorte, qu'il est impossible de parcourir la carrière que nous ouvre l'une de ces sciences, sans faire des incursions sur les terres voisines. Ici les champs de la chimie, et surtout ceux de la physique, sont les terrains que nous avons particulièrement mis à contribution.

Une autre difficulté naissait de la nature de nos occupations, qui peuvent paraître incompatibles avec les recherches qu'exige la rédaction d'un ouvrage qui demandait une certaine application. Le temps consacré à cette étude ne pourrait-il pas être considéré comme un vol fait aux jeunes gens qui nous sont confiés ? De deux choses n'avions-nous pas à craindre l'une ? Ou de paraître négliger les devoirs de notre état, pour nour occuper exclusivement de la confection de notre livre ; ou bien d'être détourné de notre travail par les soins qu'exigent naturellement nos élèves. Nous avons pressenti cette difficulté dans toute son importance ; mais considérant que c'était

travailler dans l'intérêt même de la jeunesse,
que de chercher à lui offrir un ouvrage dans
lequel elle pourrait puiser des connaissances
préliminaires qui lui procureraient l'avantage
de se livrer ensuite avec plus de fruit à l'étude
des hautes sciences ; nous rappelant, toutefois
sans avoir le ridicule de nous comparer à Rol-
lin , que cet homme , célèbre dans les fastes
de l'instruction publique , a composé , malgré la gravité de ses occupations , des ouvrages autrement volumineux que notre Manuel;
ayant lu qu'il recommande expressément aux
professeurs et aux régens de préparer des
devoirs pour leurs écoliers , et d'y consacrer
leurs loisirs, leurs veilles mêmes , nous n'a-
vons pas hésité à suivre les traces et les conseils d'un si grand maître , pensant , d'un autre côté , que ce serait rendre service aux instituteurs , que de leur offrir un livre propre
à initier leurs élèves aux mystères de la météorologie. Nous avons eu en même temps
pour but d'inspirer le goût de l'histoire naturelle , et d'aplanir la route aux personnes qui,
par la nature de leurs occupations, sont privées du loisir nécessaire pour en faire une
étude complète et approfondie.

Déjà plusieurs ouvrages , aussi instructifs
qu'amusans, ont contribué d'une manière di-

recte à répandre ce goût si noble , qui paraît
entraîner la jeunesse de nos jours vers l'histoire de la nature. Les écrits de l'immortel
Buffon ont commencé à rendre populaires des
connaissances qui , jusqu'à ce grand homme,
étaient le partage d'un petit nombre d'adeptes. Le dictionnaire de Valmont de Bomare,
véritable encyclopédie naturelle , en procu-
rant , par ordre alphabétique, des alimens faciles à la curiosité , n'a pas moins contribué,
que les ouvrages du grand peintre de la nature , à propager la science dans toutes les
classes de la société. Et de nos jours, un ouvrage dans lequel l'auteur a présenté ses leçons
sous une forme tellement ingénieuse , que
les enfans et les grandes personnes ne se las-
sent pas de le relire , ouvrage intitulé : *Les
Veillées du Château* , a rendu presque classique la connaissance de certains faits d'histoire
naturelle , auparavant enfouis dans une multitude de volumes. Plus récemment encore ,
M. Aimé Martin , dans ses *Lettres à Sophie sur
la physique , la chimie et l'histoire naturelle,*
a rassemblé les fleurs de la science , et les a
même ornées des charmes d'une poésie déli-
cieuse et souvent sublime ; enfin , par le plaisir que cet aimable écrivain fait goûter à ses
lecteurs , il les entraîne presque malgré

eux , il les séduit réellement , et les initie insensiblement aux mystères de la science.

Loin de nous la prétention d'établir un parallèle entre notre livre et les écrits si connus de ces aimables auteurs. Le seul point de comparaison qui puisse s'y trouver , c'est sans doute le fond du sujet , puisque les questions traitées dans ce Manuel sont , comme dans les ouvrages précités , entièrement du ressort de l'histoire naturelle.

Peut-être devrions-nous dire un mot sur les savans qui ont consacré leur vie à rechercher les causes des phénomènes météorologiques ; mais ici nous ne faisons point l'histoire de la météorologie ; nous nous contenterons donc de payer un juste tribut d'hommages aux Muschembroeck et surtout aux Saussure , qui les premiers se sont livrés , d'une manière spéciale , à l'observation pour l'avancement de cette branche des sciences naturelles. Les précieuses découvertes du dernier de ces savans ont immortalisé son nom dans les annales de la météorologie. Après lui , d'autres physiciens renommés , les Volta , les Leslie , les Humboldt, ont encore tenté de multiplier les connaissances assez imparfaites sur lesquelles on appuyait la théorie des faits météorologiques; et de nos jours, les observations continuelles des Arago et des autres membres du bureau des longitudes de Paris auront immanquablement pour résultat prochain le perfectionnement complet de cette partie importante de l'histoire de la nature.

Nous ajouterons peu de chose; c'est relativement au plan adopté dans la rédaction de notre ouvrage. Ayant sans cesse en vue la jeunesse, à qui nous dédions spécialement le fruit de nos travaux, nous avons fait en sorte de passer toujours du simple au composé, du connu à l'inconnu. Pour y parvenir plus sûrement, nous avons fait précéder nos explications d'un glossaire, renfermant un développement abrégé des termes scientifiques, ou des faits dont la connaissance est nécessaire pour entendre la suite de notre théorie. Le glossaire est suivi d'un chapitre intitulé, *Principes*, qui renferme des considérations générales sur l'air, l'eau, la lumière, le feu et l'électricité, véritables *élémens* des phénomènes météorologiques. Ensuite nous passons à l'application des météores, que nous divisons en quatre classes, contre la coutume des physiciens, qui réunissent ordinairement les phénomènes lumineux avec les météores ignés. Des raisons puissantes nous ont déterminé à établir une distinction à cet égard :

nous les motiverons dans le cours de l'ouvrage. Nous ferons aussi remarquer que notre
théorie étant fondée sur une suite de faits généraux et constans, quelques exceptions particulières pourraient la contrarier, sans la détruire.

En un mot, nous n'avons rien négligé pour
rendre cet ouvrage digne de contribuer à la propagation des connaissances physiques ; puisse-
t-il inspirer aux jeunes étudians le goût des
sciences naturelles ! Ce sera la première récom-
pense de nos travaux et le prix que nous am-
bitionnons le plus ardemment.

N. B. Le lecteur observera que les chiffres
placés en parenthèse renvoient à un numéro
qu'il est important de consulter.

GLOSSAIRE

DES TERMES SCIENTIFIQUES EMPLOYÉS DANS CET OUVRAGE.

A

AÉRIFORME. Terme qu'on applique aux matières légères, invisibles, qui ont la forme et les propriétés physiques de l'air.

AÉROLITES, ou *pierres à tonnerre*. Ce sont des pierres qui tombent des hauteurs de l'atmosphère sur la terre. (Voy. la table.)

AFFINITÉ. Ce mot désigne ou la propriété par laquelle les molécules de même nature s'unissent les unes aux autres, ou celle qui porte certaines matières hétérogènes à s'unir entre elles par une espèce de préférence; ainsi, l'eau a plus d'affinité pour le vin que pour l'huile.

AIGUILLE MAGNÉTIQUE. C'est une petite lame d'acier, montée sur un pivot et parfaitement mobile, dont l'une des extrémités est fortement aimantée, ce qui donne à cette pointe la propriété de se tourner vers le nord.

AIR. Fluide invisible répandu principalement à la surface de la terre, autour de nous. Dans la physique ancienne, c'était un des quatre élémens; les chimistes modernes ont trouvé l'art de le décomposer. (Voy. l'art. *Air* dans le corps de l'ouvrage.)

ANGLE. On appelle *angle* le coin ou l'ouverture que forment deux lignes ou deux plans qui se coupent. L'angle est *droit*, quand les lignes sont perpendiculaires l'une sur l'autre ; un angle plus grand que le droit s'appelle *obtus*, et l'on donne le nom d'*aigu* à celui qui est moins grand que l'angle droit.

ANTARCTIQUE. Ce terme, qui signifie *opposé à l'arctique*, s'emploie pour désigner les parties les plus méridionales du ciel ; il s'applique également aux contrées qui y correspondent, au pôle du sud, et au cercle qui borne la zone glaciale méridionale.

APOGÉE. C'est le point qu'un corps céleste occupe, lorsque, dans sa course, il se trouve le plus éloigné de notre globe ; ce terme désigne particulièrement le point de l'orbite de la lune où ce satellite est à sa plus grande distance de la terre.

ARC-EN-CIEL. Phénomène lumineux généralement connu ; nous en expliquerons la cause dans la suite de l'ouvrage.

ARCTIQUE, mot qu'on applique aux parties les plus septentrionales du ciel, aux contrées qui y correspondent, au pôle du nord, et au cercle qui borne la sphère glaciale septentrionale.

ARÊTE, ligne qui joint deux angles dans un solide, et qui est contiguë à deux faces.

ATMOSPHÈRE. C'est la masse d'air qui environne la terre, masse qu'on suppose s'élever jusqu'à la hauteur de quinze lieues.

ATOMES, particules de poussière extrêmement fines, qui nagent continuellement dans l'air, et qui deviennent visibles dans un endroit obscur, si l'on y introduit un rayon du soleil.

ATTRACTION, loi générale par laquelle les corps s'attirent mutuellement ; c'est par l'effet de l'attraction terrestre que les pierres jetées en l'air retombent sur le sol.

—CHIMIQUE, ou *attraction moléculaire ;* c'est, sous d'autres termes, la propriété que nous avons expliquée au mot *Affinité.*

AURORE. Lumière que le soleil répand dans l'atmosphère quelque temps avant son lever.

— BORÉALE. Lumière blanchâtre assez vive qui paraît éclairer la partie septentrionale du ciel pendant la nuit, principalement dans les contrées du nord. C'est un phénomène lumineux.

AUSTRAL. Ce terme s'applique aux contrées situées dans l'hémisphère antarctique ou méridional. *Pôle austral, terres australes.*

AUTOMNE, l'une des quatre saisons de l'année ; elle commence à l'équinoxe d'automne le 22 ou le 23 septembre, et finit au solstice d'hiver, le 22 ou le 23 décembre.

AVALANCHES, masses de neige qui se détachent souvent des Alpes, des Pyrénées et d'autres montagnes fort élevées ; elles augmentent progressivement de volume, entraînent tout sur leur passage, et ensevelissent, dans leur chute, des maisons, des villages, et même des villes entières. On les nomme aussi *lavanches.*

AXE *du monde,* ligne droite qu'on suppose passer par le centre de la terre et aboutir à chacun de ses pôles. C'est sur cette ligne que la terre fait sa révolution diurne d'occident en orient.

Azote, espèce de gaz qui entre pour les trois quarts dans la composition de l'air atmosphérique.

B

Baromètre, instrument qui indique les variations du poids de l'atmosphère ou de la pression de l'air. Voyez-en la description (12).

Bolide, phénomène igné qui se manifeste dans l'atmosphère sous la forme d'une boule de feu.

Boréal, terme corrélatif de celui d'*austral;* il s'applique particulièrement à la partie du globe située dans l'hémisphère arctique ou septentrional. On dit *pôle boréal, contrées boréales.*

Boussole. Instrument employé dans la navigation pour déterminer la route des vaisseaux; on s'en sert aussi à terre pour s'orienter, c'est-à-dire pour reconnaître les quatre points cardinaux. La boussole se compose principalement de l'aiguille magnétique qui se meut autour d'un cadran sur lequel sont tracés les 32 airs ou rhumbs de vent, et dont la circonférence est divisée en 360 degrés.

Brouillard, phénomène aqueux formé de vapeurs qui se réunissent en gouttelettes extrêmement fines, et qui altèrent la transparence de l'air.

Bruine, espèce de brouillard dont les molécules sont moins fines, en sorte qu'elles tombent sur la terre en forme de petite pluie.

C

Calorique. Espèce de fluide d'une extrême subtilité qui pénètre dans tous les corps, les étendant ou les dilatant par sa présence, et donnant lieu à un effet tout contraire quand son intensité diminue. On l'appelle ordinairement *gaz calorique*; c'est le principe de la chaleur et l'un des agens les plus puissans de la nature.

CARDINAUX (*points*). Points du ciel auxquels on rapporte les différentes parties du globe. On en distingue quatre: le nord ou septentrion, le sud ou midi, l'est ou l'orient, et l'ouest ou l'occident. En regardant le nord, on a derrière soi le sud, à droite l'est, et l'ouest à gauche.

CENTRE, point pris dans l'intérieur d'une sphère et également éloigné de tous les points de la surface de cette sphère; dans un cercle, c'est un point pris sur la surface du cercle, et également distant de tous les points de la circonférence.

— *de gravité*, point par lequel un corps doit être suspendu pour se tenir en équilibre.

CENTRIFUGE (*force*). Loi qui sollicite les molécules de la matière à gagner les points les plus éloignés du centre, dans les corps mus circulairement.

CENTRIPÈTE (*force*). Loi par laquelle les planètes sont attirées vers le soleil; c'est aussi une loi semblable qui détermine les corps à tomber vers le centre de la terre.

CERCLES. Lignes qu'on suppose tirées dans le ciel ou autour de la terre, à différentes distances les unes des autres, dans la direction de l'est à l'ouest: comme la terre est ronde, ces lignes forment des cercles.

— POLAIRES. Ce sont les deux cercles les plus voisins de l'un et de l'autre pôle ; ils n'en sont éloignés que de 23 degrés et demi.

CIEL. Espace immense d'une couleur bleu d'azur, qui environne la terre, et dans lequel se meuvent tous les astres.

CLIMAT. C'est la partie de la terre comprise entre deux cercles parallèles à l'équateur. On compte ordinairement soixante climats, trente de chaque côté de l'équateur, jusqu'à l'un et l'autre pôle.

COMBUSTION. Décomposition des corps par l'action du feu.

CONDENSATION. Propriété inhérente à la matière, et en vertu de laquelle les pores se rétrécissent, et les corps, en s'épaississant, diminuent de volume.

CONGÉLATION. Effet produit par l'action d'un froid assez vif : la glace est le résultat de la congélation de l'eau.

CONJONCTION. Rencontre de deux astres par rapport à nous, lorsqu'ils passent l'un devant l'autre : la conjonction est *centrale* lorsqu'une ligne droite, tirée du centre de la terre par l'un de ces astres, passerait par le centre de l'autre ; dans ce cas, il y aurait éclipse ; mais la conjonction n'est qu'apparente quand la ligne, que l'on suppose passer par les deux astres, ne traverse pas le centre de la terre.

COURONNE, phénomène lumineux. C'est un cercle coloré qui paraît accidentellement autour du soleil ou autour de la lune (*V. la table*).

CRATÈRE. Foyer ou bouche d'un volcan ; cavité par où sont sorties les matières volcaniques au moment de l'explosion.

CRÉPUSCULE. Lumière que le soleil répand dans

l'atmosphère quelque temps après son coucher ou avant son lever; mais le crépuscule du matin se nomme ordinairement *aurore*.

CUBIQUE. Ce terme se dit des corps qui ont la forme d'un dé à jouer.

D

DÉBACLE. Écoulement subit de la croûte de glace qui couvre les rivières, lorsque cette croûte se brise par l'effet du dégel.

DÉGEL. Fonte de la neige et de la glace par l'influence d'une température assez douce.

DEGRÉ. Unité de division usitée pour les cercles. Ainsi, tout cercle, grand ou petit, se divise en 360 parties, nommées degrés : le degré en 60 minutes, la minute en 60 secondes. Cependant, les astronomes divisent le cercle en quatre parties égales, qu'ils nomment *quadrants*, et chaque quadrant se divise ensuite en 100 degrés : le degré, dans ce cas, se subdivise en 100 minutes; la minute en 100 secondes. C'est là ce qu'on appelle la division *centigrade* ou *centésimale*.

DIAMÈTRE. Ligne droite qui passe par le centre d'une sphère ou par celui d'un cercle, et qui aboutit à deux points opposés de la surface ou de la circonférence.

DILATATION. Propriété de la matière, entièrement contraire à la condensation, et en vertu de laquelle les pores s'élargissent, et les corps, en s'étendant, augmentent de volume.

DIURNE; c'est-à-dire, qui s'opère dans l'espace d'un

jour. Ex. : la révolution diurne de la terre. (Voyez *Révolution.*)

E

EAU. Liquide inodore, insipide, transparent, que le froid rend solide, et que la chaleur réduit en vapeur. Dans la physique ancienne, l'eau était un des quatre élémens : les chimistes modernes la décomposent en deux principes, dont l'un, qu'ils nomment *oxyde d'hydrogène*, entre pour les 15 centièmes dans la composition de l'eau, et l'autre, l'*oxygène*, pour les 85 centièmes.

ÉCLIPSE. C'est la privation de la lumière d'un astre par l'interposition d'un corps opaque. Une éclipse est *partielle* si le corps interposé ne nous prive que d'une partie de la lumière de l'astre ; elle est *totale* s'il nous prive de toute sa lumière. Les éclipses de soleil ont lieu lorsque la lune se trouve placée entre le soleil et la terre. Au contraire, les éclipses de lune arrivent quand la terre est interposée entre cet astre et le soleil.

ÉLECTRICITÉ. Fluide que le frottement accumule à la surface de certains corps, tels que l'ambre, le verre, etc., et qui leur donne la propriété d'en attirer ou d'en repousser d'autres. L'élévation de la température détermine aussi une accumulation plus ou moins forte du fluide électrique dans les nuages, et produit ainsi le phénomène du tonnerre.

ELLIPSE. Ligne ovale que décrivent la terre et certains astres dans leur course ou révolution annuelle.

ELLIPTIQUE; c'est-à-dire qui a la forme d'une ellipse. Ex. : l'orbite elliptique de la terre.

ÉQUATEUR. Cercle qui partage le globe en deux parties égales : l'une est l'hémisphère boréal ou septentrional, et l'autre l'hémisphère austral ou méridional. Chaque point de l'équateur est donc éloigné des pôles du monde de 90 degrés : quand le soleil parcourt ce cercle, les jours sont égaux aux nuits par toute la terre. C'est de cette circonstance qu'est tiré le nom d'*équateur*; on le nomme aussi, par la même raison, *ligne équinoxiale*, ou simplement *la ligne*.

ÉQUILIBRE. Nous entendons par ce terme une loi de la nature, qui sollicite la matière à se répartir partout en égale quantité. C'est en vertu de cette loi que le calorique s'échappe d'un corps chaud pour se répandre dans un corps plus froid.—On entend aussi par ce mot la circonstance que présente un poids soutenu ou contrebalancé par un corps d'égale pesanteur.

ÉQUINOXE, époque de l'année marquée par l'égalité des jours et des nuits sur toute la terre : cette circonstance a lieu quand le soleil parcourt ou décrit l'équateur, c'est-à-dire, le 21 ou le 22 mars et le 22 ou le 23 septembre. En mars arrive l'équinoxe du printemps, et en septembre l'équinoxe d'automne.

EST, l'un des quatre points cardinaux ; on le nomme aussi *orient* : c'est la partie du ciel vers laquelle le soleil paraît se lever pour nos climats.

ÉTÉ, l'une des quatre saisons de l'année ; elle commence au solstice d'été, le 22 ou le 23 juin, et se termine à l'équinoxe d'automne, le 22 ou 23 septembre; c'est pour nos climats la saison la plus chaude de l'année.

Étoile tombante, phénomène igné qui, sous la forme d'une parcelle de feu, d'une lueur vive et blanche, paraît se diriger obliquement vers la terre.

Explosion ou décharge *électrique* ; c'est l'effet que produit la rencontre de deux corps électrisés, au moment où l'électricité surabondante de l'un se joint à celle de l'autre corps pour se mettre en équilibre.

F

Fausse-lune, phénomène lumineux qui se compose de l'image de la lune réfléchie dans un nuage. Voy. *parasélènes.*

Faux-soleil, phénomène lumineux qui consiste dans la réflexion de l'image du soleil, occasionée par les nuages. (Voy. *parhélie.*)

Feu, l'un des quatre élémens de la physique ancienne, le seul qui, jusqu'à présent, n'ait pas été décomposé, quoiqu'il ait deux parties distinctes : la *chaleur* et la *lumière* ; c'est la cause de la combustion, et l'un des agens les plus puissans de la nature.

Filon, veine de matière métallique qui se rencontre dans l'intérieur de la terre.

Fluide, matière qui coule avec facilité ; c'est ainsi qu'on dit que l'air est un fluide.

Flux, mouvement de l'Océan, par lequel ses eaux se portent sur le rivage. (Voy. *marées.*)

Force : ce terme se prend souvent dans le sens de *puissance, énergie.*

Froid, privation plus ou moins grande de la chaleur.

G

Gaz, tout fluide aériforme, soit permanent,

comme *le calorique*, soit amené à cet état par l'élévation de la température, comme le *gaz électrique*.

Gelée, congélation des liquides par l'action du froid. — *Blanche*, phénomène aqueux, congélation de la rosée.

Givre, congélation subite des vapeurs, lorsqu'elles se déposent sur des corps suffisamment refroidis; c'est un phénomène aqueux.

Glace, état solide de l'eau durcie par le froid.

Glaciers, masses de glace amoncelées sur les hautes montagnes, telles que les Alpes.

Glaçons, morceaux de glace.

Globes de feu. (Voy. *bolides*.)

Gravitation, loi qui sollicite les planètes à tendre, à peser les unes vers les autres.

Grêle, morceaux de glace qui tombent des hauteurs de l'atmosphère; c'est un phénomène aqueux.

H

Hémisphère : on désigne, par ce terme, chaque moitié du globe terrestre.

Hétérogène, c'est-à-dire, d'une nature différente.

Hiver, l'une des quatre saisons de l'année; elle commence, dans nos climats, au solstice d'hiver, le 22 ou le 23 décembre, et finit à l'équinoxe du printemps, le 21 ou le 22 mars.

Horizon, cercle imaginaire qui coupe la sphère en deux parties : l'une nommée hémisphère supérieur ou visible, et l'autre, hémisphère inférieur ou invisible. Chaque point de l'horizon est distant du zénith et du nadir de 90 degrés.

HYGROMÈTRE, instrument qu'on emploie pour apprécier le degré de l'humidité de l'air.

I

ISOLOIR, machine propre à empêcher la communication du fluide électrique avec le sol. Cet instrument se compose ordinairement d'un gâteau de résine, ou d'un tabouret dont les pieds sont en verre. (Voy. 89.)

L

LATITUDE, distance d'un lieu à l'équateur; elle se calcule en degrés, minutes, etc., et se mesure sur l'arc du méridien qui passe par ce lieu. La latitude est septentrionale ou méridionale, suivant que ce lieu est situé au nord ou au sud de l'équateur. Paris est au 48° 50' 14" de lat. septentrionale.

LAVANCHES ou *avalanches*. (Voy. ce dernier mot.)

LIEUE, mesure itinéraire qui varie en longueur suivant les états. En France, la lieue commune est de 2283 toises ; on en compte 25 au degré ; la lieue de poste n'a que 2000 toises.

LIGNE ou *ligne équinoxiale*. (Voy. équateur.)

LONGITUDE, distance d'un lieu au premier méridien ; elle se calcule en degrés, minutes, etc., et se compte sur l'équateur ou sur un des parallèles à l'équateur. La longitude est orientale ou occidentale, suivant la position du lieu à l'orient ou à l'occident du grand méridien.

LUMIÈRE ZODIACALE, clarté remarquable qui paraît dans la partie du ciel qu'on désigne sous le nom de *zodiaque*. C'est un phénomène lumineux dont nous donnons l'explication. (Voy. *la table*.)

Lune : c'est la planète la plus rapprochée de la terre, dont elle est le satellite. La lune étant un corps opaque, nous renvoie seulement la lumière qu'elle reçoit du soleil.

M

Machine, instrument quelconque inventé pour faire certaines opérations qui, sans ce secours, seraient plus difficiles, et souvent impossibles à effectuer.

—Pneumatique, espèce de pompe avec laquelle on retire l'air d'un récipient; c'est ce qu'on appelle *faire le vide*.

Marées. Flux et reflux périodiques des eaux de la mer par l'effet d'un mouvement qui les fait monter sur le rivage, et qui les retire ensuite dans leur lit.

> . . . . Dans leur flux rapide et leur bruyant reflux,
> Se balancent des mers les flots irrésolus;
> Tantôt sur des rochers, que son écume inonde,
> L'Océan courroucé précipitant son onde,
> Couvre en grondant ses bords; tantôt dans son bassin
> Reportant les cailloux qu'avait vomis son sein,
> Il ramène sur lui ses ondes fugitives.
> DELILLE.

Mercure, métal qu'on nomme aussi *vif-argent*; il est environ treize fois et demie plus pesant que l'eau.

Méridien, cercle qui passe par les pôles du monde, et qui coupe la sphère en deux parties égales, dont l'une se nomme *hémisphère oriental*, et l'autre *hémisphère occidental*. Chaque lieu de la terre a son méridien particulier : il est midi pour ce lieu, quand le soleil passe au méridien. On en choisit aussi un qu'on appelle *premier méridien*, et qui sert de point de départ pour compter les longitudes. (Voy. *Lon-*

gitudes). Autrefois on prenait pour premier méridien celui qui passe à l'Ile-de-Fer, l'une des Canaries; aujourd'hui les astronomes français adoptent celui qui passe par l'observatoire de Paris; les Anglais font passer leur premier méridien par l'observatoire de Greenwich, etc.

Météores, phénomènes ou effets singuliers qui se remarquent le plus souvent dans les régions élevées de l'atmosphère.

Météorologie, science qui a pour objet la connaissance des météores, et l'explication de ces phénomènes.

Midi ou *sud*, l'un des quatre points cardinaux : l'observateur qui se tourne vers l'orient a le midi à sa droite. — On nomme aussi *midi* l'instant du jour où le soleil se trouve également distant de son lever et de son coucher.

Miroirs : sur la surface des rivières, endroits où l'eau tournoie sans que les molécules changent de place les unes à l'égard des autres.

Mistral, vent particulier à certaines contrées de la France. (Voy. *la table des matières*).

Molécules, parties extrêmement fines qui, par leur réunion, composent les corps ou les substances.

Montagnes, élévations plus ou moins considérables sur la surface de la terre; elles sont souvent *groupées*, rassemblées, ou bien elles s'étendent en forme de *chaînes*.

Moussons, vents réguliers et périodiques qui soufflent, en certaines saisons, sur la mer des Indes.

N

Nadir, point du ciel qui répond directement au

dessous de nos pieds, et qui est diamétralement opposé au zénith. Chaque homme a son nadir particulier, et il en change à chaque pas qu'il fait, de même qu'il change de zénith et d'horizon.

Neige, météore aqueux formé par la congélation des molécules d'eau qui composent le brouillard, et qui se réunissent, ainsi condensées, en flocons de diverses grosseurs.

Nord ou *septentrion*, l'un des quatre points cardinaux; il est diamétralement opposé au sud ou midi.

Nuages, vapeurs aqueuses qui se réunissent et se condensent plus ou moins dans les régions élevées de l'atmosphère.

O

Observatoire, édifice élevé d'où les astronomes font des observations.

Occident ou *couchant;* c'est, sous d'autres dénominations, le même point cardinal que l'*ouest*.

Océan, c'est la vaste étendue d'eau qui couvre à peu près les deux tiers du globe terrestre. Les géologues le divisent en plusieurs parties, auxquelles ils donnent aussi le nom d'*océans,* ou celui de *mers*.

Orage, phénomène assez commun en été; il se manifeste par la réunion de vents impétueux, d'éclairs précipités et de violents coups de tonnerre, accompagnés de pluies abondantes, quelquefois mêlées de grêle.

Orbite, ligne courbe suivant laquelle chaque planète fait son mouvement autour du soleil.

Orient, *est* ou *levant;* c'est le même point cardinal. (Voy. *Est*).

Ouest, *occident* ou *couchant;* c'est le même point cardinal sous trois dénominations différentes.

Oxyde, nom générique des corps unis à une portion d'oxygène trop faible pour les élever à l'état d'acide.

Oxygène, c'est-à-dire qui est d'une nature acide, ou qui engendre l'acide; principe acidifiant. — On appelle également *oxyg ne,* ou *gaz oxygène,* ou *air vital,* la partie de l'air atmosphérique qui entretient la respiration et la combustion.

P

Parallèles (cercles), ou simplement *parallèles,* cercles tirés à différentes distances de l'équateur, perpendiculairement au grand méridien, en sorte que tous les points du même parallèle sont également éloignés de l'équateur.

—(Lignes), c'est-à-dire, lignes qui conservent toujours la même distance entre elles, de manière qu'elles ne se rencontrent jamais, quelque étendue qu'on leur suppose.

Périgée. C'est le point qu'un corps céleste occupe, lorsque, dans sa course, il se trouve le plus près de notre globe. Ce terme désigne particulièrement le point de l'orbite de la lune où ce satellite est à sa moindre distance de la terre.

Pesanteur, loi qui force les corps graves à tendre vers un point qui leur sert de centre commun.

Phénomènes, effets extraordinaires produits par la combinaison de certaines matières dans le ciel, dans le corps humain, etc.

Plan, surface considérée comme ayant des limites

indéterminées. — On dit qu'un corps se trouve dans le plan d'un cercle, quand ce corps est placé de manière à être coupé par une surface imaginaire qui unirait tous les points du cercle.

Points. On nomme ainsi : 1º l'extrémité d'une ligne; 2º l'endroit où deux lignes se coupent ou se rencontrent; 3º quatre positions principales, marquées, ou plutôt imaginées sur l'horizon et éloignées l'une de l'autre de 90 degrés; ce sont les quatre points cardinaux.

Pôles. Ce sont deux points situés, l'un à l'extrémité septentrionale du globe, et l'autre à l'extrémité méridionale, par lesquels passe l'axe de la terre.

Printemps, l'une des quatre saisons de l'année; elle commence à l'équinoxe du printemps le 20 ou 21 mars, et se termine au solstice d'été le 22 ou 23 juin. C'est pour nos climats la saison la plus agréable.

Q

Quadrant, quart de la circonférence d'un cercle, dans le système de la division centésimale. (Voy. Degré.)

Quadrature, position de la lune lorsqu'elle paraît, relativement à la terre, éloignée du soleil de 90 degrés.

R

Raréfaction, état des corps produit par la dilatation. Dans cet état, les molécules se trouvant moins pressées, sont nécessairement plus rares dans un espace donné qu'elles ne l'étaient avant de se dilater.

Rayon, ligne droite qui part du centre d'un cercle

ou d'une sphère, et se termine à la surface ou à la circonférence.

—*Du soleil,* trait ou filet de lumière et de chaleur que cet astre multiplie et projète sans cesse autour de lui. On a trouvé le moyen de réunir ou de condenser les rayons solaires au foyer d'un verre concave, et de produire ainsi une chaleur extrêmement violente au point où darde le faisceau ardent; de même qu'on décompose le rayon lumineux en sept branches qui présentent par ordre les sept couleurs primitives.

Récipient : dans une machine pneumatique, vaisseau d'où l'on retire l'air et où l'on enferme les objets qu'on veut mettre dans le vide.

Révolution, course que fait un astre jusqu'à son retour au point d'où il était parti.

S

Saison, terme qui désigne chacune des quatre grandes divisions de l'année : chaque saison est composée de trois mois, et déterminée par la position de la terre relativement au soleil.

Savane, terme qui désigne, en Amérique, dans les colonies, des endroits incultes où paissent les animaux.

Septentrion ou *nord*, l'un des quatre points cardinaux; il est diamétralement opposé au midi ou sud. (Voy. *Nord.*)

Soleil, astre qui paraît être une masse ou un réservoir indestructible de lumière et de chaleur; il est fixé au centre de notre monde planétaire, mais il a un mouvement de rotation très rapide sur lui-même.

Solstices, époques de l'année où le soleil est à son plus grand éloignement par rapport à l'équateur : le solstice d'hiver a lieu le 22 ou le 23 décembre, et le solstice d'été le 22 ou le 23 juin.

Sphère, boule sur laquelle on a peint ou représenté la surface du globe terrestre.

— D'activité, espace où la vertu d'un agent naturel peut s'étendre, et hors duquel il n'a plus ni action ni pouvoir.

Sud ou *midi*, l'un des quatre points cardinaux, celui qui est opposé au nord. (Voy. *Midi.*)

Sysigies, époques de la pleine lune et de la nouvelle lune ; alors cet astre se trouve en conjonction ou en opposition avec le soleil.

T

Température, état de l'air atmosphérique qui nous environne, considéré sous le rapport de la chaleur ou du froid, de la sécheresse ou de l'humidité.

Terre, partie du globe terrestre prise isolément, c'est-à-dire, abstraction faite de l'eau qui forme les mers. On entend souvent par le mot *terre* le globe même que nous habitons ; c'est dans ce dernier sens qu'on dit que la terre est une planète.

Thermomètre, instrument qu'on emploie pour mesurer la chaleur. (*Voyez-en la description*, n° 60.)

V

Vent, phénomène fort connu, produit par le déplacement de l'air, qui a lui-même pour cause principale l'action de la chaleur.

Volcan, montagne du sein de laquelle sortent, de

temps en temps, des flammes accompagnées d'un écoulement de matières sulfureuses ou de diverses natures.

Z

ZÉNITH, point du ciel qui répond directement au-dessus de notre tête ; il est diamétralement opposé au nadir.

ZONES, espaces du ciel compris entre les tropiques et les cercles polaires jusqu'aux pôles. On en compte cinq : une torride ou brûlée entre les deux tropiques ; elle est ainsi nommée à cause des chaleurs excessives qui régnent sous l'équateur ; deux zones tempérées, entre chaque tropique et le cercle polaire correspondant ; enfin deux glaciales, entre chaque cercle polaire et le pôle.

MANUEL

DE

MÉTÉOROLOGIE.

CHAPITRE PREMIER.

PRINCIPES GÉNÉRAUX.

ARTICLE PREMIER.

1. DIVISION. La MÉTÉOROLOGIE a pour objet la connaissance des phénomènes, c'est-à-dire, de certains effets qui se passent au sein de l'atmosphère. (Voy. *le Glossaire*).

Nous les divisons en quatre espèces :

1º Les météores *aériens*, c'est-à-dire, ceux dont l'air est le principe, comme *les vents*.

2º Les météores *aqueux*, c'est-à-dire, les phénomènes qui sont produits par l'eau : *la pluie*, *la gelée*, *les trombes*, etc., sont rangées dans cette classe.

3º Les météores *lumineux*, ou ceux dont la lu-

mière est la cause , comme : *les aurores boréales* ,
l'arc-en-ciel.

4° Enfin les météores *ignés* , ou les phénomènes
qui ont pour principe le feu ou la chaleur, ou plutôt le calorique , comme : *la foudre* , *les étoiles tombantes* , *les bolides*, etc.

Avant d'entrer dans les détails particuliers à chacun des météores , il est à propos d'établir quelques
principes généraux , qui serviront de base à nos explications.

L'*air* , l'*eau*, la *lumière* , le *feu* et l'*électricité* seront naturellement les textes d'autant d'articles et
les fondemens incontestables de la science météorologique. Nous nous bornerons a des aperçus courts ,
mais suffisans pour l'intelligence des phénomènes.

ARTICLE II.

DE L'AIR.

2. Le globe que nous habitons est enveloppé de
toutes parts d'un fluide subtil , élastique , incolore,
transparent, pondérable, intangible , etc. , que nous
appelons *air.*

3. Ce fluide est *subtil*, c'est-à-dire , qu'il pénètre
dans les plus petits interstices ou pores de la matière.

Les arbres , les plantes , les fruits , en contiennent ; les marrons , jetés au feu sans être fendus ,
éclatent , parce que l'air qu'ils renferment, mis en
action par la chaleur , tend à s'échapper , et brise
l'écorce , dont les pores se trouvent trop serrés pour
lui livrer passage. C'est aussi par la force de l'air que

la poudre, en s'enflammant dans un tube, chasse le plomb meurtrier. Ainsi l'air pénètre partout : les animaux en sont remplis ; les minéraux mêmes en contiennent une certaine quantité.

4. L'air est *élastique*, car il peut être resserré, comprimé par une force quelconque, pour reprendre son premier état dès que l'action de cette force a cessé. Tout le monde sait qu'une vessie pleine d'air est susceptible d'une compression souvent assez forte.

Si vous renversez un verre vide, de manière à le plonger dans l'eau par l'ouverture, l'air qui s'y trouvera renfermé se resserrera ou s'étendra, à mesure que vous enfoncerez plus ou moins le verre.

5. Cette dernière propriété s'énonce aussi sous le terme de *dilatation*. Ainsi, quand nous disons que l'air est *dilatable*, on doit entendre qu'il est susceptible de s'étendre, et d'occuper un espace bien plus considérable que celui qu'il occupait d'abord.

Tous les corps possèdent cette propriété avec différens degrés d'énergie, et nous verrons la chaleur agir puissamment pour la développer.

6. L'air, avons-nous dit, est *transparent*, parce qu'il n'intercepte pas les rayons lumineux : la couche d'air qui sépare deux corps, ne les empêche pas d'être visibles l'un pour l'autre.

7. L'air est *incolore*, c'est-à-dire, qu'il n'est doué d'aucune couleur, à moins qu'on ne prétende que la teinte azurée du ciel ne soit précisément la couleur de l'air ; opinion qui serait sujète à de fortes objections.

8. L'air est *intangible*, parce qu'il n'offre aucune résistance à la main de celui qui voudrait le toucher. Cependant, que l'air soit agité avec une certaine violence, il nous frappe la figure, les mains ; nous le sentons, nous le touchons véritablement ; mais cette circonstance ne suffit pas pour le faire classer parmi les corps tangibles, comme la *terre*, l'*eau*, etc.

9. Enfin nous disons que l'air est *pondérable*, c'est-à-dire, qu'il est possible de le peser.

C'est par l'effet de la pesanteur de l'air que l'eau monte dans les pompes à piston. Cette propriété a servi aussi pour la construction du baromètre. L'histoire de ces découvertes donnera quelque intérêt à ces détails.

10. Vers le milieu du 16ᵉ siècle, Torricelli, physicien célèbre, disciple de Galilée, eut l'honneur de découvrir la pesanteur de l'air, que son maître avait soupçonnée. A cette époque, on croyait que l'eau montait dans les corps de pompes uniquement pour remplir le vide que le piston laisse dans le cylindre quand on le tire ; car on avait reconnu, et c'était l'axiome sublime des physiciens de cette époque, que *la nature avait horreur du vide*. Cependant on avait remarqué que l'eau ne s'élevait jamais à plus de trente-deux pieds dans une pompe. On en avait conclu que la nature n'avait horreur du vide que jusqu'à cette hauteur. Mais le physicien, ayant essayé de faire monter du mercure, s'aperçut que cette matière ne s'élevait qu'à 28 pouces, c'est-à-dire, treize fois et demie moins que l'eau ; et comparant les pesanteurs spécifiques des deux liquides,

il trouva en effet que le poids du mercure est à celui de l'eau comme 32 pieds sont à 28 pouces, ou comme 96 est à 7 ; enfin, qu'un volume de mercure, un litre, par exemple, pesercait 13 fois et demie, ou plus exactement, 13 fois 5/7 plus qu'un pareil volume d'eau ; il reconnut donc que la colonne d'eau de 32 pieds, et celle de mercure, de 28 pouces, dans des cylindres d'égale grosseur, donnaient exactement le même poids. Il en conclut que l'horreur du vide était une chimère, parce que, dans cette hypothèse, la nature ne devrait pas borner son horreur tantôt à 32 pieds, tantôt à 28 pouces d'élévation. Torricelli n'eut pas de peine à découvrir, d'après cette observation, la véritable cause de l'ascension des liquides dans les corps de pompes. Il sentit que cet effet provient de la pesanteur de l'air, qui, formant une pression sur le liquide, le sollicite à s'échapper par où il éprouve le moins de résistance, et par conséquent à s'élever dans la partie du cylindre que laisse vide le jeu du piston. Il en conclut aussi qu'une colonne d'eau de 32 pieds, ou une colonne de mercure de 28 pouces, font équilibre avec la colonne d'air qui pèse sur le liquide dans lequel est plongé le pied de la pompe ; qu'ainsi les limites de l'ascension sont déterminées par le poids de la colonne d'air.

11. On a calculé que cette pression exerce sur toute la surface du corps d'un homme de moyenne taille une pesanteur d'au moins 37 milliers de livres, ou 18 mille kilogrammes. Mais cette masse énorme n'est pas sensible, parce que, en agissant dans tous les sens, elle se compense et se détruit elle-même,

et que d'ailleurs la force élastique de notre corps exige précisément cette résistance pour se maintenir dans un juste équilibre. Et cela est si vrai, que nous sommes mal à notre aise quand cette pression diminue. C'est ce qui arrive en été ; alors l'air dilaté par la chaleur, n'agissant plus sur notre corps avec la même pesanteur, nous sommes lourds, fatigués. C'est encore ce qu'on éprouve quand on s'élève à une certaine hauteur dans l'atmosphère, soit qu'on s'élance vers les régions aériennes, au moyen d'un ballon, soit qu'on gravisse sur des montagnes fort élevées : alors la colonne d'air diminuant d'intensité, la respiration devient pénible ; on est épuisé ; et si l'on continuait à monter, le sang finirait par s'échapper à travers les pores.

12. La découverte de la pesanteur de l'air conduisit à l'invention du *baromètre*. C'est un instrument composé d'un tube ou d'un petit cylindre creux en verre, d'environ trois pieds, fermé à l'une des deux extrémités, et plongé par l'autre bout dans une cuvette pleine de mercure. Mais il est nécessaire que le tube soit totalement vide, c'est-à-dire qu'il ne contienne pas même de l'air, en sorte que rien ne puisse s'opposer au mouvement ascendant du liquide dans l'intérieur du cylindre. Pour y parvenir, on remplit le tube de mercure, que l'on fait bouillir, afin d'en chasser l'humidité ; on ferme ensuite le bout ouvert, et on le plonge dans la cuvette : c'est alors qu'on débouche l'orifice inférieur. Le liquide descend dans le tube jusqu'à ce qu'il ne soit plus élevé que d'environ 28 pouces au-dessus du niveau de la cuvette, car l'air extérieur, en opérant une pression sur le mercure

de la cuvette, le tient suspendu à cette hauteur, et le sollicite à monter, ou le laisse descendre à mesure que la colonne atmosphérique augmente ou diminue de pesanteur. On a marqué, sur la planche qui soutient le tube, différens points de division qui indiquent les degrés d'élévation ou d'abaissement du mercure, et par conséquent les variations de pesanteur ou de légèreté de l'air. Mais les variations naturelles ne sont guère, dans les plaines, que de deux pouces et quelques lignes dans un même lieu. A Paris, par exemple, le 25 décembre 1821, le baromètre est tombé à 26 pouces 4 lignes, et le 9 février suivant il s'est élevé à 28 pouces 10 lignes.

Les baromètres à cadran présentent cette différence dans leur construction, que le mercure soulève, en s'élevant dans le tube dont nous avons parlé, un petit poids d'une matière quelconque, auquel est attaché un fil qui traverse le mercure, et dont l'autre bout est passé autour d'une poulie, et se termine aussi par un poids propre à contrebalancer le premier. Cette poulie, en tournant, met en mouvement le pivot qui supporte l'aiguille servant à indiquer dans le cadran les variations de la température. Mais ces baromètres sont fort défectueux; aussi, les résultats qu'ils donnent, manquent-ils souvent d'exactitude.

13. On conçoit qu'à mesure qu'on s'élève, soit sur les montagnes, soit dans les aérostats, l'air étant déchargé du poids des couches inférieures, doit être moins pesant. Aussi, le baromètre s'abaisse-t-il, et c'est sur ce principe qu'est fondée la mesure des hauteurs par le moyen de cet instrument.

14. Dans les premiers temps qui suivirent l'inven-

tion du baromètre, on croyait que le mercure devait monter par un temps humide et pluvieux, et qu'il baissait par le beau temps; car, disait-on, lorsqu'il doit pleuvoir, l'air est chargé d'eau; par conséquent son poids est plus considérable, et, au contraire, ce poids doit être moindre dans les beaux temps, parce qu'alors l'air est sec et dégagé de toute l'humidité qu'il renfermait. On raisonnait ainsi par analogie, car on voyait qu'un linge mouillé est bien plus lourd qu'un linge sec. Mais les savans ont reconnu depuis que la quantité d'eau que l'air peut contenir augmente à mesure qu'on l'échauffe; de sorte qu'en été l'air contient généralement plus d'humidité qu'en hiver. On a trouvé aussi que la vapeur d'eau est plus légère que l'air à volume égal, lorsqu'elle devient capable d'exercer la même force élastique; c'est-à-dire que si l'on remplaçait un centimètre cube d'air pris à une certaine hauteur par un centimètre cube de vapeur d'eau à la même température et ayant la même élasticité, cette vapeur pèserait moins que le volume d'air qu'elle remplacerait, et produirait par conséquent une moindre pression sur le baromètre. De là on a conclu que le mercure s'abaisse quand il doit pleuvoir, et qu'il monte quand il doit faire beau temps. C'est ce que l'expérience confirme le plus ordinairement.

15. C'est aussi la pesanteur de l'air qui produit l'ascension des *aérostats*. On donne ce nom ou celui de *ballons* à des appareils composés d'un globe qu'on fabrique ordinairement avec du taffetas imperméable; on en fait même en papier. Au-dessous du globe est suspendue une nacelle, dans laquelle se place la per-

sonne qui veut diriger la machine. Le ballon est rempli d'un fluide nommé *gaz hydrogène*, qui est au moins sept, huit et même dix fois plus léger que l'air, suivant les préparations ; de sorte que l'aérostat se trouve soulevé par les couches de l'air inférieur, et monte absolument comme un corps plus léger que la quantité d'eau qu'il déplace, revient à la surface après être descendu jusqu'au fond. Quand le ballon est arrivé dans une région où l'air atmosphérique qu'il déplace se trouve précisément égal à son poids, il reste en équilibre. Pour descendre, l'aéronaute lâche un peu de gaz au moyen d'une soupape ; alors le ballon, perdant de sa légèreté par la diminution de son gonflement, retombe doucement, surtout s'il est conduit par une main habile.

M. Gay-Lussac, savant physicien de nos jours, a entrepris, en 1804, un voyage aérostatique ; il s'est élevé à 7000 mètres au-dessus du niveau de la mer, hauteur qu'aucun aéronaute n'avait encore atteinte. Le baromètre du physicien descendit, dans sa nacelle, à 0^m 328, ou 16 pouces ; il était à Paris à 0^m 765 ; et, tandis que sur les rives de la Seine on ressentait une chaleur insupportable, M. Gay-Lussac éprouvait un froid extrêmement vif.

16. L'air était regardé, jusqu'à ces derniers temps, comme un corps indécomposable ; aussi l'avait-on mis au rang des quatre élémens. Mais les chimistes modernes ont trouvé le moyen de l'analyser. L'air, d'après les expériences de ces savans, est composé de trois principes élémentaires, qu'on appelle *gaz* ; savoir : l'*azote*, qui entre pour plus des trois quarts dans la composition de l'air ; l'*oxygène*, pour un peu

moins d'un quart, et le gaz *acide carbonique*, pour
un centième.

17. Le premier de ces gaz, l'*azote*, est d'une nature tellement meurtrière, que s'il était respiré seul
il suffoquerait subitement; et pourtant il entre pour
78 parties sur 100 dans l'air que nous respirons. Le
second, l'*oxygène*, y entre pour 21 parties; mais
seul il serait trop respirable, et userait rapidement
notre existence. Enfin le troisième sert, en quelque
sorte, de lien aux deux premiers; et ces trois principes, réunis dans les proportions que nous avons
indiquées, composent un air pur, ce milieu qui conserve et entretient la vie des animaux, qui nous
transmet les sons, les odeurs et la lumière, qui
donne à la terre sa fertilité, et produit les variations
de la température.

18. La couche d'air qui nous environne de toute
part, et dont nous avons apprécié la pesanteur (*V.*
10), s'élève jusqu'à une hauteur d'environ 15 à 16
lieues; d'autres disent seulement 10 lieues. Cette
masse d'air se nomme communément *atmosphère.*

Mais, dans l'atmosphère nagent sans cesse des vapeurs; des exhalaisons de diverses natures, salées,
sulfureuses, aqueuses, terreuses, etc., suivant les
lieux, les saisons et les temps. Combien n'y découvre-
t-on pas d'animaux avec le secours du microscope,
et même à la vue simple!....

19. On distingue trois régions dans l'atmosphère.
La *basse*, qui renferme toutes les vapeurs et les exhalaisons terrestres, les atomes, etc.; c'est aussi dans
cette région que vivent les volatiles, tels que les oi-
eaux et les insectes. La *moyenne* est celle où l'on

pense que se forment les météores ; et la *supérieure*, qui n'est remplie que d'un air pur qu'on appelle *éther*, fluide incomparablement plus subtil, plus transparent et plus élastique que l'air ordinaire.

20. Quoique l'air atmosphérique ne soit jamais dans un état de pureté parfait, cependant on a observé qu'il est plus pur en hiver qu'en été. En effet, l'absence de la chaleur arrête la fermentation ; les corps se putréfient plus difficilement ; l'évaporation est presque nulle : il est donc évident que la terre exhale moins d'émanations en hiver qu'en été. Et comme les exhalaisons se tiennent dans les parties inférieures de la basse région de l'atmosphère, il en résulte que plus on s'élève, plus l'air doit avoir de pureté.

ARTICLE III.

DE L'EAU.

21. L'*eau*, que les anciens regardaient comme une substance simple, et qu'ils nommaient en conséquence un *élément*, est effectivement composée de deux principes élémentaires : ce sont le *gaz hydrogène* et le *gaz oxygène*, qui se trouvent combinés de telle sorte que cent parties d'eau renferment 85 parties d'oxygène et 15 d'hydrogène. En voici la preuve. Si l'on fait brûler par le moyen de l'étincelle électrique, dans des vaisseaux bien clos, les deux gaz que nous venons de nommer, suivant les proportions indiquées, c'est-à-dire, 85 grains (poids) d'oxygène et 15 grains d'hydrogène, on forme une quantité d'eau absolument égale au poids des deux gaz ; ici nous obtiendrions un poids de cent grains. Ces gaz, avant leur combustion,

occupent un espace considérable ; car pour former un pied cube d'eau, il faut, suivant Patrin, six cent trente-quatre pieds cubes de gaz oxygène et quinze cent treize pieds cubes de gaz hydrogène.

22. L'eau douce, dans un état de pureté parfait, état qu'on obtient par la distillation, est un liquide transparent, inodore, presque insipide, élastique, incolore, susceptible de transmettre les sons, de s'attacher à la plupart des corps et même de les pénétrer, en raison de l'affinité plus ou moins puissante que leurs molécules ont pour celles de l'eau.

23. La matière aqueuse est indispensable à la vie des animaux et même des végétaux. Elle existe dans quatre états différents : celui de glace, c'est l'état solide ; celui de liquide, c'est l'état habituel de l'eau, toutefois occasioné par la présence du calorique qui empêche les molécules aqueuses d'adhérer ensemble et d'obéir aux lois de l'attraction ; le troisième état de l'eau est celui de vapeurs ; enfin le quatrième est l'état de combinaison avec d'autres corps. La glace paraît être l'état le plus simple, parce qu'alors l'eau contient moins de calorique que dans son état liquide.

24. On sait qu'une partie de l'eau qui se trouve rassemblée sur la surface de la terre, soit dans les bassins profonds des mers, soit dans les lits tortueux des fleuves, passe continuellement dans l'atmosphère sous la forme de vapeurs légères et d'une extrême subtilité. Il paraît, d'après les expériences de MM. Gay-Lussac et Dalton, que l'action du calorique est la seule cause de cette évaporation. En effet, l'eau dans l'état liquide contient toujours une quantité considérable de calorique ; et ce fluide étant soumis d'une ma-

nière puissante à la loi de l'équilibre, passe alternativement, par suite de cette loi, de l'atmosphère au
sein des eaux, et du sein des eaux dans l'air atmosphérique, entraînant, par cette dernière opération,
un nuage de molécules aqueuses qui sont très-visi-
bles sur les rivières, surtout le matin dans les beaux
jours de l'été, parce que c'est le temps où l'air est ordinairement plus froid que le liquide aqueux.

25. C'est aussi pour cette raison que dans les climats chauds, de même que pendant les grandes
chaleurs de l'été, l'air est plus saturé de vapeurs
que dans les climats froids ou pendant l'hiver; car
l'eau étant soumise à l'action des rayons d'un soleil
ardent, se charge d'une quantité considérable de
calorique, dont la surabondance passe ensuite dans
l'atmosphère, entraînant avec soi beaucoup de vapeurs. Le desséchement d'un marais, d'un objet
mouillé, ne s'effectue pas différemment; et ce qui
prouve cette théorie, c'est que si les terrains, ou les
objets qu'on désire sécher, sont exposés à l'influence
directe du soleil, le desséchement est bien plus rapide.

26. On énonce ordinairement cet effet en disant
que le calorique dilate, sépare les molécules aqueuses,
et les rend tellement ténues (fines, légères), qu'elles
se trouvent ensuite soulevées dans les régions supérieures de l'atmosphère par une conséquence de cette
légèreté. Au reste, de quelque manière que l'on con-
çoive la production des vapeurs, il n'en est pas
moins reconnu, bien certainement, que le principe
de la vapeur est l'action du calorique. Tous les jours
nous voyons l'eau, que nous faisons bouillir dans nos
vases, se vaporiser par la même cause.

27. Un fait avéré et regardé généralement comme incontestable, c'est l'extrême dilatation que le liquide éprouve dans le phénomène de la vaporisation. Elle est telle, que la vapeur occupe un espace 1700 fois plus grand que celui que la matière occupait dans l'état liquide. Ce fluide aériforme est prodigieusement élastique et compressible; son ressort est même plus puissant que celui de l'air.

28. Une des propriétés dé l'*humidité*, ou de l'eau réduite en vapeurs, c'est de pénétrer les corps, principalement ceux qu'on nomme organisés, tant animaux que végétaux, de les étendre et d'augmenter ainsi leur volume. Par exemple, le papier, le parchemin, les bois, le sapin surtout, les membranes animales s'alongent et s'agrandissent lorsque l'humidité augmente. Les cordes, au contraire, composées de filamens courts et menus, se renflent et s'épaississent aux dépens de leur longueur, parce que, dans ce cas, ce sont les filamens qui s'alongent. Ainsi les cordes de piano, fortement tendues, se cassent dès que l'humidité, en les pénétrant, augmente encore leur tension. On conte aussi à ce sujet une anecdote qui doit trouver naturellement sa place ici.

29. Le pape Sixte V ayant fait venir à Rome un majestueux obélisque, voulut qu'il fût dressé sur une des plus belles places de la ville. Une foule immense était réunie pour assister à cette espèce d'inauguration. Déjà les machines avaient soulevé l'énorme colonne, et bientôt on allait la contempler sur le piédestal qui l'attendait. Mais tout-à-coup les cordes s'alongent, et l'on remarque avec peine que la colonne descend au lieu de monter. Les spectateurs

raillaient les ouvriers ; mais le pape, qui n'entendait pas la plaisanterie, fit prononcer la peine de mort contre ceux qui rompraient le silence jusqu'à ce que la colonne fût assise à la place qui lui était destinée. Cependant on désespérait de parvenir à la placer, lorsque l'architecte Zapaglia, bravant la défense de sa sainteté, ou se sacrifiant pour le bien public, s'écria : *mouillez les cordes !* on les mouille, elles se raccourcissent en se renflant, et l'obélisque se place de lui-même sur son piédestal, à la grande satisfaction de tous les spectateurs.

30. De même qu'on a inventé un moyen de mesurer la pesanteur ou densité de l'air, ainsi les savans ont imaginé un instrument qu'ils appellent *hygromètre*, et qu'ils emploient pour mesurer la quantité surabondante d'humidité qui peut régner dans l'atmosphère. Celui que le célèbre Saussure a construit est assez exact. Il consiste en un long cheveu parfaitement dégraissé, et dont l'une des extrémités est fixée à un point immobile ; l'autre extrémité, après s'être contournée deux fois sur une petite poulie très-mobile, supporte un poids de quelques grains, destiné à tendre convenablement toute la longueur du cheveu. Au centre de la poulie est fixée une aiguille très-légère qui se meut le long d'un quart de cercle, en suivant sur son pivot les mouvemens de la poulie, que produit le cheveu, soit qu'il s'alonge quand il absorbe de l'humidité, soit qu'il se raccourcisse lorsque cette vapeur d'eau passe ensuite dans l'air devenu plus sec. Pour marquer les points de division, ou les degrés sur le cadran, voici le moyen que le physicien employa. Il mit son instrument dans un vase dont il

avait parfaitement desséché l'air intérieur, en y tenant
renfermées pendant deux ou trois jours, des substances
dessicatives, telles que la chaux ; il obtint de cette
manière le maximum de la sécheresse, et nota d'un o
le point que marquait l'aiguille dans cette circonstance. Alors il transporta l'hygromètre sous un autre
vase saturé d'humidité au moyen d'un plat d'eau
bouillante qu'il y fit séjourner quelque temps, et ap-
pela 100 le point marqué par l'aiguille. Il divisa ensuite l'intervalle en cent parties égales qu'il nomma
degrés. On conçoit maintenant l'usage de cet instrument.

31. On a fabriqué aussi différens hygromètres qui
n'offrent pas la même précision, mais ils suffisent
pour indiquer seulement en gros si l'humidité de l'air
augmente ou diminue. Ces instrumens représentent
différentes figures, par exemple, celle d'un capucin
dont la tête est couverte d'une espèce de chapeau ou
de capuchon mobile, et auquel est attaché une corde
à boyau. Quand l'humidité augmente, la corde, en se
renflant, se raccourcit et soulève le chapeau ; mais
dès que l'humidité diminue, la corde se rétrécit en
se resserrant ; alors elle s'alonge et le capuchon retombe.

32. L'hygromètre n'indique pas précisément la
quantité d'eau qui se trouve dissoute dans l'air ; il
marque seulement l'eau qui se dissout et celle qui se
précipite au moment précis où la dissolution et la
précipitation s'effectuent. Car pendant les ardeurs de
l'été, lorsque le ciel est parfaitement pur, l'hygromètre ne marque presque point d'humidité ; il y a
néanmoins dans l'atmosphère une grande quantité

d'eau en dissolution, comme on peut s'en convaincre aisément en prenant de cet air chaud et sec, et en le plongeant dans la glace. Son immersion est marquée par une précipitation de gouttelettes d'eau, et c'est alors que l'hygromètre en annonce la présence.

33. Ce ne sont pas seulement les substances organiques, dit M. Bailly dans son Traité de Physique, qui jouissent de la propriété hygrométrique : il paraît qu'un grand nombre de corps organisés, vivans, sont puissamment influencés par l'état hygrométrique de l'air, et sont avertis d'une manière certaine des changemens qu'il éprouve. Il n'est point étonnant que les végétaux dont l'eau, soit liquide, soit en vapeur, est un des principaux alimens, manifestent sa présence ou son absence, son abondance ou son défaut par divers phénomènes ; mais quelle cause fait agir les animaux en raison de ces mêmes variations ? L'un, par ses chants, annonce qu'une pluie bienfaisante va satisfaire les plantes altérées ; d'autres, avertis que des torrens d'eau les menacent de leur chute, se hâtent de se rapprocher de leurs retraites, en ferment les issues, mettent leurs petits en sûreté; d'autres, à l'approche des temps pluvieux, se hâtent de satisfaire à leurs besoins, et se retirent ensuite dans un lieu d'abri, tandis qu'il en est qui semblent alors reprendre une vie nouvelle, et retrouver le bonheur et la santé. Le beau temps renaît, et avec lui la gaîté et les travaux ordinaires des uns, la gêne et l'état de malaise des autres; mais tous ont été prévenus d'avance des changemens qui se préparaient.

ARTICLE IV.

DE LA LUMIÈRE.

34. La nature de la lumière est inconnue, et probablement les savans ne parviendront jamais à en découvrir le principe. Deux systèmes partagent sur cette question les physiciens de nos jours. Celui de l'*émission*, proclamé par Newton, consiste dans la supposition que la lumière est un fluide extrêmement subtil, lancé par les corps lumineux avec une telle vitesse, qu'il parcourt en 8 minutes 13" l'espace qui nous sépare du soleil; c'est à peu près 70 mille lieues par seconde. Ce fluide se modifie de diverses manières, suivant qu'il rencontre des corps qui lui permettent un libre passage, ou d'autres corps qui le repoussent en le réfléchissant.

35. L'autre système est celui des *ondulations*, imaginé par Descartes; il ne contredit pas l'existence de la lumière comme fluide, mais il se fonde sur l'hypothèse que ce fluide subtil, ou cette espèce d'*éther*, suivant la dénomination du physicien, remplit tout l'univers; qu'il ne manifeste sa présence que lorsqu'il entre en vibration; enfin que ce mouvement lui est imprimé par les corps lumineux, et se transmet circulairement, en formant une série d'ondulations semblables à celles que produit dans l'eau la chute d'une pierre.

36. Ce dernier système, renouvelé depuis quelques années par MM. Arago et Fresnel, après avoir été presque totalement abandonné, paraît expliquer avec assez d'exactitude toutes les circonstances qui ac-

compagnent les phénomènes lumineux. D'ailleurs, c'est la théorie qu'on enseigne généralement aujourd'hui dans les écoles françaises.

37. Le système des ondulations ne contrarie point le calcul que nous avons énoncé relativement à la vitesse de la lumière ; seulement on dit, dans cette hypothèse, que le mouvement vibratoire, imprimé par le soleil à l'éther, met 8 min. 13" pour se communiquer de cet astre jusqu'à nous.

38. La première source de la lumière est incontestablement le soleil, du moins pour notre système planétaire. Cependant nous sommes rarement privés en totalité de l'action du fluide lumineux, même en l'absence du soleil. La lune, par l'effet de son pouvoir réfléchissant, nous renvoie, pendant la nuit, la lumière qu'elle reçoit du soleil. D'autres planètes et des millions d'étoiles fixes nous envoient aussi, les premières une lumière réfléchie, les autres leur propre lumière. Ainsi, nous ne sommes presque jamais plongés dans une obscurité complète, à moins de circonstances météorologiques ; par exemple, quand des nuages épais interceptent le passage du fluide lumineux qui nous vient des astres.

39. Nous verrons, à l'article des météores lumineux, quels sont ceux de ces phénomènes qui produisent de la lumière, ou qui modifient l'action du fluide lumineux.

40. On sait aussi qu'il y a production de lumière toutes les fois qu'il y a combustion ou production de feu. Ainsi, quand on frappe un morceau d'acier contre un caillou, il se produit une étincelle qui répand de la lumière ; mais un fait plus singulier,

c'est que deux morceaux de porcelaine, ou de toute autre matière quartzeuse, offrent un dégagement de lumière quand on les frotte avec rapidité, et ce dégagement a lieu même dans l'eau.

41. Mais il est des corps qui ont la propriété de répandre de la lumière sans faire éprouver de chaleur. Tels sont ceux qu'on nomme pour cette raison *phosphorescents* (qui portent la lumière), comme le ver qu'on appelle *luisant*, le bois pourri quand il est chargé d'humidité, le poisson putréfié, etc. ; tous ces corps produisent dans l'obscurité une lumière assez vive.

42. Une vérité constante, c'est que nous voyons seulement par l'intermédiaire de la lumière : les corps sont visibles pour nous quand ils réfléchissent par leurs surfaces le fluide lumineux, et que ce fluide vient frapper l'organe de notre vue ; dans ce cas, les rayons réfléchis de tous les points de la surface du corps éclairé viennent former sur une membrane nerveuse qui tapisse le fond de notre œil, et qu'on appelle la *rétine*, une image parfaitement nette de ce corps. Nous entendons une *image colorée*, qui peut nous donner une idée des couleurs de l'objet éclairé, mais qui ne saurait nous en donner aucune, ni des formes, ni de l'éloignement de cet objet. Au contraire, le sens de la vue est celui qui nous induirait le plus facilement en erreur, si nous n'avions pas pour le corriger, pour faire en quelque sorte son éducation, le secours des autres sens, et particulièrement du *toucher*.

43. Il est donc certain que l'expérience seule, c'est-à-dire, des essais répétés, peut nous donner, au

simple aspect, l'idée de la forme des corps, et nous enseigner à rectifier l'erreur produite par la distance, qui fait paraître un objet éloigné plus petit qu'il ne l'est réellement. Ainsi, l'imperfection du sens de la vue occasione, dans l'acte de la vision, un grand nombre d'erreurs auxquelles on a donné le nom d'*illusions d'optique*. Par exemple, les corps nous paraissent d'autant plus gros et plus rapprochés, qu'ils sont plus éclairés. Si, dans une rue bien droite, le dernier réverbère donne une lumière plus éclatante que celle des autres, nous pourrons le croire le plus rapproché de nous ; si, placés à l'entrée d'une longue avenue, nous portons nos regards jusqu'à l'autre extrémité, les arbres de cette avenue paraîtront aller en se rapprochant : nous les verrons de plus en plus petits, et le sol sur lequel ils seront plantés semblera aller en montant ; en un mot, les illusions se présentent à chaque pas. Nous n'entreprenons point d'expliquer celles que nous venons de signaler, parce que cette explication est purement du ressort de la physique, et qu'on en trouve la théorie dans tous les traités consacrés spécialement à cette autre branche des sciences naturelles.

44. L'intensité de la lumière n'est pas la même pour les différens corps : les uns sont plus ou moins lumineux que les autres. Cette différence provient de ce que les corps ne projettent pas la même quantité de rayons, ou de ce qu'ils ne sont pas tous doués d'une force vibratoire également énergique. D'ailleurs, la lumière diminue d'intensité à mesure qu'on s'éloigne des corps lumineux, et cette diminution a lieu en raison directe du carré des distances. On doit

observer aussi que la lumière se propage dans des
milieux dont la densité varie, et que cette densité
des milieux influe nécessairement sur l'intensité de
la lumière. Qui n'a pas remarqué combien, par un
temps brumeux, les corps lumineux jettent peu d'é-
clat ? Lorsque le soleil se lève, son disque nous paraît bien moins brillant ; nous pouvons le regarder
impunément : c'est qu'alors la lumière qu'il nous en-
voie, traversant obliquement l'atmosphère, se propage au milieu d'une couche d'air plus saturée de
vapeurs et plus dense. En adoptant le système des
ondulations, nous dirons que l'éther lumineux vibre d'autant plus lentement, que ses vibrations s'exé-
cutent dans des milieux plus denses.

45. Si la lumière, en passant d'un milieu quelconque dans un autre qui soit plus dense, arrive per-
perpendiculairement à la surface de ce nouveau milieu, elle continuera de se mouvoir en ligne droite;
mais si le rayon lumineux frappe obliquement la surface du milieu plus dense, il sera brisé, *réfracté*,
et, dès son point d'*immersion*, il se rapprochera de
la perpendiculaire ; au contraire, si la lumière passe
d'un milieu plus dense dans un autre, qui soit plus
rare, elle sera encore réfractée, mais au lieu de se
rapprocher de la perpendiculaire, elle s'en éloignera.

46. C'est par l'effet de la *réfraction* de la lumière
qu'un bâton, plongé obliquement dans l'eau, nous
semble brisé au point d'immersion. Il en est de même à l'égard du soleil : comme nous sommes dans
un milieu plus dense que celui de cet astre, le matin nous l'apercevons avant qu'il soit au-dessus de
notre horizon, et le soir nous continuons de l'a-

percevoir, quoiqu'il soit déjà au-dessous; c'est que les rayons qui partent de sa surface se réfractent et s'inclinent vers nous quand ils parviennent dans le milieu qui nous entoure. Le même effet a lieu pour tous les autres astres, qui sont toujours élevés par la loi de la réfraction, et ne sont jamais vus au point qu'ils occupent véritablement, toutes les fois que les rayons de ces astres ne sont pas dirigés vers nous, suivant la ligne perpendiculaire.

47. C'est encore la réfraction qui produit les crépuscules, quoique le soleil soit déjà sous l'horizon : les rayons émanés de sa surface se réfractent et s'inclinent vers la terre. Plus la densité de l'atmosphère est grande, plus cette réfraction est énergique, et plus aussi les crépuscules se prolongent.

48. Nous devons à Newton la décomposition de la lumière, par le moyen du *prisme triangulaire*. C'est un morceau de verre, long communément de six à huit pouces, solide, et terminé par trois faces d'égale largeur, qui forment en se joignant trois arêtes ou lignes droites. Si l'on fait passer un rayon solaire par un trou pratiqué dans le volet d'une chambre parfaitement obscure, et qu'on reçoive ce rayon sur une des faces du prisme, il se réfractera ; mais au lieu de produire une image ronde sur le plan destiné à le recevoir, et disposé pour cela derrière le prisme, il y projettera une image alongée, terminée latéralement par deux droites horizontales, et à ses deux bouts, par des demi-cercles. Cette image, qui prend le nom de *spectre solaire*, offrira sept couleurs, disposées dans l'ordre suivant, du haut en bas : *violet, indigo, bleu, vert, jaune, orangé,*

rouge. Ce dernier rayon est le moins réfrangible ;
l'orangé l'est davantage , le jaune l'est plus que l'o-
rangé , et ainsi de suite jusqu'au violet , qui est le
plus réfrangible des sept rayons. Newton, ayant divisé la totalité du spectre solaire en 36o parties , a
trouvé que le violet en occupait 80 , l'indigo 40 ,
le bleu et le vert chacun 6o, le jaune 48, l'orangé
27 et le rouge 45.

49. On prouve que chacun de ces rayons est simple, en ce que si on les reçoit successivement sur un
second prisme, ils le traverseront en se réfractant
selon leur degré de réfrangibilité; mais ils n'en seront
nullement altérés : chacun des sept rayons conser-
vera toujours sa couleur. D'un autre côté, si l'on
pouvait douter que les sept rayons colorés fussent
bien les parties constituantes du rayon solaire ou de
la lumière blanche, une expérience facile le démon-
trerait invinciblement. En effet, si à l'aide de sept
miroirs on fait converger tous ces rayons colorés sur
un même point, on obtiendra de nouveau la lumière
blanche. Nous devons donc conclure que le rayon
solaire n'est pas simple, qu'il est décomposable en
sept rayons diversement colorés , et que ces rayons
élémentaires ne sont pas également réfrangibles.

5o. Lorsqu'un faisceau de rayons lumineux arrive
à la surface d'un corps, même très-pénétrable à la lumière, la plus grande partie des rayons pénètrent à
la vérité ce corps, mais plusieurs rayons sont réfléchis et quelques autres sont dispersés. Le nombre des
rayons réfléchis est d'autant plus grand que l'angle
d'incidence a été plus ouvert; au contraire, celui des
rayons dispersés s'augmente en raison du rapproche-

ment de la perpendiculaire. Ainsi, qu'un trait de lumière, composé de mille rayons, tombe sur la surface de l'eau, en faisant avec cette surface un angle de 5 degrés (l'angle supplémentaire sera de 175°), dans ce cas le nombre des rayons réfléchis sera de 501; l'angle droit n'en réfléchirait que 18. Si l'expérience avait lieu sur la surface du verre qui sert à faire les glaces, alors l'angle de 5° réfléchirait 543 rayons sur mille, et celui de 90° en réfléchirait 25. Il y a donc toujours réflexion à la surface des corps, même les plus transparens.

51. D'un autre côté, lorsque la lumière arrive à la surface d'un corps non transparent, elle n'est pas entièrement réfléchie; il s'en absorbe toujours une partie, et c'est l'effet de cette absorption qui produit la coloration des corps. Ceux qui absorbent le plus de lumière obtiennent une couleur noire. Les corps qui réfléchissent la plus grande partie du faisceau lumineux, jouissent de la couleur blanche. On sentira maintenant que les autres couleurs dépendent de la nature du rayon élémentaire qui se trouve réfléchi après l'absorption des autres rayons. Ainsi un corps paraîtra jaune, ou vert, ou rouge, s'il absorbe tout le faisceau de lumière, excepté le rayon jaune, ou le vert, ou le rouge.

52. Si l'on introduit un rayon de lumière dans une chambre obscure, comme nous l'avons supposé pour l'expérience du prisme (Voy. 48), et qu'on le reçoive sur un plan parfaitement poli, disposé de manière qu'il soit facile d'observer l'effet du rayon à la surface de ce *réflecteur*, on trouvera que le rayon lumineux est réfléchi suivant les trois lois que nous allons

énoncer : 1° *le rayon incident et le rayon réfléchi*
sont toujours compris dans le même plan perpendi-
culaire à la surface réfléchissante; 2° *le rayon inci-*
dent et le rayon réfléchi forment toujours, avec la
surface réfléchissante, des angles égaux ; enfin, de
ces deux lois, on peut déduire une troisième généralement connue, et qui renferme l'expression de
tous les phénomènes lumineux, c'est que dans l'action d'un rayon de lumière qui se trouve réfléchi par
une surface polie, *l'angle de réflexion est égal à*
l'angle d'incidence.

53. On peut observer aussi que les objets vus par
l'effet de la réflexion ont une situation *renversée,*
c'est-à-dire inverse de leur position naturelle. Il suffit
de se regarder dans une glace pour être convaincu
de cette vérité. L'image réfléchie est éloignée aussi
de la surface de la glace, et paraît se produire dans
l'épaisseur du corps réfléchissant, suivant cette loi :
la surface du réflecteur est également distante du
corps qu'on lui présente et de l'image réfléchie. C'est
pour cette raison que les arbres ou les édifices, en se
réfléchissant dans l'eau, paraissent plonger leur sommet au sein de l'onde réfléchissante.

54. La réflexion s'explique très-facilement par le
système des ondes. En effet, l'éther lumineux étant
extrêmement élastique, doit être renvoyé avec énergie par les corps solides. On comprend aussi qu'il
est nécessaire que ces corps soient parfaitement polis;
autrement les ondes seraient renvoyées dans une infinité de sens différens, de sorte que la réflexion,
dans ce cas, ne se rendrait pas sensible par la formation d'une image régulière; mais quand le plan ré-

fléchissant est parfaitement poli, et qu'il forme, avec les rayons lumineux, un angle peu ouvert, toutes les ondes qui arrivent à sa surface, dans le moment de la *dilatation*, s'y affaissent, et sont énergiquement renvoyées tant par l'effet de leur propre élasticité, que par la force élastique du plan, sur lequel elles font toujours l'angle de réflexion égal à l'angle d'incidence.

. 55. Mais le corps le mieux poli est extrêmement raboteux par rapport à la ténuité de l'éther; un grand nombre d'ondes doit tomber dans les rugosités, s'y briser et s'y réfléchir irrégulièrement; chacun de ses points doit devenir un centre de mouvement pour l'éther qui se trouve contenu entre ces mêmes rugosités : de là un grand nombre de rayons lancés de tous côtés; c'est ce que nous avons nommé *dispersion*. Il est évident que moins le poli du plan réfléchissant sera parfait, ou plus le rayon incident sera perpendiculaire, plus aussi le nombre des ondes qui se briseront sera grand, et moins la réflexion sera nette; au contraire, plus le poli du plan sera parfait, ou plus le rayon sera oblique, plus aussi les ondes réfléchies seront nombreuses.

ARTICLE V.

DU FEU.

56. Nous n'entrerons pas dans l'examen des diverses opinions que les savans ont émises sur la nature du *feu*, ou plutôt du *calorique*, qui en est le principe. Il nous suffira, pour l'intelligence des phénomènes ignés, de le considérer comme un fluide

infiniment subtil, répandu dans toute la nature, capable de pénétrer les corps les plus durs par son extrême ténuité, et de les dilater de la manière la plus énergique par sa présence. (*V.* 24 *et suiv.*) Les principales sources du calorique sont le *soleil*, qu'on doit placer au premier rang, parce qu'il paraît en être une source intarissable; le *frottement*, le *choc* ou la *percussion*, etc.

57. Le calorique existe dans deux états différens, mais bien distincts. D'abord, on ne peut nier qu'il ne soit combiné avec les corps, comme une condition expresse de leur existence, puisque nous n'en voyons aucun qui soit entièrement dépourvu de calorique. Nous en avons la preuve lorsque nous décomposons les corps par l'effet de la combustion : le calorique paraît, et manifeste en même temps son dégagement par la chaleur qu'il produit et par une lueur rougeâtre de diverses nuances. Ce fluide, dans l'état de combinaison, se désigne sous la dénomination de calorique *latent* ou *combiné.*

58. En second lieu, le calorique peut s'accumuler dans les corps ; interposé entre leurs molécules, il les écarte, s'y meut, ou bien il les abandonne ; et, dans ce cas, elles se rapprochent. Enfin, il agit sur tous les corps environnans ; alors il reçoit le nom de *calorique libre* ou *rayonnant.*

59. Pour apprécier ou mesurer la quantité, c'est-à-dire l'intensité du calorique dans l'un ou l'autre de ces deux états, on a inventé différens instrumens, dont le plus communément usité est le *thermomètre* proprement dit, qui sert simplement à l'appréciation du calorique libre. C'est le seul instrument que nous décrirons.

La construction de ce thermomètre est fondée sur la propriété que possèdent les corps de se dilater sous l'influence de la chaleur. Mais il est des liquides sur lesquels l'action du calorique est éminemment énergique. L'*alcool* ou *esprit-de-vin*, par exemple, et le *mercure*, nommé vulgairement *vif-argent*, sont extrêmement sensibles à l'action de la moindre chaleur; aussi les emploie-t-on ordinairement pour construire le thermomètre. Cet instrument, comme le baromètre (*V.* 12), se compose d'un tube terminé à l'extrémité inférieure par un renflement sphérique, c'est-à-dire qui a la forme d'une boule que l'on remplit de mercure ou d'alcool. Afin de chasser entièrement l'air et l'humidité qui pourraient se trouver dans le tube et dans le liquide, on les chauffe jusqu'à ce que la liqueur bouille. Par cette opération, 1° l'humidité, réduite en vapeurs, s'échappe avec l'air, devenu plus rare, et conséquemment plus léger que celui de l'atmosphère; 2° le liquide, se trouvant dilaté, remplit parfaitement le tube, et l'on choisit ce moment pour le fermer par le haut. Bientôt la liqueur, en se refroidissant, se condense et laisse vide la partie supérieure de l'instrument. On a placé le tube, ainsi préparé, sur une planche qu'on a graduée de cette manière. Le thermomètre a été plongé dans une eau produite par la glace fondante, et l'on a noté d'un zéro le point d'élévation que marquait le liquide dans cette circonstance. On a placé ensuite l'instrument dans l'eau bouillante, et le point marqué par la liqueur a été appelé 100. Enfin, on a divisé en cent parties égales, nommées *degrés*, l'espace compris entre ces deux points. On a aussi établi un certain nombre de degrés au-dessous du zéro, afin de pouvoir apprécier les températures plus basses que celle de la glace fondante.

60. Tous les thermomètres n'offrent pas le même système de division. Celui de Réaumur porte seulement 80 parties entre les points fixes que nous avons indiqués. Celui de Fahrenheit, qu'on emploie en Angleterre, est divisé au contraire en 212 degrés ; mais son zéro marque une température bien plus basse, car celle de la glace fondante indique 32 degrés sur ce thermomètre. Enfin, celui de Delisle, dont on se sert en Russie, présente, partagé en 150 degrés, l'espace que les physiciens français divisent en 100 ou en 80 degrés. Mais il est sans doute à désirer que l'usage des thermomètres *centigrades* devienne universel ; c'est à celui-là que nous rapporterons toujours le résultat de nos observations.

61. Au moyen de ces instrumens, on peut reconnaître facilement le degré de chaleur et de froid de l'air ambiant. C'est ainsi qu'on a pu apprécier la différence qui existe entre la température des plaines et celle qui règne sur les hautes montagnes, où le froid paraît être éternel. C'est aussi avec le secours du thermomètre qu'on a observé combien la température est variable ; mais ces variations se font remarquer surtout dans les climats tempérés. Par exemple, les plus grands froids qu'on ait éprouvés à Paris ont fait descendre la liqueur, dans le thermomètre, à 18 degrés. Les plus grandes chaleurs l'ont fait monter jusqu'à 32 ; ce qui donne, rarement à la vérité, une différence de 50 degrés entre la température de l'hiver et celle de l'été.

62. Les souterrains, les caves du moins, ont une température qui paraît constante, 10° au-dessus de

zéro. C'est ce qui les fait paraître frais en été et chauds en hiver. Les anciens physiciens, pour expliquer cet effet, supposaient au centre de la terre une masse de feu qui répandait sa chaleur jusqu'à la surface de la terre ; c'était là le *feu central* dont on se servait pour expliquer les phénomènes de la germination, etc. Aujourd'hui que cette opinion est regardée avec raison comme une erreur, on explique la chaleur constante des caves, 1° par la difficulté que le calorique éprouve à circuler à travers la matière terreuse, et par conséquent à s'échapper de l'intérieur du globe ; cette cause empêche aussi le froid d'y pénétrer bien profondément ; 2° par l'humidité qui règne continuellement dans les souterrains, en s'y rendant à travers les couches de la terre, après s'être, pour ainsi dire, saturée de calorique à la surface du sol.

63. Deux systèmes, celui de l'émission ou du rayonnement, et celui des ondes ou des vibrations, se présentent encore ici relativement à l'action du calorique, comme nous les avons déjà vus réunis à l'article de la lumière. Sans nous attacher à l'un de ces systèmes plutôt qu'à l'autre dans l'explication des phénomènes, nous adopterons indifféremment les lois de celui qui présentera le moins de difficulté, suivant les circonstances.

64. D'abord, une loi dont nous avons déjà parlé, celle de l'équilibre, à laquelle le calorique obéit énergiquement (*Voy.* 24), est la cause première de l'intromission de ce fluide dans les corps. Ainsi un corps chaud ou enflammé rayonne du calorique, parce que l'air ou les corps environnans se trouvent dans

une température moins élevée. Si nous posons la main sur un corps froid, le calorique s'échappe de notre main pour se mettre en équilibre en passant dans ce corps, et nous éprouvons la sensation du froid. Au contraire, si nous touchons un corps plus chaud que notre main, le calorique quittera ce corps pour entrer dans notre main, et nous éprouverons la sensation de la chaleur.

65. Mais toutes les substances ne laissent pas échapper le calorique avec la même facilité; l'expérience a prouvé que les corps dont la surface est noire et dépolie, en rayonnent plus que les surfaces blanches et polies. L'absorption du calorique suit également les mêmes lois que le rayonnement; c'est le corps qui rayonne le plus facilement le calorique, qui en absorbe aussi le plus. Par exemple, si l'on place deux morceaux d'étoffe, l'un blanc et l'autre noir, sur la neige, au moment où le soleil luit, on verra le morceau noir s'enfoncer le plus profondément. Ainsi les vêtemens blancs devraient être préférés en toute saison; car l'été ils reçoivent ou absorbent peu de calorique, et l'hiver ils rayonnent ou laissent échapper très peu de celui qui s'émane sans cesse de notre corps.

66. Quand le calorique pénètre dans l'intérieur des corps, on dit qu'il y est *conduit*. Cette pénétration a lieu en vertu de la propriété dont jouissent les corps d'admettre ou d'absorber indéfiniment de nouvelles portions de calorique. Elle résulte de l'affinité ou de la force attractive qui existe entre le calorique et chaque corps *conducteur*. Cependant cette propriété a sa limite; et si une certaine quantité de calorique

est appliquée à l'extrémité d'un conducteur, il se répandra le long de ce conducteur, mais son intensité ira toujours en diminuant vers l'extrémité opposée ; elle deviendra nulle si le conducteur est assez long. Dans le fer, la marche du calorique est telle, que si l'on place au feu l'extrémité d'une verge de ce métal, longue d'un demi-mètre, et qu'on fixe un thermomètre à l'autre extrémité, l'instrument ne commencera à monter qu'au bout de 4 minutes; il s'en écoulera 15 pour qu'il s'élève de 8 degrés.

67. On doit observer aussi que les corps cessent de conduire le calorique, dès que ce fluide change leur état, comme la glace qui se réduit en eau sous l'influence de la chaleur ; alors le calorique se combinant avec les molécules de la matière, passe de l'état libre dans l'état latent.

68. On a distingué les corps en *bons* et en *mauvais* conducteurs, d'après la facilité plus ou moins grande qu'ils possèdent de conduire le calorique. L'expérience a démontré que, de tous les corps solides, les métaux, surtout l'argent et l'or, sont les meilleurs conducteurs ; ensuite viennent le cuivre, l'étain, le platine, à peu près égaux entre eux; enfin le fer, l'acier et le plomb, qui sont bien inférieurs aux autres. Les pierres, et principalement la brique, jouissent de cette propriété à un degré assez faible. Le verre et la porcelaine conduisent aussi moins qu'aucun métal. Le charbon et les diverses espèces de bois, quand ils sont secs, conduisent peut-être plus mal encore. Mais rien ne transmet moins la chaleur, à poids égal, que les substances composées de filamens très-fins ou de petites parcelles qui se touchent par très-peu

de points, comme le cuir, la laine en flocons, la soie en brins, le duvet, le son, la terre, la cendre, etc. C'est ce qui rend raison de la préférence qu'on accorde aux vêtemens de laine pendant l'hiver ; ils retiennent mieux la chaleur vitale, et empêchent notre corps de la rayonner.

69. Les liquides paraissent aussi doués d'une puissance conductrice extrêmement faible ; et s'ils s'échauffent, c'est par déplacement plutôt que par conductibilité. En effet, quand on place un vase plein d'eau sur le feu, le calorique appliqué à la surface inférieure échauffe la couche la plus basse du liquide. Celle-ci se dilatant devient spécifiquement plus légère : pressée par les couches supérieures, elle se déplace et monte dans la partie supérieure du vase ; elle est remplacée par une couche plus froide, à laquelle succèdent bientôt une troisième et ensuite une quatrième couche, jusqu'à ce que toute la masse du liquide soit échauffée : ce mouvement est très-rapide. Il en résulte que le calorique est continuellement transporté des couches inférieures vers les supérieures. Mais quand la source du calorique est appliquée à la partie supérieure d'une masse liquide, elle s'échauffe lentement, à la vérité, mais elle finit par s'échauffer en entier. Dans ce cas, le calorique n'est plus *charrié*, suivant l'expression du comte de Rumfort ; il est conduit lentement vers les couches inférieures. Les liquides sont donc doués d'un peu de conductibilité.

70. Nous avons vu que tous les corps solides et liquides ont la propriété de se *dilater* par la chaleur, et de se contracter en se refroidissant. Aussi, dans

les grandes conduites d'eau, où l'on emploie des tuyaux de fonte métallique, attachés ensemble par des vis de fer, la différence de la chaleur de l'hiver à l'été fait tellement varier les dimensions de cette longue barre métallique, que l'on est obligé de placer de distance en distance des tuyaux, construits de manière à passer les uns dans les autres, pour se prêter aux effets de ces dilatations et contractions alternatives ; sans quoi la colonne se romprait infailliblement. Ces appareils se nomment des *compensateurs*. Si l'on remplit d'un liquide quelconque un flacon à col très-étroit, et qu'on le fasse chauffer, on remarque que, dans le premier moment de l'action du calorique, la liqueur descend dans le tube ; c'est que la substance du verre, éprouvant la première la chaleur, se dilate aussi la première ; mais le liquide commence bientôt à se dilater aussi, et ne tarde pas à l'emporter sur le verre par l'excès de sa dilatation.

71. Cette dilatation et cette contraction des corps solides, par l'addition ou la soustraction du calorique, expliquent encore un grand nombre d'effets dont nous sommes tous les jours les témoins. Si l'on place sans précaution un verre de quinquet sur le bec allumé, la flamme échauffera la partie inférieure du verre ; et comme cette substance conduit lentement le calorique, la dilatation le fera casser. Il est nécessaire, pour éviter cet inconvénient, de le chauffer dans toute sa longueur avant de le placer. La même cause fera casser immanquablement un gobelet de pareille matière, dans lequel on verserait de l'eau bouillante, à moins qu'on ne le remplisse en totalité

De même un vase de terre étant très-chaud , placé
sur un corps très-froid , ou plongé partiellement
dans une eau froide, se brisera , parce que la partie
à laquelle est appliqué le froid se contracte seule , et
donne lieu nécessairement à une solution de continuité.

72. Les liquides se dilatent généralement plus que
les solides , mais leur dilatation n'est pas régulière ;
et l'on remarque que , plus un liquide approche de
son degré d'ébullition, plus sa dilatation devient énergique. L'explication de ce phénomène est bien simple. En effet, à mesure que le liquide s'échauffe , ses
molécules s'écartent de plus en plus , et la force de
cohésion se trouvant diminuée, doit conséquemment
opposer moins de résistance à l'expansion occasionée par la présence du calorique. Le mercure, qui
de tous les liquides supporte le plus de chaleur (350
degrés), avant de bouillir et de se réduire en vapeurs,
est aussi le plus sensible à l'action du calorique , et
celui qui se dilate avec le plus de régularité. Aussi
est-il généralement employé pour la construction des
thermomètres. (*V*. 60).

73. Nous venons de voir que les liquides se dilatent en s'échauffant, et qu'ils se contractent par la
soustraction du calorique. Cette contraction offre ,
pour certains liquides , un phénomène singulier ,
c'est qu'il existe un degré précis où ces liquides se
trouvent condensés autant qu'ils peuvent l'être ; c'est
ce qu'on appelle le *maximum de condensation* :
quand ils sont parvenus à ce degré , s'ils perdent encore du calorique, loin de continuer à se contracter , ils augmentent de volume. Ainsi l'eau a son

maximum de condensation à 4° 44 au-dessus de zéro; passé ce terme, si le froid continue, elle se dilate jusqu'à 0° et au-dessous. Ce phénomène, qui ne s'observe que dans les liquides susceptibles de se cristalliser, est attribué simplement à la cristallisation. On pense même que les molécules, avant que la cristallisation ne s'effectue, commencent à s'arranger pour prendre bientôt la forme de cristaux.

74. Ainsi, les divers états auxquels le calorique soumet les corps sont : la dilatation simple; la liquidité, s'il s'agit des corps solides, à peu d'exceptions près; ensuite la gazéité, ou transformation des liquides en fluides aériformes. Ces différens états dépendent de la quantité de calorique qui est ajoutée dans les corps, c'est-à-dire, qui s'introduit entre les molécules. De tous les solides, la glace est celui qui entre en fusion à la température la moins élevée (0°) : le soufre en exige une de 170°, l'étain une de 210°; mais il est des substances métalliques qui demandent pour se fondre une chaleur bien autrement énergique : le cuivre, par exemple, ne se met en fusion qu'à 2530°, l'argent à 2602°, l'or à 2894°, enfin le fer à 9970 degrés.

75. Réciproquement, la soustraction d'une certaine quantité de calorique ramène les fluides aériformes à l'état liquide, et ensuite à l'état solide, de même que la diminution suffisante de calorique combiné réduit à la solidité ou à l'état de congélation les corps naturellement liquides. L'huile d'olive est la substance qui se congèle avec le plus de facilité; il suffit d'une température de 2° 1/4 au-dessus de zéro. Nous savons quel est le terme de la congélation

de l'eau pure (v. 60); mais l'eau sucrée ou imprégnée de quelques substances salines , comme l'eau
de mer, se gèle plus difficilement. Le vinaigre ne se
solidifie qu'à 2° 1/4 au-dessous de zéro , le sang à
6° 2/3 , l'eau-de-vie à 22° , le mercure à 39° 1/2, etc.

76. Nous avons attribué la vaporisation des liquides aqueux à la combinaison du calorique avec les
molécules liquides (V. 24); aussi est-il reconnu qu'il
y a refroidissement dans une masse liquide qui s'é-
vapore. Tout le monde connaît le procédé au moyen
duquel on peut rafraîchir le vin au plus fort de l'été.
Il consiste à envelopper la bouteille pleine, d'un linge
mouillé , dont on fait évaporer l'humidité en l'expo-
sant à un courant d'air rapide. La vaporisation subite qui en résulte occasione nécessairement une
déperdition de calorique ; celui de la bouteille s'é-
chappe pour entrer dans le linge , et fait baisser
ainsi la température du vin de quelques degrés.

77. On sait que les liquides placés sur un feu qui
soit assez ardent (V. 69) , éprouvent , après quelques instans , une agitation violente , parce que
le calorique , en traversant le liquide , repousse avec
force les molécules qui s'opposent à son passage ;
c'est là le phénomène de l'*ébullition*. Chaque liquide a
son terme d'ébullition , qui paraît suivre le rapport
direct de la cohésion des molécules, c'est-à-dire , de la
force avec laquelle les molécules s'attachent les unes
aux autres. La pression de l'atmosphère modifie
aussi essentiellement le terme de l'ébullition. Ainsi,
l'eau qui bout à 100° dans la plaine , ou plutôt sous
une pression atmosphérique de 0° 76 (V. 12), n'exi-

gerait sur une haute montagne qu'une température
moins élevée ; au contraire il en faudrait une plus
élevée au fond des mines.

78. A pression égale,

L'éther bout à	38.º
L'alcool à.	78
L'eau simple à.	100
L'eau salée à.	107
L'huile de térébenthine à.	158
Le phosphore à	290
Le soufre à...	298
L'huile de lin à.	337
Le mercure à.	350

79. Observons qu'une fois le terme de l'ébullition
atteint, il n'y a plus d'augmentation de température;
tout le calorique sur-ajouté est employé à la formation de la vapeur. On voit aussi par ce tableau que
le degré de l'ébullition est, comme nous l'avons annoncé, assez en rapport avec la densité du liquide.

80. Les bornes de cet ouvrage nous interdisent des
développemens plus étendus sur cette matière ; nous
terminerons en conséquence l'article du feu par quelques considérations sur le phénomène de la combustion. Nous avons défini ce phénomène, *décomposi-*
tion des corps par l'action du calorique. Mais le calorique n'est pas le seul agent de la combustion. Si
nous examinons ce qui se passe dans la combustion
d'une substance quelconque, d'un morceau de bois,
par exemple, nous pourrons nous convaincre que ce
phénomène n'est réellement qu'une décomposition
chimique. En effet, les brillantes découvertes de
Lavoisier ont mis en évidence une vérité regardée

généralement aujourd'hui comme une loi de la nature,
c'est celle-ci : quand les corps combustibles sont élevés à une température suffisante, *l'oxygène se combine avec le corps qui brûle ;* mais pendant cette combinaison, il abandonne le calorique et la lumière,
avec lesquels il était uni dans son état gazeux ; voilà
pourquoi dans toute combustion il y a manifestation
de chaleur et de lumière ; le principe calorifique et le
principe lumineux se trouvant affranchis du lien qui
les retenait combinés, se dégagent isolément, pendant que l'oxygène, en se combinant avec le corps
combustible, le transforme en cendres, et les propriétés de ce nouveau produit résultent précisément de la présence de l'oxygène. Ainsi les cendres
sont incombustibles, parce que la substance qui en
fait la base étant déjà saturée d'oxygène, n'est plus
susceptible d'en admettre davantage.

81. Voilà donc le principal agent de l'opération
qui a lieu dans le phénomène de la combustion.
Aussi le feu devient-il très-actif quand on établit,
pour l'entretenir, un courant d'air un peu rapide ; au
contraire, il s'éteint aussitôt que l'oxygène de l'air
cesse de l'alimenter. Si l'on monte sur le sommet
d'une montagne, on verra qu'il est très-difficile d'y
allumer du feu, parce que l'air, s'y trouvant raréfié,
fournit trop peu d'oxygène pour nourrir le feu, c'est-
à-dire pour produire une combinaison rapide de ce
gaz avec le combustible. On doit comprendre aussi
que, pendant cette opération, tous les principes qui
constituaient le corps avant la combustion ne se
condensent pas dans le résidu : quelques-uns se dégagent et se répandent dans l'atmosphère, soit sous la

forme de vapeurs, comme la fumée, soit sous celle de gaz invisibles. Aussi le poids des cendres n'égale pas celui du corps qui les a produites. Mais si l'on recueillait tous les principes du combustible pendant l'opération, et qu'on les pesât ensuite avec le résidu, le poids en excéderait celui du corps qu'on a brûlé; cette différence provient de la pesanteur de l'oxygène qui s'est combiné pendant la combustion.

82. Il est prouvé encore que l'air renferme aussi du calorique dans un état de combinaison. Car si l'on comprime une certaine quantité d'air atmosphérique, comme cela se fait dans les briquets à piston, le calorique se dégage des molécules qui le tenaient, pour ainsi dire, en dissolution; il y a production de chaleur et de lumière; et si l'on place un combustible, comme de l'amadou, dans le briquet, il y aura inflammation. C'est ce qui expliquerait peut-être les incendies instantanés de certaines forêts, principalement de celles de sapins. L'air peut s'y trouver comprimé jusqu'à laisser échapper une portion de son calorique, lequel, s'unissant avec celui que renferment en abondance les arbres résineux, occasione un incendie dont la marche désastreuse s'étend quelquefois à de très-grandes distances.

83. Ajoutons que le phénomène de la *respiration* des animaux n'est pas autre chose que l'opération que nous désignons ici par le terme de *combustion*. Les poumons ou les branchies, en un mot les organes de la respiration, sont comme un foyer sur lequel l'air agit sans cesse pour y entretenir l'activité; c'est un centre où s'opère une décomposition du fluide respiré, et en même temps une combinaison du calo-

rique et des autres principes de l'air avec le sang;
aussi voyons-nous les enfans, chez qui la respiration
est plus précipitée que chez les vieillards, avoir le sang
beaucoup plus chaud que ces derniers. En général, les
animaux qui respirent vite ont un foyer de chaleur
incomparablement plus actif que ceux dont la respiration est lente. S'il arrive qu'on se livre à des exercices violens, à des travaux qui exigent un redoublement d'action, ou qu'on entreprenne, par exemple,
de fournir une course assez longue, la respiration
devient plus rapide, le foyer interne redouble d'activité, la chaleur du corps augmente, et bientôt on est
couvert de sueur.... Cette question est purement du
ressort de la physiologie; la suite du sujet nous a déterminé à l'effleurer, tant il est vrai que dans l'histoire de la nature, toutes les parties de la science
s'enchaînent à chaque instant.

CHAPITRE V.

DE L'ÉLECTRICITÉ.

84. Si l'on frotte avec un morceau de laine certaines substances, telles que le verre, la gomme-laque,
connue sous la dénomination de *cire à cacheter*,
toutes les résines, le soufre, etc., ces substances acquerront par cette opération la propriété d'attirer
les corps légers, comme la paille, les cheveux, les
plumes, etc. De plus, si le frottement a lieu dans
l'obscurité, les corps frottés paraîtront légèrement
lumineux; enfin, si on les touche avec le doigt, il s'en
dégagera une étincelle, et toutes les fois que le contact se renouvelle, il en jaillit une autre. Le principe

auquel on attribue l'effet que nous venons de signaler, a été nommé électricité, du mot grec ἤλεκτρον,
electrum en latin, qui signifie l'*ambre*, parce que c'est
la substance qui présente ce phénomène avec le plus
d'énergie, et l'on dit que les corps sont électrisés
quand ils manifestent la présence du principe électrique. On ignore quelle est la nature de l'électricité ; cependant on la regarde comme un fluide éminemment subtil, répandu dans toute la nature et
susceptible de s'accumuler à la surface des corps,
moyennant certaines circonstances conditionnelles.

85. Mais les physiciens ont observé que les corps
attirés par les substances *électrisées* sont repoussés
un instant après par ces mêmes substances ; ils ont
remarqué, en outre, que les corps légers que le verre
attire dans l'état électrique, sont repoussés par la résine mise dans le même état, et réciproquement. Ils
ont donc distingué deux sortes d'électricités : l'une
qu'ils appellent *résineuse*, parce qu'elle est de la nature de l'électricité qui se manifeste sur la résine, et
l'autre qu'ils nomment *vitrée*, à raison de l'analogie
qu'elle paraît avoir avec celle qui se répand sur le
verre. Ces deux électricités étant réunies, se neutra-
lisent, et composent un fluide combiné qui ne manifeste nullement sa présence, quoiqu'il soit naturellement renfermé dans tous les corps. Diverses causes,
le frottement, par exemple, ont le pouvoir de décomposer ce fluide naturel, et, dans cette opération,
chacun des corps se charge de l'électricité qu'il préfère.

86. Les savans ont ensuite établi des lois que l'observation des phénomènes semble démontrer : 1° *les*

corps se repoussent quand ils sont chargés d'une électricité de même nature; ils s'attirent quand ils sont chargés d'une électricité différente; 2° la sphère d'activité d'un corps électrisé s'étend tout autour de lui, et décroît en raison inverse du carré de la distance; 3° quand on développe l'électricité par frottement, ou par tout autre moyen, les corps producteurs d'électricité sont toujours constitués en des états électriques différens.

87. Expliquons par cette théorie les attractions et les répulsions que nous avons relatées plus haut. Les corps électrisés, agissant à distance, décomposent le fluide naturel, et développent sur les substances légères qui se trouvent dans leur sphère d'activité, une électricité contraire à celle dont ils sont eux-mêmes chargés; ils attirent conséquemment ces substances, parce que les deux électricités tendent à s'unir pour produire leur combinaison, qui est proprement l'état d'équilibre. Mais le corps le moins chargé est bientôt privé de son électricité; alors l'électricité surabondante se partage également sur les deux corps, et les sollicite à s'écarter en vertu de la première loi que nous avons établie (86).

88. Les physiciens anglais ne reconnaissent pas ces deux sortes d'électricité; ils expliquent les mêmes phénomènes par une loi qui sollicite le fluide électrique, comme tous les autres fluides, à se mettre en équilibre. Ainsi, suivant cette théorie, qui était celle du célèbre Franklin, le frottement développe sur les corps une surabondance d'électricité; dans ce cas, ils attirent ceux qui en ont le moins; et comme l'équilibre s'établit instantanément au moment du

contact, les corps sont repoussés par la force élastique que le choc a déterminée. Dans ce système, on nomme électricité *positive* celle qui se trouve surabondante : elle correspond à l'électricité *vitrée* de l'autre système; et *négative*, l'électricité qui se trouve dans un état contraire : cette dernière répond à l'électricité *résineuse*. Ainsi nous voyons que les électricités *positives* se repoussent comme les électricités *vitrées*, et qu'elles attirent les négatives, comme les vitrées attirent les résineuses. Au reste, quoique ces deux systèmes puissent rendre également bien raison des phénomènes électriques, cependant des recherches tout-à-fait récentes paraissent assurer la supériorité à la théorie des deux électricités.

89. Tous les corps ne sont pas également capables de conserver l'électricité. Les uns la transmettent presque instantanément à la terre, qui en est le *réservoir commun*. On les appelle, pour cette raison, *bons conducteurs*. Les autres, au contraire, la retiennent fort long-temps; ce sont les *non-conducteurs*. Dans la première classe, on range les différens métaux, le cuivre, l'argent, etc., ensuite l'eau, les végétaux et les animaux vivans, l'air humide, les terres sèches, etc. Dans l'autre classe, on remarque la cire d'Espagne, l'ambre, les résines, le soufre, la cire ordinaire, le verre, la soie, l'air sec, etc. Mais il est bon d'observer que les meilleurs conducteurs garderont très-bien l'électricité, si, avant de les charger, on a soin de les *isoler*, comme de les suspendre à un fil de soie, de les appuyer sur un morceau de verre ou de résine, ou de les tenir avec la main enveloppée de quelques doubles d'une étoffe soyeuse.

90. Quant aux moyens de développer l'électricité, ils sont extrêmement nombreux et peut-être infinis. 1° Nous avons déjà vu que le *frottement* en produit une source abondante. 2° Le *simple contact* de deux corps dissemblables peut dégager du fluide électrique. Par exemple, si l'on prend deux disques plats, l'un d'argent ou de cuivre, et l'autre de zinc, et qu'on les mette en contact en les appliquant surface à surface, ou si l'on touche un disque de soufre légèrement chauffé avec une lame de cuivre, etc., on reconnaîtra, en séparant ces corps, qu'ils sont électrisés mutuellement. 3° L'électricité se développe aussi par la *fusion* des corps inflammables : si l'on verse du soufre fondu dans un vase de métal isolé (car il est important, dans toutes ces expériences, que les corps sur lesquels on opère soient isolés), après le refroidissement, le soufre, devenu solide, et le métal, seront tous deux électrisés. 4° Il s'en produit par l'*évaporation*, car si l'on verse quelques gouttes d'eau dans un creuset suffisamment chaud, la vapeur donnera des signes d'électricité. 5° Si l'on brise un bâton de gomme-laque, ou qu'on fende un morceau de bois sec et chaud, ou qu'on sépare subitement des lames d'un minéral lamelleux, la présence de l'électricité se manifestera dans cette *disruption* des corps solides. 6° La *compression* suffit pour en développer; et si l'on presse des substances de diverse nature, elles se constitueront en des états électriques différens. 7° La *percussion* même peut en accumuler assez abondamment; car si l'on frappe avec une peau de chat bien sèche une personne montée sur un *isoloir*, et qu'on la touche ensuite, il jaillira des étincelles qui attes-

teront la présence de l'électricité. 8º Le fluide électrique peut se développer par un simple *changement
de température*, car on fait émettre des éclairs électri-
triques à une grosse tourmaline en l'élevant à la
température de l'eau bouillante. D'autres minéraux
sont doués de la même propriété. 9º Les *opérations
les plus indifférentes* peuvent devenir la cause d'un
dégagement d'électricité. Par exemple, si l'on dirige
un courant d'air atmosphérique contre la surface d'un
carreau de verre au moyen d'un soufflet, le carreau
prend l'électricité vitrée. Un mouchoir de soie bien
sec, étant secoué dans l'air, s'électrise résineusement.
10º Enfin, il y a développement d'électricité dans
toutes les combinaisons chimiques.

91. Quelques poissons sont doués d'une puissance
d'électricité très-énergique; tels sont la *torpille* et
les *lamproies* de la rivière des Amazones, le *trem-
bleur* du Sénégal et l'*anguille* de Cayenne, qui peuvent développer une grande quantité de fluide électrique et faire éprouver une commotion violente à
ceux qui les touchent. Il paraît que ces animaux ont
la faculté de transmettre leur *décharge électrique*, et
qu'ils peuvent ainsi, même à quelque distance, fou-
droyer leurs ennemis. Mais un fait bien singulier,
c'est que leur électricité n'affecte nullement les instrumens les plus sensibles à la présence de l'électricité ordinaire.

92. Pour reconnaître la présence de l'électricité
dans les expériences du nº 90, on se sert de plusieurs
instrumens nommés par les physiciens *électromètres*
ou mieux *électroscopes*, et au moyen desquels il est
possible d'apprécier les quantités les plus faibles,

7*

aussi bien que la nature et l'intensité du fluide. Ces instrumens sont fondés sur les principes des attractions et des répulsions électriques.

Le plus simple des électroscopes se compose d'une petite boule de moelle de sureau suspendue à un fil de soie. On se rappelle que la soie retient très-bien l'électricité. (*V.* 89.) Si, en approchant d'un corps la petite boule de sureau, on s'aperçoit qu'elle est attirée, on doit en conclure que ce corps est dans l'un ou l'autre état électrique. Maintenant, si l'on touche la petite boule avec un tube de verre électrisé par frottement, elle se chargera d'électricité vitrée; au contraire, si on la touche avec un bâton de cire à cacheter préalablement électrisé, elle prendra l'électricité résineuse. Supposons qu'elle soit électrisée vitreusement, et qu'on l'approche d'un corps qui manifeste la présence du fluide; si ce corps attire la boule de sureau, on connaîtra par là qu'il possède l'électricité résineuse : il la repousserait s'il était chargé d'électricité de même nature.

Souvent cet électromètre est composé de deux fils qui portent chacun une balle de sureau. Lorsqu'on approche l'appareil d'un corps électrisé, le fluide, qui se développe également sur les deux balles, les force à s'écarter plus ou moins, suivant son degré d'intensité.

L'électromètre de Bennett (*fig.* 10) est le plus généralement employé : il se compose d'une bouteille de verre blanc, assez grosse et carrée, dont le goulot donne passage à une tige métallique terminée par une boule *b*, et communiquant dans l'intérieur avec deux lames d'or *l, l*, très-minces, parallèles et extrêmement mobiles, qui se meuvent le long d'un quart de cercle. Quand on présente un corps électrisé à la boule du conducteur, les deux lames d'or divergent, c'est-à-dire s'éloignent l'une de l'autre, et, par leur degré d'écartement, on juge de l'intensité électrique. Si l'on veut, avec ce même instrument, reconnaître l'état électrique de l'atmosphère, on remplace la boule par une pointe très-aiguë, et, à l'aide d'une longue perche, on élève l'électroscope dans l'air.

93. Les physiciens ont trouvé l'art d'accumuler sur un même point une quantité plus ou moins considérable d'électricité à l'aide de *machines électriques*. La plus ordinaire, qu'il faut voir dans un cabinet de physique pour s'en faire une juste idée, se compose d'un plateau de verre pressé entre quatre coussins ordinairement couverts en soie : le plateau est mis en mouvement au moyen d'une manivelle qui le fait tourner. Dans cette opération, le frottement développe une source abondante d'électricité, qui, étant soutirée par des pointes métalliques, s'écoule le long d'un cylindre de cuivre, et s'accumule sur une boule de pareille matière. Alors, si l'on touche à plusieurs reprises le conducteur avec le doigt, on verra jaillir des étincelles, et l'on sentira chaque fois, dans toutes les parties de son corps, une commotion d'autant plus forte qu'il y aura plus de fluide d'accumulé. Si l'on promène une verge de métal sur le conducteur, et que l'expérience ait lieu dans l'obscurité, on pourra remarquer une flamme vive et bleuâtre qui suivra la trace de la verge métallique.

94. Nous avons déjà fait observer que l'électricité se répand seulement à la surface des corps. Il est fa-

cile de démontrer en effet cette propriété vraiment remarquable. Prenons une boule de cuivre dont l'intérieur soit vide ; nous pouvons, à l'aide d'une chaîne de métal, la mettre en communication avec une machine électrique en action, et la charger ainsi d'une bonne quantité de fluide. Néanmoins, si, par une ouverture pratiquée à cette boule, on introduit dans l'intérieur une autre boule plus petite, qui soit supportée par un manche de résine, et si on lui fait toucher la surface interne de la première, elle ne prendra aucune électricité. Au contraire, si on la met en contact avec la face extérieure, elle agira sur l'électroscope ; donc l'électricité n'a réellement pas pénétré dans le creux de la boule. L'expérience démontre d'ailleurs que le fluide est maintenu à la surface des corps par la pression de l'air, car il serait impossible de charger une sphère métallique, par exemple, si on la plaçait dans le vide produit par la *machine pneumatique* (*V. le* Glossaire); a mesure que l'électricité serait transmise à la sphère, elle s'échapperait sous la forme d'aigrettes lumineuses.

95. La forme des corps influe essentiellement sur la distribution du fluide électrique : il se répand uniformément sur les surfaces sphériques ; mais si le corps chargé d'électricité a la forme ovale ou alongée, le fluide s'accumulera vers les extrémités, ce qu'il est facile de démontrer avec le secours d'un électromètre ; et si l'on continue de charger le conducteur, l'intensité du fluide pourra s'accroître au point qu'il s'échappera en produisant une étincelle.

96. Si un conducteur est terminé par une pointe très-aiguë, la tension électrique sera presque infi-

nie à l'extrémité de cette pointe, et la résistance de
l'air presque nulle ; aussi les pointes ont-elles la propriété de livrer un passage facile à l'électricité en fa-
vorisant son écoulement de telle sorte, qu'on ne saurait charger un conducteur qui serait terminé par
une pointe. Mais l'écoulement qui s'effectue par les
pointes donne lieu à différens phénomènes, suivant
la nature de l'électricité. Par exemple , si l'observa-
vation se fait dans l'obscurité , on verra l'électricité
vitrée s'écouler sous la forme d'une longue aigrette
lumineuse ; au contraire, l'électricité résineuse n'offrira qu'un point lumineux à l'extrémité de la pointe.
Ce fait s'explique par la faculté plus ou moins con-
ductible des deux fluides. Un autre fait plus singulier, c'est que l'écoulement est plus rapide par une
seule pointe que par plusieurs réunies, parce que la
répulsion qui s'exerce entre les courans de même
nature , développés sur les différentes pointes, ralentit la marche du fluide.

97. Tous les corps , même les plus mauvais conducteurs, perdent en peu de temps l'électricité qu'on
leur a transmise ; car l'air qui les environne la
leur enlève sans cesse, plus ou moins rapidement,
toutefois suivant ses différents degrés de sécheresse
ou d'humidité. Cette déperdition est toujours très-
prompte à l'égard des bons conducteurs ; mais les
autres corps peuvent conserver , pendant des mois,
des années, une partie de l'électricité dont ils ont
été chargés. En effet, quelle que soit l'intensité électrique sur des corps de cette nature, le contact ne
fera pourtant jaillir qu'une faible étincelle, et le
point touché seulement aura perdu son électricité.

Les conducteurs, au contraire, la retiennent si mal, qu'il suffit d'un simple contact pour la leur enlever presque totalement.

98. Cependant il est possible d'accumuler des quantités considérables d'électricité sur les corps même qui abandonnent le fluide avec le plus de facilité ; il ne s'agit que de les isoler. En effet, si l'on enveloppe parfaitement un corps conducteur avec des substances non conductrices , comme le verre , la résine, etc. (*Voy*. 89), et qu'on le mette en communication avec le courant de la machine électrique, il sera forcé de conserver le fluide jusqu'à ce qu'on lui présente un écoulement, ou jusqu'à ce que l'électricité , se trouvant accumulée d'une manière surabondante, produise une décharge ou une explosion foudroyante.

99. Il existe différens moyens d'accumuler ainsi le fluide électrique; ils sont fondés sur le principe suivant. Si l'on communique des électricités différentes aux deux surfaces d'un corps non conducteur, ou mieux à deux corps conducteurs , mais séparés par un non-conducteur suffisamment mince , ces deux électricités, ne pouvant se réunir, ne se neutraliseront pas ; cependant elles exerceront l'une sur l'autre une influence bien puissante , car leur force d'attraction est telle, que si l'accumulation devenait excessive, les deux fluides traverseraient, pour se réunir, l'obstacle qui les sépare; ici nous les supposons moins accumulés. Dans cet état, si l'on met les deux surfaces en communication par le moyen d'un bon conducteur , les électricités se précipiteront l'une sur l'autre avec une effrayante rapidité , et produiront

une *commotion électrique*. Muschembroeck, fameux physicien de Leyde, faillit un jour devenir victime d'un effet de cette nature. Voulant électriser de l'eau contenue dans une bouteille qu'il tenait à la main, il y introduisit une chaîne qu'il fit communiquer avec le conducteur d'une machine électrique en action. Quand il jugea son eau suffisamment électrisée, il saisit la chaîne pour la retirer, et éprouva au même instant une secousse tellement violente qu'il se crut tué. C'est que, dans cette expérience, l'électricité accumulée sur la chaîne et dans la bouteille, agissant à distance (*Voy*. 87), développait sur l'expérimentateur une électricité contraire; mais ces deux fluides, séparés par le verre, ne se réunirent qu'au moment où le bras du physicien leur servit de conducteur en se portant sur la chaîne, et Muschembroeck reçut une commotion d'autant plus forte, qu'il se trouva précisément le centre d'action des deux électricités au moment de leur réunion.

100. Cet accident donna lieu à l'invention de la bouteille de Leyde, machine fort usitée pour servir de point d'accumulation au fluide électrique et produire de violentes décharges. C'est un bocal de verre, de différentes dimensions, qui renferme intérieurement des feuilles métalliques très-légères, et dont la surface extérieure est en partie recouverte d'une feuille d'étain; une tige métallique, terminée par un bouton, plonge dans la bouteille que l'on charge, soit en présentant le bouton au conducteur d'une machine électrique, soit en faisant communiquer ce même conducteur avec la surface extérieure; dans l'un et l'autre cas, les surfaces se chargeront d'électricités diffé-

rentes, mais celle qui est en rapport avec la machine électrique prendra nécessairement le fluide que cette machine fournira.

101. La *batterie électrique* se compose d'un assemblage de plusieurs bouteilles de Leyde mises en communication au moyen de conducteurs communs. On peut avec une pareille batterie produire une étincelle assez énergique pour enflammmer les corps combustibles, fondre subitement les métaux, frapper de mort les animaux même les plus robustes.

102. Il serait donc extrêmement dangereux de décharger avec la main une batterie de ce genre. Aussi n'opère-t-on guère la décharge de ces machines que par l'intermédiaire d'un instrument qu'on nomme *excitateur*. C'est un arc de métal terminé par deux boules et garni de deux manches en cristal, qui permettent de le tenir sans être exposé à la commotion électrique. La décharge s'effectue à l'instant même où, posant l'une des boules sur la surface extérieure d'une bouteille, on met l'autre boule en contact avec le conducteur commun.

103. On nomme *condensateurs* les instrumens propres à recevoir une accumulation d'électricité ; telle est la bouteille de Leyde que nous venons de décrire, et le *carreau fulminant*, qui se compose d'une plaque de verre recouverte sur chaque face d'une feuille d'étain ; mais parmi les condensateurs il en existe un qui porte le nom particulier d'*électrophore*, dont la propriété remarquable est, qu'on peut le charger sans le secours de la machine électrique, et qu'il est capable de conserver le fluide plusieurs mois de suite. Ce nouvel appareil se compose de *deux pla-*

teaux, l'un de résine, l'autre de métal ; celui-ci est surmonté d'une tige isolante. On frappe avec une peau de chat le gâteau de résine qui se charge ainsi d'électricité résineuse. Alors si l'on place dessus le plateau métallique, en le prenant par son manche isolant, l'électricité naturelle de ce dernier plateau se décomposera, le fluide vitreux sera attiré vers la surface en contact avec le gâteau de résine (V. 86), et le fluide résineux sera repoussé sur l'autre surface ; si donc on met cette surface en communication avec le réservoir commun, c'est-à-dire, avec la terre, à l'aide d'un excitateur, il en jaillira une étincelle au moment de la combinaison de l'électricité résineuse avec le fluide naturel du sol. Après cette étincelle, le disque ne fournira plus d'électricité ; cependant il en contiendra ; le fluide y sera même en état d'accumulation, mais il s'y trouvera *dissimulé* par l'influence de l'électricité opposée. Maintenant si l'on éloigne le plateau métallique du disque de résine, l'électricité vitrée n'étant plus neutralisée par le voisinage de l'électricité résineuse, et se trouvant surabondante, puisqu'on a soustrait une partie de cette dernière, pourra fournir à son tour une étincelle, et ce double phénomène se reproduira presque indéfiniment ; car le plateau de résine, par l'effet de sa vertu non conductrice, conserve toute son électricité ; il décompose seulement, par influence, celle du disque métallique.

104. Si, prenant un disque de zinc et une pièce d'argent, on place l'une sous sa langue et l'autre sous la lèvre inférieure, au moment où l'on mettra en contact les bords de ces deux pièces, on sentira une saveur particulière produite par la décomposition

du fluide naturel. Car à l'instant du contact de ces métaux, les électricités semblables se repoussent, et les deux pièces se constituent en des états électriques différens : l'une s'électrise vitreusement et l'autre résineusement ; et si l'on établit un fil métallique qui serve de conducteur entre les faces de deux métaux, ce fil sera le siége d'un courant continu et le centre où les deux électricités qui se reproduisent sans cesse, repoussées des surfaces en contact par une *force electro-motrice*, viendront se réunir et se neutraliser.

105. On rend ce courant infiniment plus énergique au moyen d'un appareil nommé *pile voltaïque* ou *galvanique ;* il se compose de disques de zinc et de cuivre réunis deux à deux : ces couples sont placés les uns sur les autres, mais séparés par des rondelles de drap, imbibées d'eau salée, afin qu'elles soient meilleures conductrices de l'électricité qui se dégage dans l'appareil ; on est convenu de nommer *pôle négatif* l'électricité résineuse qui se porte du côté du cuivre, et *pôle positif* l'électricité vitrée qui se porte du côté du zinc. Maintenant si l'on touche d'une main, avec les doigts mouillés, l'extrémité supérieure de la pile, et avec l'autre main l'extrémité inférieure, on éprouvera une commotion analogue à celle que produit la bouteille de Leyde, et l'énergie de cette secousse sera relative à la dimension de l'appareil, car elle est toujours en raison directe de la surface de la pile.

On a obtenu avec un instrument de ce genre des effets vraiment prodigieux : des étincelles longues et brillantes ont enflammé le charbon, fondu le platine,

comme la flamme d'une bougie fond la cire ordinaire;
mis en fusion, avec la plus grande facilité, la chaux,
le quartz, le saphir, la magnésie; dissipé en fumée
le diamant, le charbon, la plombagine. Par la force
de ce puissant agent, des substances complexes se
sont décomposées, et leurs élémens s'étant divisés, l'un
s'est porté vers le pôle positif, et l'autre vers le pôle
négatif, et toutes les fois qu'on a renouvelé les mêmes
expériences, on a vu se reproduire les mêmes phénomènes.

106. Ici doit se borner ce que nous pouvons dire
sur l'électricité sans sortir des bornes qui nous sont
tracées. On verra fréquemment l'application des
principes que nous venons de développer, surtout
à l'article des phénomènes électriques qui se trouvent
classés dans le chapitre des météores ignés. D'ailleurs
nous avons souvent occasion de reconnaître que
l'électricité joue un grand rôle dans la plupart des
autres phénomènes de la nature. Terminons ce premier chapitre par un court aperçu relatif au *magnétisme*. Il est entendu qu'il ne s'agira point ici du magnétisme *animal*, dont l'existence est encore pro-
blématique, et qui ne peut avoir, s'il existe, aucun
rapport avec les phénomènes météorologiques.

107. Nous entendons par *magnétisme* le principe
de l'aimant : ce principe n'est autre chose que celui
de l'électricité ; car des expériences récentes ont
prouvé, jusqu'à la dernière évidence, l'identité parfaite du fluide magnétique avec l'électricité. Nous
n'avons donc qu'à signaler les effets ou les circonstances particulières qui font donner au fluide électrique le nom de magnétisme.

108. L'*aimant naturel* est une pierre métallique qu'on trouve dans les mines de fer. On sait que cette pierre a la propriété d'attirer certains métaux : l'acier , le fer , le nickel et le cobalt , auxquels on peut même communiquer les propriétés magnétiques, et qui reçoivent alors le nom d'*aimans artificiels*.

109. Si l'on suspend une lame d'aimant par un fil, ou sur un pivot qui lui permette de se mouvoir librement , elle prendra une direction constante , qui sera fixée à peu près dans le sens du méridien (V. *le Glossaire*), c'est-à-dire , que l'une des extrémités se tournera constamment vers le nord et l'autre vers le sud. On a nommé *pôles* ces deux pointes d'un aimant : celui qui se dirige vers le nord a reçu le nom de pôle *boréal* , et l'autre celui de pôle *austral*. On a remarqué aussi que les pôles de même nom se repoussent , et que ceux de nom différent s'attirent ; car si l'on présente au pôle austral d'un aimant libre le même pôle d'un autre aimant , le premier tournera sur lui-même pour présenter son pôle boréal.

110. C'est sur ces propriétés de l'aimant qu'est fondée la construction de la *boussole* , dont la pièce principale est une aiguille aimantée, qui jouit d'une mobilité parfaite sur le pivot qui la supporte. L'aiguille de la boussole ne se dirige pas précisément vers le nord ; elle s'écarte tantôt vers l'orient, tantôt vers l'occident , suivant les lieux où l'on se trouve. C'est ce phénomène que l'on connaît sous la dénomination de *déclinaison de l'aiguille*. Il paraît que la déclinaison est sujette à des variations périodiques ; car, en 1580 , elle était, à Paris, de 11° 30' vers l'orient ; elle a diminué jusqu'en 1663 ; à

cette époque elle s'est trouvée exactement dans la direction du méridien, ensuite elle est devenue occidentale. En 1678, elle l'était déjà de 1° 30'; elle a augmenté jusqu'en 1818, époque où elle avait atteint 22° 26'; depuis ce temps elle a commencé à se rapprocher du pôle. Outre ces variations générales, elle peut en éprouver d'accidentelles, occasionées par certains phénomènes météorologiques, tels que les orages, les aurores boréales, etc.

111. L'aiguille aimantée offre encore une autre irrégularité : l'extrémité qui regarde l'équateur est toujours plus élevée que celle qui se dirige vers le pôle. Ainsi, dans notre hémisphère, c'est le pôle boréal qui est le plus bas; dans l'hémisphère méridional, c'est le pôle austral. Cette *inclinaison* de l'aiguille est attribuée à l'attraction qu'exercent les pôles de la terre sur ceux de l'aiguille. En effet, elle n'existe pas sous l'*équateur magnétique*, où les deux pôles agissent avec une force égale; elle augmente à mesure qu'on s'approche des pôles : elle est à Paris de 68° 30'. L'inclinaison de l'aiguille paraît avoir aussi une période de variation extrêmement lente, dont on n'est pas encore parvenu à connaître les limites.

112. Maintenant quelle est la cause naturelle des phénomènes magnétiques ? On l'attribuait autrefois à l'action de deux centres ou noyaux magnétiques, dont ou supposait que l'influence était modifiée par d'autres centres secondaires qui occasionaient la déviation de l'aiguille aimantée. Aujourd'hui les prodiges de la pile galvanique, et l'analogie frappante qui lie entre eux les phénomènes produits par les

8*

courans électriques artificiels et les phénomènes magnétiques , permettent de regarder le globe comme
une espèce de pile qui a ses deux pôles (*V.* 105),
entre lesquels règnent des courans continus d'électricité ou de magnétisme ; car les substances de diverse nature qui constituent l'essence du globe terrestre font le même effet que la réunion des différens disques de la pile artificielle. Et cette opinion
n'est pas une hypothèse illusoire ; elle est appuyée
sur les expériences les plus précises , et notamment
sur celles des savans physiciens , MM. Ampère et
Arago. Nous n'en citerons qu'une , parce que la nature de cet ouvrage nous interdit de plus longs détails à ce sujet.

113. On sait qu'il existe un mode d'aimantation
qu'on pourrait nommer *aimantation naturelle.* Un
barreau d'acier mis en terre , ayant ses deux extrémités tournées vers les pôles, s'aimante avec le temps.
Le même barreau , suspendu librement dans un air
tranquille par un fil de soie , finit par se diriger vers
les pôles de la terre, et par acquérir des vertus magnétiques. La branche transversale des croix placées
sur le haut des clochers acquiert les mêmes propriétés lorsqu'elle est dirigée vers les pôles.

114. De même les savans physiciens que nous venons de nommer, ont trouvé le moyen de procurer la
vertu magnétique à des corps , à un barreau d'acier ,
par exemple , sans le secours d'aucun aimant, mais
seulement en le soumettant à l'action d'un courant
galvanique. Pour cette opération , ils ont fait usage
d'un fil contourné en spirale , ou formant une *hé-
lice* , au milieu de laquelle ils avaient placé le bar-

reau qu'ils voulaient aimanter ; ce fil, communiquant avec les deux pôles d'une pile , servait de conducteur au courant, qui produisit ainsi une aimantation assez rapide. Ce courant pourrait avoir sa source dans les décharges successives des batteries électriques. (*V.* 101.)

Cette théorie des courans naturels de magnétisme explique, de la manière la plus lumineuse, tous les phénomènes observés dans l'action de la boussole. *(Voyez-en les développemens dans les ouvrages de M. Ampère).*

CHAPITRE DEUXIÈME.

MÉTÉORES AÉRIENS.

ARTICLE PREMIER.

DES VENTS ET DE LEURS CAUSES.

114. L'équilibre de l'atmosphère est sans cesse troublé, interrompu ; il y naît des courans qu'on appelle VENTS, qui transportent des masses d'air à des distances souvent considérables.

115. Les physiciens reconnaissent généralement trois causes principales qui produisent les vents : 1º le mouvement de la terre qui roule chaque jour sur elle-même d'occident en orient ; 2º les alternatives de dilatation et de condensation, occasionées soit par la raréfaction que l'air éprouve sous l'influence des rayons du soleil, soit par la contraction du même fluide, c'est-à-dire, par le rapprochement de ses molécules, effet que produit pendant la nuit l'absence de cet astre (*V.* 50) ; 3º les vicissitudes de l'élévation de la lune vers son apogée, et de ses descentes successives vers son périgée.

PREMIÈRE CAUSE GÉNÉRALE DES VENTS.

Mouvement de rotation de la terre sur elle-même.

116. La surface de la terre, suivant Mariotte, entraîne l'air qui en est le plus proche, qui la touche,

pour ainsi dire , dans son mouvement de rotation ,
mais avec un peu moins de vitesse , ce qui doit faire
paraître un mouvement d'air d'orient en occident à
ceux qui sont sous l'équateur , jusqu'à une latitude
de plus de 22 degrés de part et d'autre.

Cousin soutient la même opinion. Le noyau de la
terre , dit-il dans son *Traité Élémentaire de Phy-*
sique, se meut d'occident en orient avec plus de
vitesse que les eaux qui le recouvrent, et que l'atmosphère qui environne ses eaux. D'où il doit résulter
un vent alizé d'orient en occident , et un courant
constant dans la même direction.

117. L'atmosphère doit donc être considérée comme faisant partie du globe terrestre ; elle tourne
avec la même vitesse que la terre. Ce mouvement ,
très-rapide sous l'équateur, diminue jusqu'aux pôles,
où il devient insensible. Cependant l'air atmosphérique, à raison de sa ténuité , de sa variété , ne peut
se mouvoir aussi vite que la partie solide du globe ,
et les couches élevées éprouveront un mouvement
bien plus lent encore. Mais il existe une autre cause
qui retardera la marche de l'atmosphère terrestre (1).

C'est qu'elle est enveloppée de l'atmosphère solaire et de plusieurs autres fluides : or, ces fluides doivent faire et font nécessairement une résistance quelconque aux corps qui les traversent; il serait difficile
de calculer quelle doit être la résistance que cette
cause imprime à l'atmosphère terrestre, et par con-

(1) *Voyez , pour la plus grande partie de cet article ,* Fortia
d'Urban, *Déluge d'Ogygès.*

séquent quelle doit être la vitesse de son mouvement rétrograde.

118. Nous ignorons d'une manière positive l'étendue de notre atmosphère (*V.* 18), et la nature des fluides qu'elle traverse. Mais à en juger par les comètes dont les atmosphères sont quelquefois visibles sous la forme de chevelures ou de queues, les mouvemens atmosphériques du globe terrestre peuvent être considérables. Car il est des comètes dont les queues sont très-prolongées, et ont jusqu'à cent degrés d'étendue en arrière, tandis qu'à la partie antérieure de l'astre, cette atmosphère a très-peu d'étendue.

119. On doit conclure de ces faits que la couche d'air qui s'élèvera jusqu'à une certaine hauteur au-dessus des montagnes les plus sourcilleuses, se mouvra moins vite que ces montagnes. Il semblera conséquemment que cette couche aura un mouvement contraire à celui de la terre, c'est-à-dire, qu'elle paraîtra se mouvoir d'orient en occident. Ce mouvement qu'auront les couches supérieures, se communiquera jusqu'à celles qui sont voisines de la surface de la terre, et pourra influer sur le vent général d'est. C'est là une première cause des vents, mais on doit avouer qu'elle a peu d'effet. En voici une autre.

320. Nous verrons qu'il existe des vents continuels du nord au sud, et réciproquement, car il se fait un déplacement d'air qui se dirige de chaque pôle vers l'équateur. Or, dit M. de la Place, la vitesse réelle de l'air, due à la rotation de la terre, est d'autant moindre, qu'on approche davantage des pôles. Il doit donc, en s'avançant vers l'équateur, tourner plus lentement

que les parties correspondantes de la terre, et les corps placés à la surface terrestre doivent le frapper avec l'excès de leur vitesse, et en éprouver, par sa réaction, une résistance contraire à leur mouvement de rotation. Ainsi, pour l'observateur qui se croit immobile, l'air paraît souffler dans un sens opposé à celui de la rotation de la terre, c'est-à-dire, d'orient en occident.

121. Quoique cette première cause des vents soit avouée par la plupart des physiciens, cependant on a fait contre cette théorie quelques objections spécieuses dont voici les principales. Si l'atmosphère terrestre, a-t-on dit, éprouvait, comme on le prétend, une résistance quelconque, le mouvement annuel et le mouvement journalier de la terre en seraient retardés; ce qui est contraire à l'observation.

Il est facile de rétorquer cet argument, car nous pouvons demander s'il n'est pas naturel de penser que, sans la résistance qu'éprouve l'atmosphère, les deux mouvemens dont il s'agit seraient plus accélérés. D'ailleurs, il a été reconnu par tous les astronomes, que l'éther, ce fluide dans lequel se meuvent la terre et les planètes, oppose à tous les corps célestes qui le traversent une résistance sans doute très-faible, mais qui produit néanmoins une petite inégalité dans la longueur de l'année.

122. Mais, a-t-on ajouté, si ce mouvement rétrograde a lieu dans l'atmosphère, un aérostat qui resterait quelques jours en station dans l'air, se trouverait ensuite, quand il redescendrait, à quelques centaines de lieues du point de départ. Nous répondrons que c'est en effet ce qui arriverait, et ceci sert de

preuve à notre théorie, si le ballon pouvait monter
assez haut. Nous ferons observer toutefois que la machine, quoique immobile, paraîtrait obéir à l'impulsion du vent, comme un bateau, arrêté fixément sur
un fleuve, peut paraître remonter le courant, si l'eau
s'écoule avec une certaine rapidité.

DEUXIÈME CAUSE DES VENTS.

Dilatation et raréfaction de l'air.

123. Nous avons annoncé (*V*. 5) que la chaleur agit
d'une manière puissante pour dilater ou étendre l'air.
La principale cause des vents provient de cette dilatation. En effet, l'astre du jour est en même temps
la source immense de la chaleur. Quand il paraît à
l'orient, l'influence de ses rayons sur l'atmosphère
cause une dilatation des fluides aériformes. Ainsi
l'air, en s'étendant, suivant la marche du soleil, repousse sans cesse vers l'occident la masse d'air qu'il
rencontre. D'un autre côté, les parties qui viennent
d'être échauffées se condensent bientôt en se refroidissant, quand les rayons du soleil cessent de darder
dessus. Il en résulte, en vertu des lois de l'équilibre,
qui forcent les liquides à se porter vers le point où
ils éprouvent le moins de résistance, il en résulte un
déplacement de l'air condensé avec les parties dila-
tées ou raréfiées, c'est-à-dire suivant le cours du soleil. De là un courant de l'est à l'ouest, courant d'autant plus marqué entre les tropiques, qu'il est le résultat de trois causes combinées : 1° du mouvement
de rotation de la terre (*V*. 116); 2° de l'impulsion de
l'air devant la marche du soleil, 3° de l'attraction de

l'air derrière le même astre, et toujours dans la même direction.

On voit un exemple en petit de cet effet dans nos foyers domestiques. Si l'on y allume un grand feu, l'air dilaté s'élèvera par la cheminée, cherchant une couche plus légère avec laquelle il puisse se mettre en équilibre, tandis que la portion d'air qui remplit la chambre s'écoulera vers le foyer; il s'établira ainsi un courant dont le feu sera l'agent ou la cause déterminante.

124. Dans nos climats mêmes, où ces causes naturelles sont moins puissantes, on peut remarquer, si le ciel est calme, et que des nuages n'interceptent pas les rayons du soleil, qu'il se manifeste, le matin surtout, un mouvement de l'air suivant la direction que nous venons d'indiquer, c'est-à-dire, d'orient en occident. Mais sous la zone torride, où la chaleur du jour est une fois plus forte que dans les climats tempérés, tandis que les nuits y sont assez fraîches, l'air doit être considérablement dilaté pendant le jour, et plus ou moins condensé pendant la nuit. Par conséquent, cette dilatation produira un vent qui précédera le lever du soleil. Aussi le vent d'est est-il plus sensible à l'aurore, et il est toujours assez violent pour être frais. Cette cause a une action bien plus marquée en été qu'en hiver.

TROISIÈME CAUSE DES VENTS.

125. *Alternative de l'élévation de la lune et de son mouvement descendant.*

La lune, suivant quelques physiciens, exerce sur notre atmosphère une attraction qui agit aussi sur

9

l'Océan. C'est ce qu'on prouve par l'observation des marées, c'est-à-dire des mouvemens réguliers de la mer, connus sous la dénomination de *flux* et *reflux*. Mais cette influence de la lune n'a de force que lorsqu'elle est combinée avec l'attraction, qu'on attribue également au soleil. C'est ce qui a lieu quand la lune est pleine ou nouvelle; et comme l'astre des nuits, dans sa course elliptique, n'est pas toujours à la même distance de la terre, il en résulte que son attraction n'a pas toujours la même énergie : elle doit être plus forte à l'époque de son périgée et plus faible dans le temps de son apogée. C'est un fait qui trouve son appui dans l'observation. Or, cette action de la lune étant prouvée, il est constant que c'est une cause qui doit modifier les vents en troublant d'une manière plus ou moins puissante l'équilibre de l'air.

Quelques géomètres soutiennent, et peut-être avec raison, que cette cause est d'un effet à peu près nul. Cependant, il est reconnu qu'on a de grands coups de vent aux équinoxes, quelquefois aux solstices, et assez souvent aux différentes phases de la lune. Or, ces vents ne peuvent être produits que par l'action combinée du soleil et de la lune, laquelle se fait également sentir sur les marées aux mêmes époques. Au reste, nous devons convenir que la deuxième cause des vents, énoncée plus haut, est celle dont l'influence a le plus d'énergie.

Voilà donc les trois causes des vents que nous avons établies (*V.* 114) bien reconnues; et nous allons les voir maintenant concourir à former tous les phénomènes aériens.

ARTICLE II.

EXAMEN DES PRINCIPAUX VENTS.

1º *Vents alizés.*

126. Les trois causes générales que nous venons d'expliquer donnent naissance a plusieurs vents généraux, dont le plus remarquable est sans doute le vent général d'est (1), connu sous le nom de vent *alizé*. Il règne principalement dans l'Océan atlantique, et s'étend, pour l'ordinaire, jusqu'à six ou sept cents lieues de chaque côté de l'équateur, ou, en d'autres termes, par les 20 à 30 degrés de latitude boréale, et à peu près autant de latitude australe. Au-delà de cette latitude, les causes qui produisent le vent alizé ont perdu leur énergie ; aussi trouve-t-on d'autres vents qui s'étendent jusqu'au 35 ou 40e degré de latitude, soit septentrionale, soit méridionale ; mais ils soufflent dans une autre direction, car l'un vient du nord-est, et l'autre du sud-est.

2º *Vents généraux nord-est et sud-est.*

127. Voici comment on conçoit la formation de ces deux vents. La chaleur du soleil, non seulement dilate l'air, mais aussi pompe ou soulève des vapeurs qui se répandent avec facilité dans l'atmosphère. Or, plus un air est chargé de vapeurs, plus il est léger (*V.* 14), et par conséquent moins il offre de résistance à la pression qu'exerce sur lui un air plus pur

---

(1) Est-il besoin d'avertir que par vent d'*est* nous entendons celui qui vient de l'est, et qui souffle par conséquent vers l'ouest?

cherchant à se mettre en équilibre. Aussi, l'air qui se trouve au 30° degré de latitude nord et sud, n'étant ni dilaté, ni chargé de vapeurs au même degré que celui qui règne sous la ligne, devra s'écouler vers les régions équatoriales, où les rayons du soleil le dilateront à son tour. Il s'établira donc deux courans des pôles vers l'équateur, et ce sont les vents généraux *nord-est* et *sud-est*, dont la direction se trouve détournée nécessairement par l'action des trois causes générales du vent, qui contrarient la marche directe que devrait prendre l'air venant des pôles, et le forcent à s'écouler vers l'ouest; en sorte que cet air, obligé d'obéir à deux causes différentes, dont l'une l'attire à l'ouest, et l'autre (la loi de l'équilibre) l'attire directement vers l'équateur, prend une direction moyenne, et l'air du pôle sud souffle vers le nordouest, tandis que celui du pôle arctique souffle vers le sud-ouest.

3° *Courans supérieurs de la ligne vers l'un et l'autre pôle.*

128. On sait que les vapeurs, soulevées continuellement entre les tropiques par l'action du soleil, sont plus légères que l'air atmosphérique, du moins que celui de la basse région. Elles doivent donc monter sans cesse jusqu'à ce qu'elles soient parvenues à une couche d'air assez légère pour les soutenir simplement en équilibre; mais alors elles se trouvent repoussées par les nouvelles vapeurs qui s'agglomèrent sur les premières, et sont forcées, pour ainsi dire, de planer sur la couche qui les soutient et de se diriger vers les régions polaires. Il s'établit ainsi, dans une

région supérieure, un courant qui part de l'équateur
et se dirige vers les deux pôles ; et c'est ce vent supérieur qui porte constamment sur le reste du globe
le surplus de chaleur et de vapeurs qui se produisent
entre les tropiques. Partout on ressent l'effet de ce
courant par la chaleur et les vapeurs qu'il répand
généralement ; mais c'est seulement dans la haute région de l'atmosphère qu'il est sensible. Quand il est
parvenu dans le voisinage des régions polaires, le
froid, qui y règne continuellement, condense les
vapeurs, les précipite et les accumule vers les deux
pôles. L'air est alors purgé de vapeurs, et contient
moins de calorique. Par ces deux raisons, il doit être
plus dense ; il prend conséquemment, dans la région
inférieure de l'atmosphère, une direction opposée à
celle qui l'a amenée, et se dirige vers l'équateur, où
l'air est moins dense, comme nous l'avons expliqué,
à raison du calorique et des vapeurs dont il est saturé.
L'observation confirme cette théorie, car on remarque souvent, par la direction des nuages, deux
vents soufflant l'un au-dessus de l'autre en sens opposé. Mais ce phénomène ne se remarque jamais entre
les tropiques où le vent d'est domine toujours et s'é-
tend en profondeur, en quelque sorte, jusque dans
l'intérieur de la mer ; de là ce courant maritime qui
prend naissance aux côtes d'Afrique, et s'engouffre
vers l'ouest dans le golfe du Mexique.

129. On voit donc que l'atmosphère terrestre doit
éprouver deux grands mouvemens généraux.

1° Le courant général d'orient en occident, ou
grand vent alizé d'est.

2° Un courant continuel qui, de chacun des pôles,

9*

court vers l'équateur, proche la surface de la terre. Arrivé à quelque distance du tropique, il s'élève dans la partie supérieure de l'atmosphère, et de là il reflue vers chaque pôle pour se précipiter de nouveau vers la surface de la terre.

130. Tels seraient perpétuellement les courans excités dans l'atmosphère, 1° si l'action du soleil était constante sous la ligne, c'est-à-dire si le soleil parcourait continuellement l'équateur; 2° si le soleil et la lune avaient toujours la même position relativement à la terre; 3° si la surface de la terre était plane, c'est-à-dire sans montagnes, et formée de matières homogènes, par exemple, ou toute couverte d'eau, ou toute composée d'une même espèce de terre ou de pierre. Ce sont là trois causes importantes, dont l'influence sur les vents mérite d'être considérée particulièrement.

ARTICLE III.

CAUSES QUI MODIFIENT LES VENTS GÉNÉRAUX.

1° *Variations des vents résultant du mouvement annuel de la terre.*

131. On sait que la terre, dans son mouvement annuel, soumet alternativement l'un et l'autre pôle à l'influence des rayons solaires. Ainsi, lorsque le soleil correspond à l'un des tropiques, il éclaire et échauffe la partie de l'atmosphère voisine de ce tropique; il y a même, pour le pôle correspondant, un jour de plusieurs mois. La chaleur y devient considérable, et fond les neiges et les glaces dans les plaines

et sur la plupart des montagnes. Dans le même temps, le pôle opposé est couvert d'épaisses ténèbres; le froid le plus rigoureux s'y fait sentir; des brumes continuelles y règnent; la neige s'y amoncèle de plusieurs pieds, et les eaux y perdent leur liquidité. On y trouve des glaçons de plusieurs centaines de pieds d'épaisseur. Combien l'air ne doit-il pas être condensé par un froid aussi excessif!... Le soleil, revenant ensuite échauffer cet hémisphère, dilatera l'air au point d'en doubler le volume. Ces condensations et ces dilatations alternatives produiront dans l'atmosphère des courans considérables, des vents plus ou moins impétueux.

132. Par exemple, lorsque le soleil passe du côté du pôle arctique ou septentrional en avril, mai et juin, toute la partie atmosphérique de cet hémisphère est dilatée considérablement depuis l'équateur jusqu'au pôle. Arrivé au solstice d'été, le soleil échauffe avec une telle force les régions polaires de cet hémisphère, qu'il n'y règne point de courant ou de vent général du nord (*V.* 127) en juillet; et, dans les autres mois, ce vent sera tantôt plus fort, tantôt plus faible, suivant que l'action du soleil sera plus ou moins directe. Des effets analogues se remarqueront vers le pôle austral en octobre, novembre et décembre, quand le soleil parcourra le tropique du capricorne et qu'il échauffera le pôle antarctique.

133. Maintenant, toutes les fois que le soleil, par l'effet du mouvement de la terre, parcourra l'équateur, ce qui arrive en mars et en septembre, à l'époque des équinoxes, l'atmosphère se trouvant dilatée d'une manière égale de part et d'autre de la ligne, l'air devra tendre à se remettre en équilibre avec assez

d'énergie. Mais déjà le lendemain le soleil a quitté l'équateur, et ses rayons, en agissant avec plus de force vers un tropique que vers l'autre, s'opposent bientôt au rétablissement de l'équilibre, et causent de nouvelles agitations. Ainsi, les flots de la mer retombent après la tempête, et ne présentent bientôt plus qu'une surface parfaitement unie, à moins qu'un nouvel orage ne les agite et ne les soulève de nouveau. L'attraction ou la dilatation générale que l'air éprouve à cette époque, cause dans l'atmosphère des mouvemens désordonnés; aussi voyons-nous généralement que les coups de vent de l'équinoxe sont redoutés des marins à cause de leur violence.

2° *Variation résultant de la déclinaison de la lune.*

134. Le soleil et la lune, avons-nous dit, n'ont pas toujours la même position relativement à la terre. En effet, la lune s'écarte de chaque côté de l'équateur de plus de trente degrés; la terre, au contraire, ne s'en écarte que de 23 degrés et demi environ, ou, pour parler plus juste, son axe est incliné de cette quantité sur le plan de son orbite. Ces différentes positions de la terre, relativement au soleil et à la lune, produisent de nouveaux mouvemens dans l'atmosphère terrestre, comme ils en produisent dans l'Océan relativement aux marées. Ainsi quand le soleil et la lune se trouvent placés avec la terre sur une même ligne droite, ou à peu près droite, c'est-à-dire quand la lune est en opposition ou en conjonction avec le soleil, ce qui arrive toutes les fois qu'elle est pleine ou nouvelle, l'influence de ces deux astres, par rapport à la terre, est bien plus énergique. Au con-

traire , si l'action de la lune ne se combine pas
avec celle du soleil, si ces deux astres attirent (1)
l'atmosphère terrestre sous un angle plus ou moins
aigu, comme cela existe dans les quadratures ou
entre les syzygies, l'influence est moins puissante.
Par exemple, s'il est permis d'employer une comparaison qui pourra paraître un peu triviale, supposons
qu'un corps mobile soit attaché à l'extrémité de deux
bâtons ; nul doute que si ces bâtons sont tirés en
ligne droite , mais en sens inverse , le corps ne soit
soumis à une force d'attraction bien plus grande qu'il
ne le serait sous tout angle possible , et surtout sous
l'angle droit ; car on conçoit que les deux attractions
se combineront pour opérer avec toute leur énergie,
seulement quand elles agiront dans le même sens ,
ou dans une direction diamétralement opposée. C'est
à peu près ce qui se passe à l'égard de l'action du
soleil et de la lune. Mais la différence d'attraction
que ces astres exercent sur l'atmosphère , suivant leur
différente position relative à la terre , suffit pour troubler l'équilibre de l'air. Aussi avons-nous généralement des vents assez impétueux et des changemens
de temps aux équinoxes , aux solstices , aux différens
points lunaires.

---

(1) Si l'on veut adopter ici le système de la pression , en supposant que les astres pèsent sur la terre, au lieu d'avoir la force d'attraction que nous admettons d'après les plus célèbres physiciens ,
l'explication n'en est pas moins la même ; il ne s'agit que de
changer les mots *attirer* et *attraction*, en ceux de *presser* et *pression*.

3° *Variations résultant des irrégularités de la terre.*

135. D'abord il est reconnu bien évidemment que la surface de la terre n'est point plane. Là, sont des montagnes élevées toujours froides et souvent couvertes de neige; l'air ne peut y éprouver la même dilatation que dans la plaine où règne une chaleur généralement plus élevée, mais aussi plus variable. Ici, sont des pays découverts, des sables brûlans. D'un côté, sont des forêts, des prairies ou des *savanes*. On voit de ces savanes qui sont autant de marécages ou de pâturages garnis de petits étangs; on rencontre aussi des savanes noyées ou couvertes d'eau en plusieurs cantons. Ailleurs s'étendent de grandes pièces d'eau, des marais, des rivières, des lacs, des golfes, des mers qui ne prennent jamais la même température que le continent. Les dilatations et les condensations de l'air seront conséquemment différentes dans les plaines ou dans les montagnes, sur la terre solide ou sur les eaux, dans les pays couverts de bois ou dans les contrées qui sont cultivées, dans les sables brûlans ou dans les terrains riches de végétation. Toutes ces variations produiront naturellement les vents de terre et les vents de mer, les vents de plaines et ceux de montagnes, auxquels on donne le nom de *brises*. De plus, toutes ces causes agiront différemment, soit en été, soit en hiver, soit le jour, soit la nuit, et modifieront sans cesse les vents généraux. Enfin ces vents ne se manifestent pas à une grande élévation au-dessus de la surface de la terre. Aussi une grande masse de montagnes, qui se trouve opposée à la direction du vent, suffit-elle

pour en détourner le cours, comme on le remarque
à l'égard des fleuves.

4° *Causes diverses qui modifient les vents généraux.*

136. Plusieurs autres causes qui dépendent toujours du même principe, la dilatation et la condensation de l'air, modifieront encore les vents généraux.

1° Les *nuages :* ils interceptent souvent les rayons
du soleil , et deviennent ainsi l'occasion d'une diminution de température ; d'autres fois ils les condensent par la concentration et augmentent la chaleur.

2° Les *pluies :* elles rafraîchissent toujours l'air ,
et le condensent souvent d'une manière fort énergique. Ces deux causes produisent surtout des effets
très-sensibles dans les pays chauds où les pluies sont
constantes pendant des mois entiers.

3° La *végétation :* elle absorbe une grande quantité d'air au printemps et en été. Au contraire , en
automne et en hiver , la décomposition de toutes les
plantes annuelles , et celle des feuilles des plantes
vivaces , font dégager beaucoup de cet air absorbé.

4° La *fonte des neiges et des glaces.* Cette cause
est remarquable au commencement du printemps
pour l'hémisphère boréal , et au commencement de
l'automne pour l'hémisphère austral. Il en résulte
non seulement une grande quantité d'air , mais aussi
beaucoup de vapeurs et un dégagement considérable
de matière électrique (*Voy.* 90) qui, se répandant et
se dilatant au sein de l'atmosphère , y produit des
mouvemens bien sensibles. Cette cause contribue
d'une manière puissante à la formation des vents de
l'équinoxe.

5º Les grands mouvemens des eaux des fleuves, des torrens, des mers, imprimeront aussi une certaine impulsion aux couches inférieures de l'air, et dérangeront ainsi l'équilibre atmosphérique.

6º Il se dégage quelquefois des courans d'air considérables de certains terrains, tels que celui qui se dégage des eaux minérales, les gaz, les mofetes des mines, etc. Les actes de Leipsick parlent d'un lac de Boleslau en Bohême, d'où il sort des vents impétueux. A la Solfatare en Italie et dans plusieurs autres volcans on remarque un dégagement d'air assez considérable ; on cite même des volcans d'air : tel est celui de Maccaluba.

7º L'électricité atmosphérique paraît aussi troubler l'équilibre de l'air. En effet, de violens ouragans accompagnent ordinairement les orages. Peut-être y a-t-il au moment de l'explosion de la foudre combustion d'une portion d'air enflammable et d'air pur ; ce qui produit un vide momentané où l'air ambiant se précipite.

8º Le froid que produit la grêle, en condensant l'air, contribuera aussi à la formation des ouragans.

9º Enfin, les éruptions volcaniques, la combustion des corps, la respiration et la transpiration des animaux et des végétaux, la formation et la décomposition de tous les corps de la nature, tous ces phénomènes absorbent aussi ou laissent dégager de l'air.

Telles sont les principales causes des vents particuliers qui modifient sans cesse les vents généraux. Ces causes, prises ou considérées séparément, auront sans doute peu d'énergie ; mais si elles se réunissent , si elles se combinent ensemble , c'est alors que les effets en seront remarquables.

ARTICLE IV.

OBSERVATIONS PARTICULIÈRES RELATIVES AUX VENTS.

Vitesse des vents.

137. Les vents modérés s'étendent rarement bien loin , mais un vent fort et durable parcourt souvent des pays immenses ; on a observé que les mêmes vents traversent quelquefois toute la France et l'Angleterre. Quant à la vitesse des vents , elle varie autant que leur direction. On a mesuré la vitesse des vents en leur faisant emporter de petites plumes , de la semence de pissenlit ou d'autres corps légers , et en tenant compte de la résistance que ces matières opposaient au vent, par l'effet de la pesanteur , ou de la force centripète qui attire tous les corps vers le centre de la terre. D'après ces observations, on a reconnu que le vent ordinaire parcourt à peine six à huit pieds par seconde. Un vent qui parcourt 24 pieds par seconde est déjà si violent, qu'on a de la peine à marcher contre lui. S'il fait 3o ou 4o pieds par seconde , il est en état de renverser les plus grands arbres. Les vents les plus violents que les naturalistes aient observés , parcouraient 60 à 70 pieds par seconde.

138. Voici une table extraite de l'annuaire du bu-

reau des longitudes, qui fait connaître la force du vent.

Vitesse du vent par heure.

mètres.	toises.	
1800 —	923	Vent à peine sensible.
3600 —	1846	Vent sensible.
7200 —	3693	Vent modéré.
19800 —	10158	Vent assez fort.
36000 —	18470	Vent fort.
72000 —	36936	Vent très-fort.
81000 —	41558	Tempête.
91000 —	49870	Grande tempête
104400 —	53563	Ouragan.
162000 —	83116	Ouragan capable de déraciner les arbres.

Effets naturels des vents.

139. Si les ouragans déracinent quelquefois les arbres et renversent les édifices, si les vents amènent aussi trop souvent des matières caustiques, des esprits salins et mordans qui brûlent les jeunes plantes, les boutons, les fleurs et les fruits, s'ils se chargent dans certains cas de miasmes contagieux qui occasionent des maladies pestilentielles, ils répandent aussi des bienfaits universels qui effacent promptement et qui compensent toujours les désastres partiels dont ils sont la cause. Nous devons aux vents l'arrivée de ces pluies délicieuses qui versent sur nos campagnes la fertilité et l'abondance, en purifiant l'air des vapeurs grossières dont il est quelquefois chargé. Les vents, par l'agitation qu'ils occasionent dans les lacs et dans les étangs, empêchent les eaux d'y croupir et de se

corrompre. Ils contribuent à l'accroissement et à la
maturité des végétaux, car le mouvement oscillatoire
que les vents impriment aux arbres, aux blés, etc.,
y fait monter la sève, le suc nourricier avec plus de
facilité. Les vents transportent au loin les semences
de certaines plantes qui se multiplient de cette manière; c'est ainsi que les forêts s'étendent et se propagent indéfiniment. En été, ils modèrent la chaleur,
en hiver ils diminuent souvent l'intensité du froid.
Remarquons aussi que le vent le plus salutaire pour
nos contrées, c'est celui du nord, vulgairement appelé *bise*, parce qu'il écarte ou précipite les exhalaisons putrides, en amenant un air pur et serein,
chargé, suivant quelques physiciens, d'acide nitreux,
acide éminemment propre à la fécondation de la terre.
Nous ne parlons point des avantages que les hommes
retirent du vent, en le faisant servir de premier mo-
teur dans une foule de machines aussi ingénieuses
qu'utiles. Personne n'ignore qu'en emportant les
vaisseaux sur la plaine des mers, les vents établissent
une communication entre toutes les parties du monde.

Dénomination des différens vents.

140. Les changemens de temps et la température
de l'atmosphère dépendent ordinairement de la direction des vents. Pour indiquer cette direction, les
astronomes divisent l'*horizon* (*V.* le Glossaire) en
quatre parties égales, c'est-à-dire, qu'ils établissent
quatre points dont l'un marque le *nord;* un autre,
diamétralement opposé à ce premier point, indique
le *sud;* entre ces deux points est fixé l'*est*, à droite
de la personne qui regarde le nord, et l'*ouest* à gau-

che. On a marqué ensuite le *sud-est* entre le sud et l'est, le *nord-est* entre le nord et l'est, le *nord-ouest* entre le nord et l'ouest, enfin le *sud-ouest* entre le sud et l'ouest.

On a poussé cette subdivision beaucoup plus loin ; ainsi l'on a placé le *nord-nord-est* entre le nord et le nord-est, l'*est-nord-est* entre le nord-est et l'est, l'*est-sud-est* entre l'est et le sud-est, le *sud-sud-est* entre le sud-est et le sud, le *sud-sud-ouest* entre le sud et le sud-ouest, l'*ouest-sud-ouest* entre le sud-ouest et l'ouest, l'*ouest-nord-ouest* entre l'ouest et le nord-ouest, enfin le *nord-nord-ouest* entre le nord et le nord-ouest. Cet exposé suffit pour faire comprendre comment on pourrait continuer cette subdivision ; les marins la poussent jusqu'à 32 points et souvent jusqu'à 64. Nous avons figuré ci-contre une *rose des vents*, qui donnera une idée complète de ce système de division.

Température ordinaire des vents.

141. Lorsque le vent nous arrive de l'est, comme il a parcouru de très-longs espaces de terre ferme sans rencontrer de mer, il amène un air fort sec. S'il se trouvait alors des nuages dans l'atmosphère, l'air sec les dissiperait en les absorbant, en sorte qu'ils disparaîtraient totalement, si ce vent durait quelques jours ; l'humidité de la terre se trouverait même absorbée, et l'air devenant sec de plus en plus, ce serait une cause suffisante pour que le vent d'est continuât de souffler plus long-temps. Lorsque ce vent survient après un temps de pluie, il produit du froid, parce que le calorique qu'il contient se neutralise en ab-

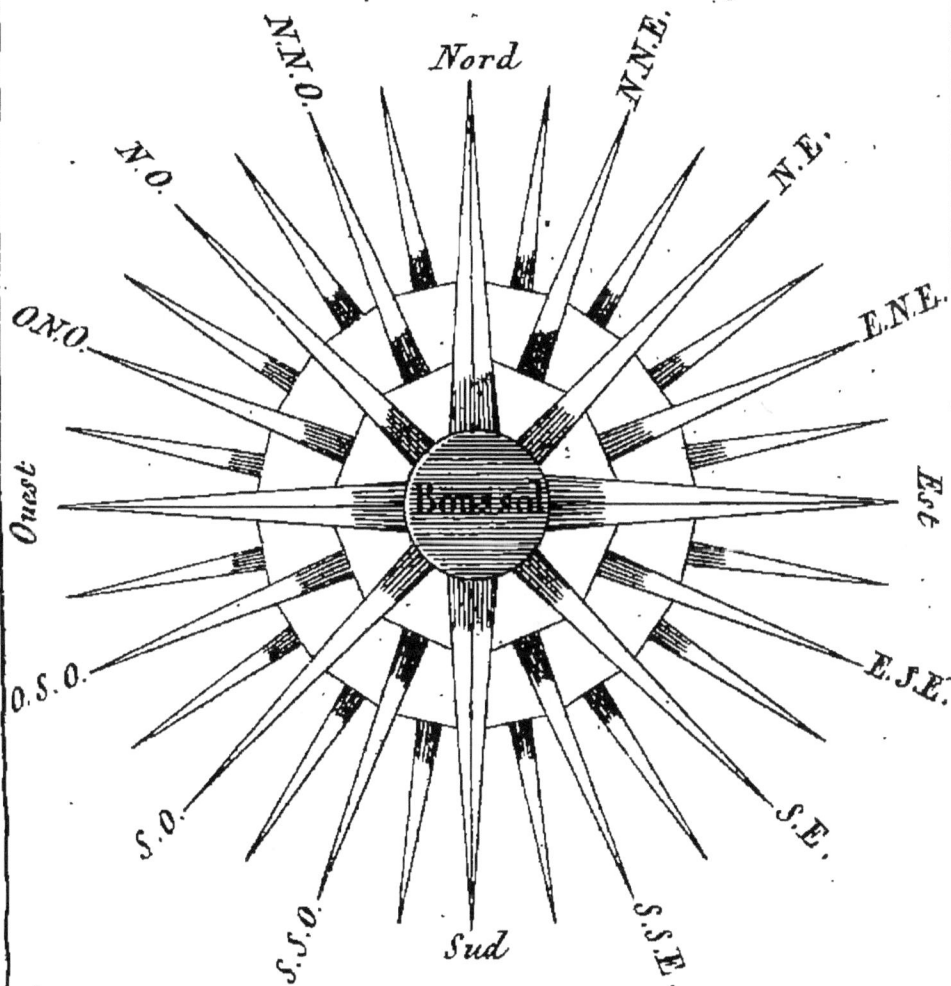

Rose de Vents

divisée en 32 Aires ou Rumbs

Nord — N.N.O. — N.N.E. — N.O. — N.E. — O.N.O. — E.N.E. — Ouest — Est — O.S.O. — E.S.E. — S.O. — S.E. — S.S.O. — S.S.E. — Sud

Boussol.

sorbant rapidement l'humidité qui règne. (*V.* 76). Lorsque ces circonstances se rencontrent au printemps, au moment où les plantes commencent à pousser, le calorique contenu dans le bouton naissant passe rapidement dans l'air froid et humide, et le bouton gèle. Quand l'air n'est que froid, sans être saturé d'humidité, le calorique n'a plus la même tendance à s'échapper, et le bouton, dans ce cas, est conservé. En hiver, ce vent est généralement froid, mais à un degré modéré. On sent qu'en été il doit occasioner de la chaleur, suite naturelle du beau temps pendant cette saison.

142. Le vent d'ouest, au contraire, amène presque toujours des nuages, parce qu'il a traversé d'immenses étendues de mer, où il s'est chargé de vapeurs; s'il succède à un vent d'est, les nuages qu'il amène sont d'abord absorbés par la sécheresse de l'air, et le temps continue d'être beau pendant un jour ou deux. Mais l'air se trouve bientôt saturé de vapeurs autant qu'il peut l'être; alors les nuages s'accumulent, se condensent et produisent de la pluie. Ce vent est moins froid que celui de l'est, parce qu'à mesure que les vapeurs se condensent en nuages, ou se précipitent en pluie, le calorique qui les ténait en dissolution se dégage, devient libre, et augmente la chaleur de l'atmosphère.

143. Le vent du nord amène toujours un air froid dans nos climats; et quoiqu'il ait traversé plus de mer que de terre, il produit rarement de la pluie, surtout en été, parce que, arrivant dans des contrées plus chaudes que celles où il s'est formé, il y reçoit un surplus de calorique avec lequel il dissout les nuages

qu'il chasse devant lui. Cependant, en hiver, quand il succède aux vents d'ouest, ou qu'il prend la direction nord-ouest, il amène de la neige, car alors il arrive dans un air saturé de vapeurs ; il condense ces vapeurs et les gèle. On doit sentir que ce même vent nord-ouest, n'ayant traversé que des mers , pourra bien occasioner de la pluie en été, s'il dure quelques jours, ou si les vapeurs de l'air n'ont pas été précédemment absorbées par l'action d'un vent plus sec.

144. Le vent du midi amène toujours dans nos contrées un air chaud et humide; et quoiqu'il ait traversé une assez grande étendue de terre quand il arrive dans les contrées septentrionales de la France, il porte presque toujours avec lui des nuages , et produit assez souvent de la pluie. C'est parce qu'ayant traversé des contrées extrêmement chaudes , il doit contenir plus de vapeurs à raison de la grande quantité de calorique qu'il renferme , et ces vapeurs doivent se précipiter en entrant dans une température plus froide.

ARTICLE V.

Détails curieux sur les vents locaux les plus intéressans.

145. Il existe, comme nous l'avons vu (127), deux vents généraux :

1° Le vent alizé d'est ,

2° Les vents nord-est et sud-est qui viennent de chaque pôle.

Ces vents ne se rencontrent que dans les grandes mers , comme l'océan Atlantique, la mer du Sud et celle des Indes, parce qu'il n'y a point là de cause locale qui puisse les faire varier d'une manière notable. Le vent alizé d'est règne dans l'océan Atlantique sous la ligne, ordinairement jusqu'à 20 ou 30 degrés de part et d'autre de l'équateur. Au-delà de cette latitude on rencontre les vents nord-est et sud-est qui s'étendent jusqu'à environ 35 à 40 degrés de latitude, soit boréale, soit australe. Cependant ces deux vents s'approchent quelquefois davantage de l'équateur; cela dépend de la proximité du soleil relativement à l'un ou à l'autre tropique. Lorsque cet astre échauffe la partie septentrionale à la fin de juillet et au mois d'août, les vents du sud s'étendent dans l'océan Atlantique quelquefois jusqu'à 11 degrés de latitude boréale.

En général, quand le grand vent alizé d'est est arrêté par des chaînes de montagnes, ou modifié par les vents de terre et de mer qui règnent sur toutes les côtes, les vents collatéraux de nord et de sud s'y font sentir avec bien plus de force.

Variations du vent alizé.

146. La position des continents modifie beaucoup les vents généraux. Le vent alizé qui souffle dans l'océan Atlantique est arrêté dans sa partie inférieure par les Andes ou les Cordillières, montagnes immenses de l'Amérique : il est donc forcé de refluer latéralement le long de la côte orientale d'Amérique vers chaque pôle ; il y contrarie par conséquent les vents collatéraux. Arrivé sur les côtes de Honduras et dans le golfe du Mexique, il remonte le long des Bermudes jusque du côté de Terre-Neuve, et il se change

alors en nord-ouest pour revenir sur les côtes d'Europe. C'est à cette latitude qu'on va chercher ce vent pour le retour d'Amérique. Mais parvenu non loin de l'Europe, il est obligé de céder aux vents du nord, qui déterminent de nouveau son cours vers l'équateur. Ainsi, cette portion de l'atmosphère, qui obéit au vent alizé, décrit une espèce de grand cercle : partant des côtes d'Afrique, en deçà de l'équateur, elle se porte sur les côtes d'Amérique ; ensuite elle remonte au nord, revient en Europe par une latitude de 40 à 50 degrés, et redescend de nouveau sur les côtes d'Afrique.

La même chose a lieu dans la partie méridionale de l'océan Atlantique. Le vent, parti des côtes d'Afrique, et parvenu sur celles du Brésil, se dirige vers le sud ; mais comme l'Amérique se termine au cap Horn, ce vent ne revient pas à l'ouest d'une manière aussi marquée que dans notre hémisphère. Une partie double en quelque sorte le cap, et va continuer sa course au-delà du continent, jusqu'à ce qu'entraîné par le vent général *sud-est*, il revienne ainsi dans les régions équatoriales.

Vents moussons.

147. On appelle *moussons* des vents réguliers qui offrent une circonstance singulière, c'est qu'ils soufflent dans une direction pendant plusieurs mois, et dans une autre tout opposée pendant le reste de l'année. Ainsi, dans la mer des Indes, le grand vent alizé d'est, suivant son cours ordinaire, souffle au nord-est depuis septembre jusqu'en mai ; c'est la mousson d'hiver. Mais, depuis mai jusqu'en septem-

bre, il règne un vent nord-est soufflant dans une direction opposée, c'est-à-dire au sud-ouest. Ce dernier vent amène le beau temps, tandis que le premier, celui du sud-ouest, est fort impétueux et accompagné d'orages et de grosses pluies. La direction de ces vents vient encore justifier notre théorie; car le soleil, pendant l'été, échauffe avec force notre continent; l'air qui se trouve sur l'Afrique est donc prodigieusement dilaté; il s'échappe en partie sur l'océan Atlantique et se combine avec le vent alizé, ce qui occasione des tempêtes. Enfin, ce nouveau courant devient de plus en plus fort, et prend la direction de l'ouest avec le nom de mousson d'ouest.

Brises de mer et de terre.

148. On appelle *brises de terre et de mer* deux vents opposés qui soufflent alternativement de la mer vers la terre, et ensuite de la terre vers la mer, et qui se succèdent régulièrement du matin au soir, et du soir au matin. (*V.* 135.)

Les vents de mer s'élèvent vers huit heures du matin; ils soufflent d'abord doucement vers la terre, augmentent d'une manière sensible jusqu'à midi; depuis ce moment jusqu'à trois heures, c'est le temps de leur plus grande force; ils diminuent ensuite jusqu'à six heures environ, et cessent tout-à-fait quand le soleil est couché. Ces vents commencent à se faire sentir sur la surface de la mer; ils se portent ensuite sur le rivage dont ils s'approchent obliquement en suivant d'abord la direction des côtes qui détournent leur cours, puis ils s'avancent directement dans les terres; bientôt ils acquièrent assez de force et d'élévation pour souffler librement contre les endroits les plus élevés au-dessus de la surface de la terre. C'est principalement autour des îles, quand le temps est serein et l'air calme d'ailleurs, que ces vents règnent avec toute leur force. Lorsque le ciel est couvert, les nuages les retardent, et quelquefois ils ne se font pas sentir.

149. Les vents de terre succèdent aux vents de mer ; ils commencent à souffler vers six heures du soir, durent pendant toute la nuit jusqu'à six ou sept heures du matin, suivant la saison. Ces vents viennent des terres, et dans les îles ils paraissent commencer au centre, et se répandent tout autour vers la mer. Ils s'étendent à différentes distances en mer, quelquefois jusqu'à deux lieues, et quelquefois à peu de distance du rivage ; mais on observe que plus ils s'étendent, moins ils durent. On a remarqué aussi que les vents de terre qui viennent des caps sont moins forts que ceux qui règnent dans les baies et dans les golfes.

150. Les vents de terre et de mer règnent sur les côtes et dans les îles qui sont entre les tropiques ; ils sont plus faibles quand le vent général d'est est plus fort ; aussi remarque-t-on que leur force est à son plus bas degré à l'époque où le soleil passe directement au-dessus d'eux. Ces vents, sous la ligne, portent la fraîcheur et l'humidité sur les terres qui sont encore rafraîchies par l'abondance du serein et des rosées.

On remarque aussi des vents de terre et de mer sur la Méditerranée. Par exemple, on ne sent point de vent le matin et le soir, pendant l'été, dans l'île

Minorque ; mais vers le milieu du jour, le vent s'élève de la partie orientale de cette île, suit le cours du soleil, augmente jusqu'à deux ou trois heures, et diminue ensuite sensiblement. On remarque la même chose sur les côtes du Languedoc.

151. Voici l'explication de ce phénomène. Pendant que le soleil est sur l'horizon, l'air qui est au-dessus de l'océan augmente de volume par la formation des vapeurs ; il faut donc que cette surabondance se reflue vers la terre où l'air se dilate, se raréfie, mais sans se gonfler de vapeurs. Pendant la nuit ce vent est nul, parce qu'il ne se forme plus de vapeurs ; voilà la cause du vent de mer. On conçoit pourquoi il augmente pendant la première partie de la journée et diminue ensuite pendant l'après-midi. On voit aussi pourquoi ce vent est plus fort, quand le temps est pur.

152. La cause qui a produit le vent de mer doit produire le vent de terre pendant la nuit. Lorsque le soleil se couche, l'air qui est au-dessus de la mer est plus saturé de vapeurs que celui qui est au-dessus de la terre ; il doit donc se faire un précipité plus abondant au-dessus de la mer qu'au-dessus de la terre ; le volume d'air placé au-dessus de l'océan doit donc diminuer plus que celui qui se trouve placé au-dessus d'une île ; il faut donc que l'air s'écoule vers la mer pour rétablir l'équilibre : de là résulte le vent de terre qui doit durer tant que la précipitation des vapeurs continue, c'est-à-dire toute la nuit, et cesser lorsque le soleil commence à en élever de nouvelles. Il est clair que ces sortes de vents ne peu-

vent avoir lieu que dans des pays très-chauds, et lorsqu'ils ne sont pas dominés par des vents plus forts.

Vent mistral (1).

153. Le mistral est un vent particulier à la Provence et au Languedoc; les Latins le désignaient sous le nom de *circius*. Piquant et impétueux, il contribue à former la grêle; il glace les fruits lorsqu'ils ne sont pas encore parvenus à une certaine grosseur, et cause des maladies en changeant subitement la température. On voit par les passages des auteurs anciens, tels que Strabon, Pline et Sénèque, qu'il a été de tout temps le même en Provence. La cause de ce vent n'est pas encore bien connue; on peut cependant présumer qu'il descend des glaciers des Alpes, et qu'une impulsion particulière lui fait remonter le Rhône. Son impétuosité est remarquable; il soulève les vagues du Rhône, et précipite quelquefois des voitures dans ce fleuve. Il fait à peu près quatre lieues en une heure, et souffle quatre, sept ou neuf jours de suite; quelquefois il cesse au bout de vingt-quatre heures. On a cru remarquer que sa violence est en proportion de la pluie qui tombe dans les Cévennes. En 1769 et 1770, il a soufflé quatorze mois de suite. Il s'étend fort loin, et le territoire de Nice même, malgré le rideau qui l'enveloppe, n'est pas tout-à-fait à l'abri de ses effets. Cependant en 1778, le mistral ayant trouvé des obstacles, soit dans les nuages qu'il ne put dissiper ni diviser, soit dans

_____

(1) L'histoire des vents qui suivent, est extraite de l'excellent ouvrage de Depping, intitulé : *Beautés et Merveilles de la Nature en France.*

un vent contraire, ne passa point les îles d'Hières; mais cette circonstance se rencontre rarement. Dans les lieux exposés au mistral, tous les arbres sont fort inclinés, et l'on n'en trouve peut-être pas un qui soit entièrement droit; de plus, les branches sont toutes dirigées du côté opposé au vent, et les racines s'avancent au contraire de son côté : par ce moyen, les arbres lui opposent une plus forte résistance, et les branches cassent aussi moins facilement.

Vents connus sous le nom de bises, marins, tramontane, garbin, vaccarions, cavaliers, *etc.*

154. A Nîmes et aux environs de cette ville, les vents soufflent en plus grand nombre qu'en d'autres contrées. On les divise en deux classes qui ont plusieurs subdivisions, en *bises* et *marins* : ceux-ci viennent du sud; ceux-là du nord. La *tramontane,* qui est de la classe des bises, et qui descend des Alpes par les vallées du Dauphiné et de la Provence, souffle avec tant de violence, qu'elle cause souvent de grands dommages, et qu'elle sèche en peu d'heures le terrain le plus humide. En passant par une gorge de montagnes, ce vent impétueux fait naître quelquefois des phénomènes aériens que les habitans du pays nomment *foulots;* ce sont des trombes d'air, dont la hauteur est quelquefois de quinze à vingt toises. Le *garbin* est encore un vent remarquable; il ne souffle que pendant le plus fort de l'été, c'est-à-dire depuis le commencement de juillet jusqu'à la fin d'août : on le sent sur toute la côte de la Méditerranée. A Nîmes, il s'élève à dix heures du matin dans la direction du sud-est, peu à peu il augmente de force, et suit le

cours du soleil; à deux heures, il est très-fort. Vers les six heures du soir, il souffle dans la direction du nord-ouest, et disparaît avec le soleil. Ce vent périodique, en tempérant l'ardeur des rayons du soleil, est un vrai bienfait pour les provinces méridionales. La ville de Montpellier a encore d'autres vents périodiques, que le peuple appelle *vacçarions* et *cavaliers*. Les vaccarions soufflent avec impétuosité vers le temps de l'équinoxe, à la fin de mars et au commencement d'avril ; les cavaliers arrivent quelques semaines plus tard. D'après un préjugé vulgaire, ils soufflent invariablement le 23 et le 25 avril, le 3 et le 6 mai : il est vrai que le plus souvent ils s'élèvent ces jours-là, mais ils sont quelquefois remplacés par des pluies abondantes. La *baroussière*, vent qui souffle aux environs d'Avignon, est remarquable par les tourbillons qu'il excite fréquemment.

Tous ces phénomènes s'expliquent naturellement, si l'on considère la nature et la position des lieux qui en sont le théâtre, par les principes que nous avons posés et par la théorie que nous avons développée ci-dessus. (*V.* 114 *et suiv.*)

Le vent Pontias.

155. Il existe encore en France d'autres vents remarquables par la singularité de leurs effets. Le vent *pontias*, par exemple, est particulier au territoire de la ville de Nions, département de la Drôme. Ce phénomène curieux a passé long-temps pour une des sept merveilles du Dauphiné.

La ville de Nions est située à l'entrée d'une belle vallée, dans une espèce de gorge qui n'a rien d'affreux, puisque la culture a couvert de vignobles, d'oliviers et dè jardins, les hauteurs qui la resserrent. Cette situation est charmante pendant la belle saison. La rivière d'Aigues passe tout près de la ville et traverse la vallée pour aller rejoindre le Rhône vis-à-vis d'Orange. Nions est appuyée du côté du nord contre une montagne qui porte le nom de *Devez*, c'est-à-dire pâturage, parce que, avant qu'elle ne fût dépouillée de sa terre végétale, on y faisait paître les troupeaux. C'est près de cette montagne que le pontias commence à souffler : sa direction est la même que celle du cours de l'Aigues, mais il ne parcourt pas toujours le même espace. En hiver, ou immédiatement avant et après les pluies, il descend la rivière jusqu'à une distance de trois ou quatre lieues du rocher de Devez; quelquefois il accompagne la rivière même jusqu'au Rhône l'espace de sept lieues; mais en été, ou lorsque le temps est serein, ses promenades sont plus courtes et ne s'étendent qu'à une lieue au-dessous de Nions : il y a même des jours qu'il passe à peine la ville, et, dans les beaux jours de l'hiver et de l'été, il ne paraît souvent pas du tout; son élévation ne passe pas les plus basses régions de l'air; sa largeur dépend également de la température. Dans les temps ordinaires, il ne s'étend pas à plus d'une demi-lieue ou de trois quarts de lieue en large : on voit alors les feuilles s'agiter dans une partie de la vallée, tandis que le calme règne partout ailleurs. Le matin, la rosée couvre souvent les arbres dans un verger; mais, dans le pré voisin, elle a été secouée par le pontias. Dans les temps humides, ce vent s'élargit et occupe quelquefois toute la vallée. Les époques de son lever et de son coucher sont réglées d'après les saisons. En hiver, il s'élève vers minuit, et ne cesse le matin que vers dix heures; mais en été il ne paraît qu'avec l'aurore, et cesse à huit heures du matin; au printemps et en automne, il se fait sentir depuis quatre heures du matin jusqu'à midi. Le pontias est quelquefois si froid qu'il gèle l'eau en l'air. Au reste, c'est un vent salutaire, et on lui attribue une influence bienfaisante sur la végétation, particulièrement sur les oliviers qui prospèrent aux environs de Nions.

Autrefois on attribuait l'origine de ce phénomène au rocher de Devez : on sait aujourd'hui que si cette montagne n'en est pas la seule cause, elle y contribue du moins beaucoup. En effet, la montagne de Devez a des scissures très-considérables, qui se prolongent dans l'intérieur. Il y en a qui se comblent à la longue; d'autres, au contraire, s'élargissent. Les parois de quelques-unes de ces fentes sont garnies d'herbes aquatiques; ce qui annonce des réservoirs ou filets d'eau dans l'intérieur de la montagne. Il en sort en effet trois sources dont l'eau est bitumineuse, et beaucoup de vapeurs, qui se répandent dans l'air, où elles sont condensées par le froid qui vient des hautes montagnes du nord, chargées de neige pendant une grande partie de l'année. Ces vapeurs se précipitent sur la vallée de Nions, et donnent naissance au pontias. Resserré par les chaînes de montagnes qui bordent la vallée, ce vent est obligé de suivre le cours de l'Aigues. Une preuve que les neiges ont une grande influence sur le pontias, c'est que, dans les années où la neige a manqué, ce phénomène ne s'est point fait sentir, comme en 1639 et 1640. C'est aussi à l'abondance des neiges en hiver qu'il faut attribuer la violence et la durée du pontias dans cette saison.

Depping parle aussi d'un autre vent non moins remarquable que le pontias, et qui règne également dans le voisinage de Nions. On l'appelle *vesins*, c'est-à-dire mauvais vent : il souffle dans le milieu du jour et à l'époque du pontias; il remonte la rivière d'Aigues et augmente de violence à mesure que la chaleur devient plus forte. Les gens du pays assurent que ce vent sort des crevasses des rochers situés près du pont qu'on a jeté sur la rivière d'Aigues.

En général, ces vents particuliers sont déterminés par des causes inhérentes aux localités dans lesquelles ils règnent, mais qui se combinent avec les causes générales dont nous avons parlé.

Vent de Pas.

156. Voici encore un vent que Depping considère comme un des phénomènes les plus curieux de la France. Dans un vallon assez étroit, dit-il, et peu éloigné de Mirepoix, est situé le village de Blaud. A quelques centaines de pas de ce village s'élève le Puy-du-Till, percé de plusieurs cavités très-profondes, qu'on appelle dans le pays des *barènes*. Ces soupiraux, semblables à ceux du mont Parnasse, émettent un vent très-frais qui offre plusieurs particularités, et que l'on connaît à Blaud sous le nom de *vent de pas*. Il souffle sur toute la vallée, jusqu'à trois cents pas au-delà du village, d'abord dans la direction de l'ouest, et ensuite dans celle du nord-ouest, à cause de la courbure uniforme du vallon. Il ne se re-

pose jamais, mais il se ralentit souvent et passe par tous les degrés de la force. On l'a vu déraciner des arbres, et d'autres fois on ne l'a senti qu'à peine, même en se plaçant devant les soupiraux. En été, et lorsque le temps est serein, il tombe sur la vallée avec la plus grande force; mais en hiver, et dans les temps nébuleux ou pluvieux, il s'adoucit et épargne les habitans du canton. Comme les oiseaux de nuit, il reste dans les sombres cavernes durant le jour; mais à peine le soleil commence-t-il à baisser, qu'il se fait sentir : il augmente avec l'obscurité, souffle toute la nuit, et cède enfin à la lumière naissante. Quand il n'est pas en fureur, c'est un hôte agréable pour les paysans de Blaud : il rafraîchit en été leur vallon; les soupiraux par lesquels il sort sont leur glacière; les bouteilles de vin y deviennent fraîches comme dans la glace; ils attendent le soir l'arrivée du vent pour vanner leur blé, et en hiver il écarte par son souffle tempéré la gelée blanche de leur territoire; il entretient en général, pendant toute l'année, dans ce vallon, une température presque uniforme, bienfait précieux dans une province où un froid très-vif succède tout-à-coup à de grandes chaleurs. Le petit vallon sur lequel le vent de pas domine, et qu'il a pris, pour ainsi dire, sous sa protection, est un des plus heureux districts de la France. Le terroir y abonde en fruits; on y connaît peu les infirmités, et l'on y vit quelquefois un siècle et même davantage.

Voici ce qu'on peut dire en peu de mots sur la cause de ce phénomène. Les eaux du vallon se jettent dans un gouffre que les paysans nomment l'Entonnadon, et qui communique certainement avec les cavités du mont de Till, puisqu'on a vu de la paille ou des morceaux de liége, qu'on avait jetés dans ce gouffre, ressortir avec le vent des soupiraux de la montagne. Les vapeurs de ces eaux, après avoir circulé dans les cavités, causent le vent de pas, modifié d'après la température de l'intérieur et du dehors. La belle explication du savant Astruc développe, d'après les règles de la physique, les effets de cette première cause. Rapporter ici cette explication, ce serait reproduire, en partie, la théorie que nous avons expliquée ci-dessus. Nous devons en conséquence nous borner à renvoyer le lecteur aux *Mémoires* d'Astruc *pour servir à l'histoire naturelle du Languedoc* (1).

Des tourbillons.

157. On sait que les *tourbillons* sont des effets produits par l'agitation de l'air. Que deux vents opposés, c'est-à-dire, soufflant dans une direction contraire, se rencontrent; au moment du choc, l'air prend une forme circulaire ou cylindrique, soulève la poussière, et fait pirouetter les matières légères qui se trouvent sous son passage. Ces phénomènes sont fréquens à l'approche d'un orage, parce qu'alors l'air agité, suivant une direction par l'effet de la chaleur, se trouvant arrêté dans sa marche par la rencontre instantanée des nuages, reflue sur lui-même, et pro-

---

(1) L'intérêt de la matière nous dispensera sans doute de chercher une excuse pour n'avoir pu résister au désir d'insérer ces détails; il nous a semblé que c'était appeler l'attention sur l'étude des merveilles de notre belle patrie, et, en conservant le style et les expressions de Depping, nous avons voulu rendre hommage au talent de ce savant écrivain.

duit dans l'atmosphère des mouvemens en divers
sens. Ainsi, quand les eaux d'un fleuve rencontrent
dans leur cours un obstacle assez puissant, elles se
rejettent en arrière, et par ce flux donnent naissance
à des tourbillons aqueux où s'engloutissent les matières
qui surnagent dans le voisinage.

ARTICLE VI.

De quelques autres phénomènes dont l'air est le
théâtre et la cause.

1° *Du Son.*

158. Habitués, comme nous le sommes, à jouir
des effets sans remonter aux causes, rarement nous
avons réfléchi sur l'origine du son. Nous entendons;
le bruit frappe notre oreille; mais qu'est-ce que le
bruit? quel est le principe du son? Cette question,
quoique du ressort de la physique, peut cependant
être envisagée sous un point de vue météorologique.
Ainsi, sans remonter à la théorie des sons, examinons comment ils parviennent à notre oreille. L'air
en est le véhicule : nous pouvons donc nous occuper
de ce phénomène sans être accusé de sortir du terrain de la météorologie.

159. Tous les corps sont plus ou moins élastiques,
c'est-à-dire qu'ils tendent, avec différens degrés de
vitesse, à reprendre leur position primitive, quand
un choc quelconque les en a momentanément écar-
tés. Une cloche, frappée par le battant, éprouve des
vibrations qui sont sensibles pour la main; il en est
de même d'une corde métallique que l'on écarte, en
la pinçant, de la ligne droite qu'elle décrit : l'air,

ébranlé circulairement par ces vibrations successives, frappe la membrane intérieure de notre oreille qu'on appelle *tympan;* voilà comment les sons se propagent et nous sont transmis. Ainsi, la pierre qui tombe au milieu d'un lac dont la surface est unie et calme, produit un cercle qui en fait naître un autre plus grand; celui-ci donne naissance à un troisième, et ainsi de suite. Mais dans cette série de cercles qui s'enveloppent continuellement, celui qui s'éloigne le plus des autres est toujours plus faible que celui qui l'a précédé. Il en est absolument de même relativement à l'air, considéré dans la formation des sons : plus on s'éloigne du foyer des ondulations, plus on s'aperçoit que le son s'affaiblit, et bientôt il finit par ne plus parvenir à l'oreille.

160. Pour que l'organe de l'ouie perçoive le son, il faut que les vibrations du corps sonore aient un certain degré de rapidité dont les physiciens sont parvenus à fixer les limites. Par exemple, qu'une corde métallique, tendue par un poids, soit mise dans un état de vibration, si elle ne vibre que 32 fois par seconde, l'oreille la plus délicate ne pourra percevoir aucun son. D'un autre côté, les sons cessent également d'être percevables lorsque le corps sonore donne 8000 vibrations par seconde. Ceci explique la diversité qui règne dans les qualités sonores des différentes substances.

161. On acquiert facilement la preuve que la transmission du son se fait par le moyen de l'air : placez sous le récipient de la machine pneumatique une sonnerie à ressort, en prenant la précaution de la poser sur un petit coussin dont la mollesse mette obstacle

à la transmission du son par le plateau de la machine. On entend le son produit par les vibrations du timbre de la sonnerie tant que la cloche contient de l'air ; mais à mesure qu'on retire de l'air, le son devient de plus en plus faible, et finit par s'éteindre tout à fait. Il se percevra de nouveau si on laisse pénétrer dans la cloche de l'air atmosphérique, ou tout autre fluide élastique, comme du gaz, de la vapeur.

2° *Vitesse du son.*

162. C'est sans doute une chose curieuse que de connaître avec quelle vitesse le son se propage. Les anciens physiciens avaient trouvé, et les savans modernes ont vérifié depuis, par des expériences réitérées, que le son parcourt 1038 pieds ou 173 toises dans l'espace d'une seconde ; c'est à peu près la treizième partie d'une lieue commune de France. Cette vitesse est constante, quel que soit l'état de l'air, froid ou chaud, dense ou léger, sec ou humide. Cependant le vent, sans accélérer toutefois la vitesse du son, peut le modifier d'une certaine manière, en le transportant plus loin, suivant sa direction. Ainsi les cloches de certains villages ne s'entendent d'un lieu déterminé, que lorsque le vent porte les sons directement vers ce lieu.

163. Une même expérience a justifié le calcul des anciens relativement à la vitesse du son, et démontré que les sons se transmettent par l'agitation de l'air. On a tiré un coup de pistolet à l'une des extrémités d'un tuyau de quelques centaines de toises, tel que ceux des aquéducs de Paris ; un observateur, placé à l'autre extrémité, tenait une chandelle allu-

mée. Le moment de l'explosion fut annoncé par la
lueur que produisit l'inflammation de la poudre. La
vitesse de la lumière est si rapide, qu'on l'évalue,
comme nous l'avons vu (34), à plus de 4 millions de
lieues par minute ; une telle vitesse n'est pas assigna-
ble à de courtes distances. Aussi considéra-t-on
comme nul le temps qui s'écoula entre l'instant de
l'inflammation et le moment où la lumière frappa l'œil
de l'observateur. Quelques secondes après, la chandelle s'éteignit par suite de la violente agitation qui
fut imprimée à l'air ambiant, et l'on entendit le
son. Cette expérience, renouvelée plusieurs fois,
produisit toujours les mêmes résultats, et ces résultats se trouvèrent conformes aux anciennes observations.

3° *Du son réfléchi ou de l'écho.*

164. L'air, comme tous les corps élastiques, se
réfléchit quand il rencontre quelque obstacle à son
passage. D'après ce principe, on concevra facilement
que le rayon sonore doit être renvoyé par les corps
solides et immobiles contre lesquels il va frapper.
C'est cette réflexion du rayon sonore qui produit la
résonnance et l'*écho*. Cet effet est nécessairement
soumis à certaines lois que les physiciens ont appré-
ciées et prouvées par le calcul.

1° *L'angle de réflexion est égal à l'angle d'incidence.*

2° *La réflexion ne détruit pas la vitesse du rayon
sonore.*

3° *L'intensité du son, à l'extrémité du rayon
brisé, est égale à celle qu'aurait eue le même son à*

l'extrémité du rayon droit qu'il aurait dû parcourir, s'il n'eût pas été réfléchi.

165. Maintenant, si les ondes sonores se trouvent comprises entre deux plans parallèles et indéfinis, les réflexions pourront s'y multiplier indéfiniment. Au contraire, si les plans sont inclinés l'un vers l'autre, de manière à former un angle, plus cet angle sera ouvert, plus les réflexions seront rares.

Généralement parlant, nous ajouterons qu'il est nécessaire, pour entendre un écho, de se trouver sur le passage de l'onde réfléchie ou dans la direction du rayon répercuté. Voilà pourquoi deux personnes, même placées assez près l'une de l'autre, ne perçoivent pas toujours le même écho.

166. Quant aux échos multipliés, c'est-à-dire produisant une série de sons, il n'est guère possible de les distinguer, à moins qu'il ne s'écoule entre chaque son au moins un 10ᵉ de seconde, ce qui place nécessairement le point de réflexion à 8 toises 65 cent., ou environ 52 pieds du lieu où le son aura été primitivement formé. En effet, on sait qu'un joueur de violon ne peut donner dans l'espace d'une seconde que dix sons bien distincts : s'il veut jouer plus vite, les sons qu'il produira se confondront. Ainsi, le corps réflecteur doit être éloigné au moins de la moitié de l'espace que le son peut parcourir, en allant et en revenant, pendant la 10ᵉ partie d'une seconde. Or, pendant cet intervalle, le son parcourt 1058 pieds. (*V.* 162). Le point de réflexion doit donc être placé à 1058/20 pieds de l'observateur. Si le son n'est point réfléchi dans ces conditions, il y aura ce qu'on appelle *résonnance*, c'est-à-dire, que les sons réflé-

chis se confondront. On conçoit maintenant qu'un écho répétera autant de syllabes que la distance entre le corps réflecteur et le point où le son est formé contiendra de fois 52 pieds, ou 17 mètres à peu près.

4° *Échos remarquables.*

167. Les échos sont toujours modifiés par des circonstances de localité : une montagne couverte de bois réfléchit mieux qu'une montagne nue. Souvent la détonation d'un coup de fusil se répète dans les forêts ou dans les vallons avec un fracas épouvantable ; mais ce qu'on entend avec étonnement, c'est surtout un écho multiplié.

Il existait, à peu de distance de Verdun, deux grosses tours éloignées l'une de l'autre de 156 pieds, qui se renvoyaient le son alternativement de la même manière que deux miroirs opposés multiplient l'image d'une personne placée entre eux. Lorsqu'on parlait un peu haut entre ces édifices, la voix se répétait douze ou treize fois toujours en s'affaiblissant.

On remarque dans la principale église d'Agrigente, en Sicile, un écho fort curieux : lorsqu'on parle, même assez doucement, derrière le maître-autel, les paroles s'entendent distinctement près de la grande porte de l'église, quoique les assistans qui se trouvent dans la nef n'entendent pas le moindre mot. Il existe à Paris un écho semblable dans une des pièces du Conservatoire des Arts et Métiers. La voûte de cette pièce a une forme elliptique ; les quatre angles qui forment les coins de la pièce se coupent au centre de la voûte. Dans cette disposition, si deux personnes

se placent à deux angles opposés , elles pourront entretenir une conversation à voix basse sans être entendues des autres spectateurs.

Au théâtre de la Porte Saint-Martin , à Paris , il
existe aussi un écho singulier. Les spectateurs assis
au parterre , à droite de la scène , entendent , en
se tournant un peu de côté , les sons de l'orchestre
ou les paroles des acteurs , comme si la scène était
placée derrière eux. On peut remarquer, à ce point ,
que les sons qui viennent directement de la scène
frappent une oreille quelques instans avant que l'é-
cho ne soit perçu par l'autre oreille ; mais ce qu'il y
a d'étonnant , c'est que les sons réfléchis sont bien
plus forts que les sons directs.

Le docteur Plot parle d'un écho situé en Angleterre , près de Woodstock , qui répète distinctement
dix-sept syllabes pendant le jour et vingt pendant la
nuit. Il est probable que l'écho a la même force en
tout temps ; mais le calme de la nuit permet de mieux
distinguer la série des sons.

On cite encore l'écho d'Auderbersback , en Bohême , qui répète trois fois un mot de sept syllabes ;
cet écho se trouve à l'extrémité d'une vallée ceinte
par une forêt de rochers de cent à deux cents pieds
d'élévation , qui forment par leur réunion une espèce de labyrinthe.

Un des plus beaux échos dont on ait jamais parlé,
est celui que cite Barthius (1). Cet écho était situé
sur le bord du Rhin , non loin de Coblentz , et ré-

_____

(1) Notes sur la Thébaïde de Stace.

pétait le même son jusqu'à dix-sept fois avec des variations surprenantes; c'était un vrai *componium* naturel. Tantôt le son paraissait s'approcher, tantôt il semblait s'éloigner. Souvent on n'entendait presque plus la voix de celui qui chantait, mais l'écho la répétait en enflant considérablement les sons. Quelquefois on n'entendait qu'une seule voix; un autre jour, l'oreille en percevait plusieurs.

168. Ces différentes particularités s'expliquent tout naturellement par les circonstances de localité qu'il faut examiner pour être à même d'en apprécier les effets. Pour qu'un écho se multiplie, il est nécessaire que chaque rayon sonore rencontre, à la distance requise (*V.* 166), un corps solide, un obstacle enfin sur lequel il puisse être réfléchi, et que ces divers rayons reviennent de chacun de ces points à l'oreille de l'observateur, avec la différence que les uns arriveront plus tôt, les autres plus tard, suivant les divers degrés d'éloignement des corps réflecteurs. Au reste, les principes que nous avons posés plus haut suffiront certainement pour rendre raison de tous les phénomènes de cette nature.

ARTICLE VII.

De l'air considéré dans l'état gazeux, ou propriétés chimiques de l'air.

169. Comme l'air est l'agent d'une classe de phénomènes extrêmement curieux, et qu'il contribue à tous les autres avec divers degrés d'influence, suivant les différens cas, il est sans doute à propos de nous arrêter encore un instant pour examiner quel-

ques-unes des propriétés de ce fluide intéressant, et son action tant sur le règne animal que sur le règne végétal.

On sait que l'air entre dans les poumons et qu'il en est chassé alternativement par l'effet de la respiration. Dans cette opération naturelle, il se décompose en ses différens principes générateurs que nous avons nommés *gaz*. (*V.* 16). Le gaz *oxygène* pénètre dans le sang, se mêle aux alimens, et contribue d'une manière puissante à la vie des animaux. L'*azote*, au contraire, est chassé par le fait de l'expiration, et rentre dans la masse de l'air extérieur pour être respiré de nouveau; mais, par suite de cette fonction de la nature, l'azote se trouverait bientôt surabondant au sein de l'atmosphère, s'il n'existait pas un moyen d'en absorber l'excès. Ce sont les plantes et les arbres qui rendent ce service aux animaux. L'air pénètre, en effet, dans les végétaux par une espèce de respiration dont les feuilles sont les organes; il s'y décompose; mais ici, c'est le gaz azote qui favorise l'accroissement de la plante, qui la nourrit, du moins en partie, tandis que l'oxygène s'en échappe et se mêle au gaz azote, que rejettent les animaux, pour recomposer un air respirable.

170. Une expérience des plus simples a prouvé cette opération de la nature. On a renfermé différens animaux sous une cloche de verre, hermétiquement fermée, en sorte que l'air extérieur n'y pouvait pénétrer. L'air de la cloche se corrompit en peu de temps par l'effet de la respiration, et les animaux périrent; on réitéra l'expérience, et cette fois on enferma quelques plantes fraîches avec les animaux:

l'air se corrompit plus lentement ; mais quand les organes de la respiration des plantes eurent perdu leur activité, ce qui arriva bientôt, parce que ces végétaux n'avaient pas, pour entretenir leur vie, les sucs qu'ils tirent de la terre, les animaux périrent encore, mais plus difficilement ; enfin, diverses observations furent faites de la même manière, et il demeura prouvé que les animaux ne périssaient pas sous la cloche quand ils étaient renfermés avec des végétaux vivans, c'est-à-dire non déplantés, et dont l'action aspirante était assez forte pour absorber toute la quantité de gaz méphitique expirée par les animaux. Il fallait avoir la précaution de placer sous la cloche quelque nourriture, pour que les petits êtres animés ne périssent pas de faim.

171. Il résulte de ces observations et de ces expériences, que les grandes villes, où le règne animal est très étendu, offrent un séjour généralement moins sain qu'une campagne embellie de plantations variées. Le voisinage d'une forêt doit être avantageux à la santé en épurant l'air des villes. Il est d'ailleurs démontré que trois mille hommes placés dans l'étendue d'un arpent de terre y formeraient, dans l'espace de trente-quatre jours, par l'effet de leur transpiration, une atmosphère de 70 pieds de hauteur, et que, si cette atmosphère n'était pas dissipée par les vents ou corrigée par la végétation, elle deviendrait subitement pestilentielle (1).

172. L'histoire rapporte un exemple terrible des

_____

(1) Dictionnaire de physique, de Brisson, t. 1, p. 72.

effets de l'air vicié par la transpiration du corps. En
1756, au mois de juin, le vice-roi du Bengale s'était
emparé du fort Guillaume, qui était une des meilleures factoreries anglaises dans les Indes. Il fit renfermer, le soir, dans une prison qui n'avait que dix-
huit pieds de long sur onze de large, 145 hommes
et une femme qu'il avait faits prisonniers de guerre.
La prison était entourée de fortes murailles qui s'opposaient à la libre circulation de l'air; une seule fenêtre, garnie de fortes barres de fer, s'y trouvait pratiquée. Les malheureux prisonniers, entassés dans
ce petit espace, où l'air ne pouvait se renouveler,
souffrirent des tourmens affreux. Plusieurs d'entre
eux moururent dès la première heure : la respiration
leur manquait, ils tombaient en défaillance et ne se
relevaient plus. La plupart devenaient enragés par
l'effet de la soif qui les tourmentait; enfin, presque
tous périrent pendant la nuit, et quand on ouvrit la
porte de la prison le matin, il ne restait plus que 23
vivans de ces 146 prisonniers.

173. Combien aussi n'est pas funeste à la santé cet
usage, cette habitude que nous avons de nous renfermer et de nous entasser, pour ainsi dire, les uns sur
les autres pendant des cinq ou six heures de suite,
dans des pièces assez étroites, dans des salles de spectacle surtout, où l'air, échauffé déjà par les flambeaux
qui servent à l'éclairage, est bientôt vicié totalement
par la respiration d'un grand nombre de personnes.
Les spectateurs étoufferaient promptement, si l'on
n'avait pas la précaution de pratiquer des ventouses
qui établissent une communication avec l'air extérieur et favorisent le remplacement de l'air intérieur,

qui , étant échauffé et chargé de vapeurs, se dilate,
monte par l'effet de sa légèreté spécifique , et s'é-
chappe par les ouvertures qu'on a laissées à dessein à
la voûte de la salle.

174. Un grand nombre d'expériences malheu-
reuses ont démontré que tous les conduits souterrains
qui servent à l'écoulement des immondices, les cloaques , les galeries qui conduisent aux mines, les ca-
veaux dans lesquels on dépose les morts , les caves
mêmes et les cellules où fermentent les vins, le cidre
et la bierre , fournissent beaucoup de gaz azote et
d'exhalaisons méphitiques. Toutes les émanations
acides minérales, les exhalaisons salines, les vapeurs
des fourneaux de fer et de cuivre, avant que les matières qui les échauffent soient totalement consu-
mées, celles des charbons, de la braise, de la tourbe,
du bois de chêne nouvellement coupé , de l'huile de
térébenthine et de l'esprit de vin , lorsque ces corps
sont enflammés, les fumées des lampes, des chandelles, etc. ; toutes ces substances, toutes ces causes
vicient la constitution de l'air, et le rendent souvent
pernicieux à respirer.

Il est donc important d'éloigner de l'enceinte des
villes et de tous les endroits habités , les eaux crou-
pissantes, les tas de fumier et d'autres immondices ,
puisque toutes ces matières produisent une quantité
incroyable de gaz azote dont les qualités délétères
sont démontrées. Les églises, les théâtres et les autres
édifices publics , doivent être construits de manière
que l'air s'y renouvelle avec facilité.

Des mofètes ou moufètes.

175. Les *mofètes* sont des exhalaisons pestilentielles qui s'échappent des souterrains des mines, elles se répandent principalement dans les galeries de celles qui fournissent des métaux. Nul doute que ces phénomènes n'aient pour base le gaz azote pur. Le plus souvent les mofètes se présentent sous la forme d'un petit ballon de couleur blanchâtre, ou paraissent voltiger, semblables à une toile d'araignée. Leur présence s'annonce par un bruit extraordinaire dans l'intérieur de la mine. Aussitôt que les ouvriers s'en aperçoivent, ils s'empressent de donner le signal à leurs camarades : on éteint les lumières, et tous les mineurs se couchent sur le ventre. Malheur à celui qui serait trop lent à se rendre à l'avertissement ! la mofète, dans sa course irrégulière, s'approcherait du flambeau qui resterait allumé, et éclaterait en répandant une vapeur qui causerait certainement la mort des ouvriers les plus voisins du phénomène. Au contraire, quand la mofète suit son cours librement, l'explosion est moins funeste. Cependant les ouvriers des mines en craignent toujours l'effet, car celui qui se trouverait malheureusement assez près pour respirer la vapeur au moment de l'explosion, serait subitement asphyxié. Le gaz qui engendre les mofètes, ne se concentre pas toujours en forme de masse ; souvent ce n'est qu'une exhalaison également pernicieuse. Telles sont les émanations qui s'échappent du sol de la grotte du Chien en Italie.

176. Cette grotte est située à une petite lieue de Naples, au pied d'une montagne nommée la *Solfatara* (la soufrière), probablement à raison des mines

de soufre qu'elle renferme. La *Grotte du Chien* porte ce nom, parce qu'on se sert ordinairement d'un chien pour y faire des expériences. Elle n'a guère plus de 10 pieds de longueur, 4 de largeur et 8 dans sa plus grande hauteur : c'est à l'entrée ; elle s'abaisse ensuite insensiblement jusqu'au fond. Les exhalaisons ne s'élèvent qu'à 8 pouces environ au-dessus du sol ; elles s'échappent ensuite par l'entrée de la grotte sous la forme d'une vapeur blanche et chaude. Un chien, que l'on coucherait dans l'intérieur, serait suffoqué en moins d'une minute. Près de la grotte se trouve le lac *Agnano*, dans lequel on plonge les animaux que les vapeurs ont étourdis ; au bout de quelques instans ils reprennent leurs sens. On raconte que le roi de France, Charles VIII, après la conquête du royaume de Naples, voulut voir cette grotte ; il y fit coucher un âne, et cet animal périt dans l'espace de quelques minutes. Les flambeaux allumés s'y éteignent subitement dès qu'on les approche de terre ; la poudre à canon n'y prend pas feu, même à un pouce ou deux au-dessus du sol. Il paraît, d'après les observations des physiciens, que ces émanations sont tout simplement du gaz azote dégagé, au moyen de l'acide sulfurique qui abonde dans ces lieux.

Nous bornerons ici l'explication des météores aériens ; dans le chapitre suivant, nous détaillerons une autre classe des phénomènes non moins propres à éveiller l'intérêt et la curiosité.

CHAPITRE TROISIÈME.

DES MÉTÉORES AQUEUX.

ARTICLE PREMIER.

DES NUAGES.

177. Nous allons voir, dans cette nouvelle série de phénomènes, la chaleur développer son action avec une énergie toujours renaissante.

Il s'élève, de la surface des mers, des lacs, des fleuves, des rivières, etc.; en un mot, il s'échappe continuellement, du sein des eaux, une vapeur qui paraît souvent sous la forme d'une fumée plus ou moins épaisse. Cette vapeur étant spécifiquement plus légère que les couches inférieures d'air atmosphérique, qui touchent la surface de la terre, monte jusqu'à ce qu'étant parvenue dans une région aérienne, dont la densité soit beaucoup moindre, elle puisse s'y maintenir en équilibre. (V. 24).

L'évaporation, dont nous parlons, est incomparablement plus abondante, quand une chaleur énergique, par son action dissolvante, concourt à la produire. Ainsi, cette évaporation est très-grande sous la zone torride; mais à mesure qu'on s'éloigne de l'équateur, on s'aperçoit qu'elle diminue.

178. Ces vapeurs se réunissent dans les parties éle-

vées de l'atmosphère, quelquefois jusqu'à deux lieues d'élévation perpendiculaire, au-dessus du niveau des mers : là, rencontrant une température plus froide, elles se condensent en forme de petites vésicules ou gouttelettes vides, semblables à des bulles de savon. Saussure a le premier observé cette configuration, et depuis il a reconnu aussi que ces vésicules sont éminemment électrisées.

Les vapeurs aqueuses, dont nous parlons, peuvent se trouver, 1º dans un état de dissolution tellement parfait, que la transparence de l'air n'en soit point altérée ; 2º dans un commencement de précipitation ; 3º dans un état de condensation tel, que ne pouvant plus être soutenues par la force de l'air, elles se précipitent vers la terre sous la forme de pluie, de neige, de grêle, etc.

179. Dans le cas d'une dissolution complète, l'air est clair, sec, pesant, et naturellement propre à dissoudre d'autres vapeurs. Mais lorsque l'air en est saturé, sans être chassé par un vent sec, ou lorsqu'un air chaud, chargé d'autant de vapeurs qu'il en peut tenir en dissolution, vient à passer dans une région dont la température soit plus froide, alors il se fait un commencement de précipitation ; les particules d'eau se rapprochent et deviennent visibles : dans ce cas elles paraissent sous la forme d'un corps opaque, que nous nommons *nuage* ou *nue*. Les molécules aqueuses qui composent les nuages, se trouvant encore dans un état de ténuité ou de division remarquable, restent suspendues en l'air, à moins qu'une nouvelle évaporation en augmentant la masse des vapeurs déjà rassemblées, ou que des vents en rap-

prochant les particules constitutives des nuages, ne forment des gouttes spécifiquement trop pesantes, pour être soutenues par les couches inférieures de l'air atmosphérique.

Elévation des nuages.

180. L'air éprouve une variation de température, et conséquemment de poids et de densité, en raison de son élévation au-dessus de la surface de la terre. Il en résulte que les vapeurs s'élèvent aussi, plus ou moins, dans l'atmosphère en raison de leur densité. Celles dont les particules constituantes sont le plus rares, ou dont l'atmosphère électrique est le plus vive, ou qui sont poussées dans une direction ascendante par une force extérieure d'une grande énergie, monteront nécessairement à des hauteurs plus considérables. Au contraire, les vapeurs qui ne se trouveront pas dans ces diverses circonstances, resteront suspendues dans les basses régions de l'atmosphère. Aussi les nuages se forment-ils à différens degrés d'élévation, suivant les différens degrés de densité de l'air avec lequel ils doivent se mettre en équilibre. En vertu de la même théorie, on conçoit qu'ils montent ou descendent quelquefois, suivant les divers degrés de la chaleur qui règne dans les régions où ces nuages sont formés. On ne saurait déterminer, avec exactitude, les limites d'ascension des nues. Des physiciens ont calculé qu'elles ne s'élèvent jamais au-delà de 200 toises. Cependant, si l'on considère que le sommet des plus hautes montagnes est continuellement couvert de neiges, et que ces neiges proviennent des nuages et des vapeurs qui se condensent à

cette hauteur, on comprendra que les nues peuvent s'élever à des hauteurs prodigieuses.

181. En effet, le Mont-Blanc, qui fait partie des Alpes, s'élève à 4,775 mètres au-dessus du niveau de la mer; c'est la plus haute montagne de l'Europe. Le Chimborazo, la pointe la plus élevée des Andes (Cordillières), en Amérique, atteint l'immense hauteur de 6,530 mètres, ou environ 20,000 pieds. Mais, quelque considérable que soit cette élévation, elle est cependant au-dessous de celle des montagnes de l'Himalaya, en Asie, dans le Thibet, dont le pic le plus élevé est à 7,821 mètres (plus d'une lieue et demie perpendiculaire) au-dessus de l'Océan.

182. Ceux qui voyagent sur de pareilles montagnes, traversent souvent des nuages qui leur cachaient la vue du ciel, et qui dérobent ensuite la terre à leurs yeux. La terre, à ces hauteurs, est toujours humectée par les nues qui viennent s'y reposer. Cette humidité continuelle entretient les sources des fleuves et des rivières, qui naissent fréquemment au pied de ces montagnes. Ainsi, par un effet de la prévoyance infinie de la nature, dans les temps de la plus grande sécheresse, les nues sont comme autant de canaux aériens, par lesquels l'eau se distribue dans les diverses contrées de la terre.

Forme, couleur et volume des nuages.

183. Les formes sous lesquelles les nuages se présentent à nos yeux, sont tellement variées, qu'il est impossible de les préciser. On a remarqué seulement, que c'est surtout après un orage, qu'ils offrent les figures les plus bizarres : tantôt les nues prennent

la forme d'une montagne escarpée, dont la cime s'élève profondément dans les airs ; tantôt elles représentent une armée rangée en bataille ; là, vous croyez voir un cavalier dont le cheval se cabre ; ici, c'est un Hercule qui soulève sa massue, ou bien un groupe qui paraît modelé sur celui de Laocoon, etc. Mais nous devons avouer qu'il n'existe guère que l'ébauche de ces tableaux, et que l'imagination se plaît souvent à faire les frais du dernier coup de pinceau.

184. Quant à la couleur des nuages, il est plus facile de la déterminer, quoiqu'ils paraissent à nos yeux diversement colorés. Les nues sont blanches, soit quand elles réfléchissent en totalité le faisceau lumineux tel qu'il arrive du soleil, soit quand leur épaisseur n'est pas assez considérable pour les rendre non transparentes. Dans des circonstances contraires, les nuages ont une couleur sombre, quelquefois bleuâtre ou noire. Le matin et le soir ils paraissent ordinairement rouges. Les poètes ont tiré de cette observation une image charmante, quand ils ont feint que l'aurore semait de roses la route du soleil. Ces différens effets dépendent de la manière dont les rayons lumineux sont réfléchis ; nous en avons détaillé les principes à l'article que nous avons consacré à l'explication théorique de la lumière. (*V*. 34 *et suiv.*)

185. Il n'est guère possible d'avoir des renseignemens exacts sur le volume ou l'épaisseur des nuages. Si l'on estimait cette dimension d'après la quantité d'eau qu'ils versent, il est certain qu'on en devrait conclure qu'il existe une grande variété dans leur épaisseur. Mais un nuage est un amas, une agglomération de vapeurs ; les particules aqueuses s'y trouvent

plus ou moins condensées. La quantité de pluie qu'il fournit, est donc relative plutôt au dègré de condensation qu'au degré d'épaisseur. On voit par-là combien les données qu'on pourrait offrir sur cette question se trouveraient incertaines. D'ailleurs, au moment qu'une nuée crève, les vents la dispersent en différentes contrées; il en reste aussi une partie dans l'atmosphère. Cependant quelques physiciens, raisonnant d'après la transparence ou la vertu réfléchissante des nues, et basant en même temps leur opinion sur les observations des aéronautes, et sur le volume d'eau qui tombe des nuages, ont pensé que l'épaisseur en est quelquefois très-considérable. C'est dans les temps d'orage que cette épaisseur est surtout remarquable. Une nue, dans cette circonstance, donne quelquefois deux pouces d'eau dans l'espace d'une demi-heure. On présume qu'un tel nuage doit avoir au moins cent pieds d'épaisseur. Mais ces calculs sont sujets à trop d'erreurs pour nous occuper plus long-temps.

ARTICLE II.

DE LA ROSÉE.

186. On ne saurait croire combien de fois le phénomène de la rosée a servi de but aux recherches des savans, et exercé la sagacité des physiciens. Depuis Aristote, dont les observations ne manquent pas d'exactitude, Gersten, Musschenbroek, Dufay, Leslie et d'autres s'en sont occupés. De nos jours, les savans les plus célèbres, et principalement, dans ces derniers temps, le docteur anglais M. Wells, ont

étudié ce phénomène d'une manière spéciale. Nous donnerons, dans cet article, un aperçu de leurs curieuses observations.

La rosée, que tout le monde connaît, est cette espèce d'humidité qui se répand en forme de gouttelettes, pendant la nuit, sur les plantes et sur les autres corps exposés à l'influence de l'air libre, surtout dans certaines saisons de l'année.

C'est une condition nécessaire pour la formation de la rosée, que le ciel jouisse d'une sérénité parfaite, car les moindres nuages qui se répandent dans le ciel, suffisent pour arrêter la naissance du phénomène. Cependant toutes les circonstances qui peuvent augmenter l'humidité de l'air, comme une forte pluie, certains vents humides, contribuent à rendre la rosée plus abondante. Or, ces circonstances se rencontrent plus fréquemment au printemps et en automne, qu'en hiver et en été ; aussi remarque-t-on que la rosée est généralement moins abondante dans ces deux dernières saisons que dans les premières.

187. Toutes les substances ne sont pas également propres à recevoir la rosée ; les plantes, en général, les herbes, les feuilles des arbres, le verre poli, l'admettent parfaitement ; mais les métaux polis sont de tous les corps ceux qui l'attirent le moins. Ils en admettent une quantité si faible, que plusieurs physiciens ont prétendu que la rosée ne les mouillait jamais. M. Wells a cependant aperçu une légère couche d'humidité à la surface de quelques miroirs d'or, d'argent, de cuivre, d'étain, de platine, de fer, d'acier, de zinc et de plomb.

Cette inaptitude des métaux à se couvrir de rosée

se communique aux corps qui reposent sur leur surface ; ainsi un flocon de laine, exposé à un ciel serein,
se chargera , sur un miroir de métal , de moins d'humidité que s'il était placé sur une lame de verre. Réciproquement, les corps sur lesquels reposent les métaux , influent à leur tour sur la quantité de rosée qui
mouille ces derniers. D'ailleurs, on facilite un peu la
précipitation de la rosée sur les plaques de métal qui
reposent sur le sol , en les transportant plusieurs fois
dans la nuit d'une place à une autre.

188. L'état mécanique des corps influe sur la quantité de rosée qu'ils attirent. Des copeaux très-menus ,
par exemple , s'humectent beaucoup plus , dans un
certain espace de temps , qu'un morceau de bois
épais de la même nature. Le coton non filé paraît
aussi attirer un peu plus de rosée que la laine, dont
les filamens sont généralement moins déliés.

Pour s'assurer de ces faits , on emploie des balances
extrêmement sensibles : on pèse les corps avant de
les exposer à l'air sous l'influence de la rosée ; on les
pèse une seconde fois à la fin de l'expérience, et l'on
reconnaît ainsi quelle quantité (poids) de rosée les
diverses substances admettent , suivant les circonstances différentes auxquelles on les soumet.

189. Car la quantité de rosée qui se précipite sur
les corps , ne dépend pas seulement de leur constitution et de leur nature , mais encore de la situation
dans laquelle ils se trouvent placés , par rapport aux
objets circonvoisins. En général, *tout ce qui tend à
diminuer la partie du ciel , qui peut être aperçue de
la place que le corps occupe , diminue aussi la quantité de rosée dont ce corps pourrait se couvrir.*

Pour prouver ce principe, M. Wells attacha, pendant une nuit calme et sereine, un flocon de laine pesant 10 grains, sur une planche peinte d'un mètre et demi de long, de deux tiers de mètre de large, de deux centimètres d'épaisseur, et qui était soutenue à plus d'un mètre au-dessus de l'herbe par quatre appuis d'égale hauteur ; en même temps il attacha un autre flocon pareil au premier sous la face inférieure de la planche. Les deux touffes étaient conséquemment à deux centimètres de distance, et se trouvaient également exposées à l'action de l'air. Cependant, le lendemain matin, on trouva que la touffe supérieure s'était chargée de 14 grains d'humidité, tandis que l'inférieure n'en avait attiré que 4. Une seconde nuit, ces quantités d'humidité furent respectivement 19 et 6 grains ; une troisième, 11 et 2 ; une quatrième, 20 et 4. C'était toujours la laine attachée à la face inférieure de la planche qui acquérait le moins de poids.

Les différences étaient moins remarquables quand la touffe inférieure, au lieu d'être attachée à la planche, s'en trouvait placée à quelque distance et à différens points, d'où une portion plus ou moins considérable du ciel pouvait être visible. Ainsi, 10 grains de laine, placés sur l'herbe, verticalement au-dessous de la planche, acquirent 7 grains de rosée dans une première nuit, 9 dans une seconde, et 12 dans une troisième. Sous les mêmes circonstances, une touffe égale de laine, placée aussi sur l'herbe, mais tout-à-fait à découvert, se chargea de 10, de 16 et de 20 grains d'humidité.

190. On pourrait penser que la rosée tombe à la

manière de la pluie, et que la planche n'en garantis-
sait la laine que mécaniquement; mais, dans cette
supposition, il serait difficile d'expliquer comment la
touffe, attachée au milieu de la face inférieure de la
planche, était devenue humide, à moins qu'on ne dise
qu'elle s'était chargée de particules extrêmement ténues, qui, en raison de leur légèreté, voltigeaient
dans l'air comme un fluide aériforme d'une grande
subtilité. Enfin il serait possible qu'on prétendît
qu'une partie notable de l'humidité, dont la laine se
charge pendant la nuit, résulte de l'action hygrométrique que ses filamens exercent sur la vapeur atmosphérique (*V*. 28).

Pour répondre victorieusement à la première objection, M. Wells plaça verticalement sur l'herbe
un tube ou cylindre creux, ouvert à ses deux bouts,
ayant près d'un mètre de hauteur et un tiers de mètre
de diamètre. Un flocon de 10 grains de laine, qui
occupait le centre de la base inférieure du cylindre,
ne se chargea, dans une nuit, que de 2 grains d'humidité, tandis que pour un flocon pareil, mais tout-
à-fait à découvert, l'augmentation fut de 16 grains.
Pendant l'expérience, il ne faisait pas le moindre
vent; les deux flocons devaient donc se charger d'un
poids égal d'humidité, s'il est vrai que la rosée tombe
verticalement. Et puisque ce résultat n'eut pas lieu,
on doit conclure de là que la chute de la rosée s'o-
père d'une manière différente.

Secondement, le physicien a observé que dans les
lieux privés de l'aspect du ciel, 10 grains de laine
n'augmentent pas de poids d'une manière appréciable
pendant la durée d'une nuit. L'effet est encore

moindre si le temps est couvert, quoiqu'alors, à cause de l'abondance des vapeurs, l'effet hygrométrique de la laine doive être à son *maximum*.

191. Néanmoins, des corps de même nature, et placés de même relativement au ciel, peuvent se couvrir de quantités inégales de rosée ; il suffit pour cela qu'ils ne soient pas semblablement placés à l'égard du sol. Dix grains de laine déposés sur une planche à un mètre de terre, acquirent dans une nuit un excédant de poids de 20 grains, pendant qu'un flocon pareil, suspendu à un mètre et demi de hauteur, n'absorba que 11 grains d'humidité. On voit par cette expérience que le flocon le plus rapproché du sol est celui qui admet le plus de rosée.

Température des corps aptes à recevoir la rosée.

192. On peut s'assurer, à l'aide de petits thermomètres, pourvu qu'ils soient très-justes, que *la température de l'herbe couverte de rosée est toujours plus basse que celle de l'air*. La différence va quelquefois, dans les nuits calmes et sereines, jusqu'à 5, 6 et même 8 degrés ; c'est-à-dire, qu'un thermomètre placé à un mètre au-dessus du sol indiquera une température de 8o, plus élevée que celle que marquera un instrument déposé sur l'herbe ; et dans les lieux que les rayons du soleil ne frappent pas, et d'où l'on découvre une grande partie du ciel, cette différence, entre la température de l'herbe et celle de l'air qui la touche, commence à se faire sentir aussitôt que la chaleur de l'atmosphère diminue.

Quand il fait du vent pendant les nuits très-sombres, l'herbe n'est jamais plus froide que l'air ; quel-

quefois elle est plus chaude. Si le temps est calme et
que les nuages soient très-élevés, il règne parfois une
très-petite différence entre la température de l'herbe
et celle de l'atmosphère; on observe la même chose,
quoique le vent souffle avec force, par un ciel très-
serein. Si la nuit devient nuageuse après avoir été
claire, la température de l'herbe s'élève aussitôt considérablement. La présence d'un nuage au zénith,
pendant quelques minutes, suffit pour produire cet
effet. Une nuit, la température de l herbe s'éleva de 8°
en 45 minutes, tandis que celle de l'air ne monta
que de deux degrés.

193. En général, les thermomètres baissent toujours
beaucoup sur les corps qui admettent la rosée avec le plus
d'abondance, ou quand ils sont placés à des points où
il se dépose le plus de cette humidité. Ainsi, un thermomètre mis en contact avec un flocon de laine posé
sur une planche élevée d'un mètre au-dessus du sol,
marquait 5° de moins qu'un second thermomètre
dont la boule touchait un flocon de laine tout pareil attaché à la face inférieure de la même
planche.

La température des métaux descend quelquefois
de 2° au-dessous de celle de l'air ambiant : lorsque
ce phénomène arrive, les autres corps, tels que la
laine, le duvet, les feuilles des plantes, etc., sont
considérablement plus froids que l'atmosphère. Au
reste, les métaux qui se couvrent le plus aisément de
rosée, sont ceux qui se refroidissent le plus promptement pendant leur exposition à un ciel serein ;
mais ce refroidissement n'est jamais bien considérable.

194. Le duvet de cygne est de tous les corps que M. Wells a essayés, celui qui se refroidit le plus. Il trouva une fois un brin de ce duvet à 8° au-dessous de la température de l'air. Le duvet de cygne est aussi de toutes les substances connues, celle qui, dans des circonstances données, se charge de la plus grande quantité de rosée. La neige aussi doit être rangée au nombre des corps dont la température, pendant les nuits calmes et sereines, descend beaucoup au-dessous de celle de l'atmosphère.

Explication théorique de la rosée.

195. Nous venons de voir qu'il existe une analogie parfaite entre la faculté que possèdent les corps d'attirer l'humidité de l'air, et la propriété dont ils jouissent de se refroidir beaucoup plus que l'atmosphère, pendant les nuits calmes et sereines. Or, on prouve facilement, par l'expérience du thermomètre, que le refroidissement des corps précède l'apparition de la rosée. En effet, sous certaines circonstances, les corps deviennent plus froids que l'air, sans néanmoins se couvrir d'humidité. Par exemple, 6 grains de laine placés sur une planche élevée par un temps très-sec, étaient déjà de 8° plus froids que l'air, avant d'avoir acquis le moindre excédant de poids.

Maintenant donc qu'il est prouvé que les corps exposés à l'air libre se refroidissent plus que l'atmosphère, l'origine de la rosée ne peut être douteuse; car personne n'ignore que l'air ne peut contenir qu'une certaine quantité de vapeurs humides, d'autant plus grande que la température est plus élevée. (*V*. 14.) Cela posé, concevons qu'une couche atmos-

phérique vienne toucher un corps solide sensiblement plus froid qu'elle, le contact la refroidit à l'instant, et aussitôt une portion des vapeurs se précipite ; une seconde couche d'air succède à la première,
se refroidit également, et abandonne, à son tour,
toute l'eau que sa nouvelle température ne comporte
pas : ce phénomène se renouvelle un grand nombre
de fois en peu de temps, et bientôt la surface du
corps refroidissant est couverte de gouttelettes, ou
même d'une lame d'eau continue.

196. Il ne s'agit plus que d'expliquer par quelle
cause la température des corps s'abaisse au-dessous
de celle de l'atmosphère, pendant les nuits calmes et
sereines. Suivant les physiciens les plus célèbres, notamment MM. Biot et Wells, cette cause est *la faible
vertu rayonnante d'un ciel serein.* Développons cette
pensée.

« Deux corps diversement échauffés, dit M. Arago,
placés à quelque distance l'un devant l'autre, acquièrent, à la longue, une égale température, même
dans le vide. Il y a donc des effluves, des rayons de
chaleur, qui émanent de ces corps dans toutes sortes
de directions, et par lesquels, quoique éloignés, ils
peuvent s'influencer réciproquement : ces effluves,
ces rayons constituent ce que les physiciens appellent le *calorique rayonnant.* Il est donc facile de concevoir qu'il faut, pour qu'un corps ne perde rien de
sa température actuelle, qu'il reçoive, des corps environnans, une quantité de chaleur précisément
égale à celle qui, à chaque instant, émane de sa
propre surface, et qu'il s'échauffera ou se refroidira,
si ces échanges instantanés ne se compensent pas par-

faitement. » Écoutons maintenant le docteur Wells :

« Prenons un petit corps qui rayonne librement
» le calorique, et qui soit, aussi bien que l'atmos-
» phère, à une température supérieure à zéro. Pla-
» çons-le, par un temps calme et serein, sur un corps
» mauvais conducteur (*V*. 68), qui repose lui-même
» sur le sol, dans une plaine vaste et découverte.
» Imaginons qu'un firmament de glace existe, à une
» hauteur quelconque, au-dessus de l'atmosphère.
» Dans cette situation, le petit corps descendra, en
» peu d'instans, au-dessous de la température de l'air
» environnant. En effet, ce corps rayonne du calori-
» que de bas en haut, sans que la sphère de glace
» (qui est à une température inférieure) puisse lui
» restituer tout ce qu'il perd. Il n'en reçoit aussi que
» très-peu de la terre, puisque, par hypothèse, un
» mauvais conducteur les sépare. Latéralement, il
» n'existe aucun corps solide ou fluide qui puisse rien
» communiquer par rayonnement ou par conductibi-
» lité. L'air seul pourrait produire quelque effet;
» mais, dans l'état de calme, la chaleur qui sera com-
» muniquée d'une partie de l'air à l'autre, est trop fai-
» ble pour qu'il soit possible d'admettre que cette
» cause répare entièrement les pertes du petit corps ;
» il devra donc se refroidir, et condenser la vapeur
» contenue dans l'air environnant.

197. » Des circonstances analogues aux précé-
» dentes existent quand la rosée se dépose sur une
» prairie de niveau et découverte. Pendant les nuits
» calmes et sereines, les parties supérieures de l'herbe
» rayonnent leur calorique vers les régions vides de
» l'espace, et n'en reçoivent rien en échange ; les par-

» ties inférieures, très-peu conductrices, ne peuvent
» leur transmettre qu'une petite partie de la chaleur
» terrestre. Comme d'ailleurs elles ne reçoivent rien la-
» téralement, et que très-peu de chose de l'atmosphère,
» elles doivent se maintenir plus froides que l'air, et
» condenser la vapeur qui s'y trouve mêlée, si toute-
» fois celle-ci est assez abondante, eu égard à la perte
» de chaleur que l'herbe a éprouvée. »

198. Cette théorie explique parfaitement :

1° Pourquoi l'interposition des nuages entre les
corps et le ciel prévient leur refroidissement. La
perte de calorique que les corps auraient dû éprouver
en rayonnant vers l'espace, est compensée plus ou
moins exactement par le rayonnement, en sens contraire, de la surface inférieure des nuages. Il faut
seulement ajouter, que les nuages devant jouir d'une
température à peu près égale à celle de la couche
d'air qu'ils occupent, compenseront d'autant moins
complètement, par leur rayonnement propre, la
perte de chaleur des corps terrestres, qu'ils seront
plus élevés, ce qui est conforme aux observations.

2° Comment les métaux n'admettent pas de rosée.
C'est qu'ils jouissent d'une vertu rayonnante extrêmement faible, et que, d'ailleurs, étant doués d'une
puissance conductrice assez énergique, ils réparent
promptement, par la communication de la chaleur
terrestre, la perte que le rayonnement leur a fait
éprouver.

3° Pourquoi le vent empêche la production de la
rosée. C'est qu'il amène continuellement sur les corps
de nouvelles couches chaudes, et leur restitue ainsi la
totalité ou une grande partie du calorique que le

14

rayonnement leur enlève. Ainsi, les vents et les nuages empêchent ou atténuent la formation de la rosée, soit en prévenant, soit en affaiblissant le re-froidissement nocturne, qui en est la cause immé-diate.

Au reste, ajoute M. Arago, il n'est aucun phéno-mène connu parmi tous ceux qui se rapportent à la formation de la rosée dont un lecteur attentif ne puisse donner une explication satisfaisante, en par-tant du principe que l'humidité ne se dépose à la sur-face des corps, qu'après qu'ils ont été préalablement refroidis par suite de leur rayonnement vers l'espace.

199. L'explication du phénomène de la rosée, que donne M. Biot, peut servir de résumé à tout ce que nous venons de dire. Voici comment s'exprime ce sa-vant dans son Traité de Physique : « Exposez, dit-il, un corps pendant la nuit à l'aspect d'un ciel serein, en l'isolant d'ailleurs de toute cause terrestre de ré-chauffement, alors tout ce que ce corps rayonnera de chaleur vers les espaces célestes sera perdu pour lui ; et si ce qu'il reçoit du contact de l'air et des corps environnans ne suffit pas pour compenser sa perte, sa température devra s'abaisser. La pureté du ciel est nécessaire pour que la déperdition du calo-rique rayonnant s'opère ; car les nuages, comme tous les autres corps diaphanes, arrêtent le calorique qui n'émane pas d'un corps très-chaud. L'expérience réussit mieux dans un temps calme, qu'elle ne réussi-rait si l'air était agité, parce que, dans ce dernier cas, le contact de ce fluide, perpendiculairement renouvelé, répare en plus grande partie les pertes que le corps éprouve ; telle est la cause de la rosée.

Lorsque les corps exposés à l'aspect d'un ciel serein se sont refroidis par cet aspect à un degré assez bas au-dessous de la température de l'air ambiant, ils déterminent sur leur surface une précipitation d'eau qui est la rosée même; et si leur refroidissement est assez énergique, ou s'ils sont assez isolés de toute communication avec d'autres corps, ils gèlent cette eau. D'après cela, il est clair que la rosée se déposera plus difficilement sur les corps dont le rayonnement est moindre, comme les métaux polis, parce qu'alors l'air a plus d'avantage pour les réchauffer. Aussi en sont-ils atteints plus rarement, au lieu qu'on en voit en abondance sur le verre, qui est une substance fort rayonnante. »

200. Quoiqu'il soit bien constaté que le rayonnement, ainsi que nous l'avons démontré, doive être regardé comme la principale cause de la rosée, ce n'est cependant pas l'unique cause de ce phénomène, et l'on ne peut disconvenir qu'il n'en existe d'autres qui sont justifiées par les expériences irrécusables de savans physiciens.

1° Suivant Musschembroek, une partie de l'humidité qu'on observe sur les feuilles des plantes provient de leur transpiration. Voici la preuve qu'il en donne : un pavot, dont la tige passait au travers d'une petite ouverture pratiquée dans une large plaque de plomb, fut recouvert le soir d'une cloche de verre; le lendemain matin les feuilles étaient chargées d'humidité, quoique, à l'aide de la disposition précédente et du lut qui bouchait le trou, elles eussent été privées de toute communication avec le sol et avec l'air extérieur.

2° Les cloches de verre avec lesquelles les jardiniers couvrent les plantes pendant la nuit, sont le matin tapissées d'humidité à l'intérieur. De plus, si l'on place des plaques de verre, substance éminemment propre, comme on le sait, à recevoir la rosée, à différens degrés d'élévation en plein air, les plaques les plus voisines de la terre se couvriront les premières d'humidité par leur surface inférieure. Cette observation prouve aussi que les vapeurs terrestres peuvent donner naissance à une certaine quantité de rosée ; mais il est toujours vrai que les vapeurs, quelle qu'en soit la source, ne se condensent à la surface d'un corps que lorsqu'il est suffisamment refroidi.

3° On pense aussi que l'électricité joue un grand rôle dans le phénomène de la rosée, et nous serons peut-être en droit de le conclure, si nous considérons que la terre est le réservoir commun du fluide électrique, qui s'en échappe invisiblement avec les vapeurs ; qu'il existe une grande analogie entre le calorique ou le principe de la chaleur et l'électricité ; enfin, que la propriété du verre, relativement à la rosée, s'accorde parfaitement avec la propriété électrique de la même substance ; car le verre, que nous voyons conserver énergiquement la rosée, retient aussi d'une manière puissante l'électricité. Au surplus, nous ne faisons qu'indiquer cette dernière cause sans la croire d'une importance réelle pour l'explication du phénomène.

Qualités naturelles de la rosée.

201. On distingue ordinairement deux espèces de

rosée : celle qui tombe le soir, et qu'on nomme *le serein*, et celle qui se manifeste le matin ; c'est la rosée proprement dite. Le serein dure à peu près la moitié de la nuit. Il se compose en grande partie des vapeurs qui, s'étant élevées pendant la journée sous l'action de la chaleur, se condensent le soir aussitôt que la fraîcheur commence à les saisir, et retombent, ou plutôt se déposent, suivant les lois que nous avons indiquées. Ces vapeurs sont ordinairement malsaines, et dangereuses à respirer, surtout dans les premières heures de la chute du serein, et principalement dans le voisinage des lieux marécageux. En effet, le calorique, par sa vertu dissolvante, entraîne avec les vapeurs, des parcelles hétérogènes, certaines émanations grossières, certains gaz acides, sulfureux, délétères, dont la nature est relative à celle des substances soumises à l'influence de la chaleur. Ces exhalaisons, étant dans un état de ténuité moindre que les vapeurs aqueuses, sont nécessairement plus pesantes, et, par conséquent, atteignent des régions atmosphériques moins élevées. De là, il est facile de comprendre qu'elles retombent les premières, quand la cause qui les tenait en dissolution n'a plus la même activité.

202. Enfin on sent que la quantité de la rosée dépend de différentes circonstances locales, de l'état plus ou moins humide de l'atmosphère, de la température, etc. Ainsi elle sera très-abondante (et par la rosée nous entendons également le serein) sur le bord des rivières, dans le voisinage des lacs, des étangs, et généralement dans tous les lieux d'une nature humide. De même, en été, elle est plus abon-

14*

dante qu'en hiver, parce que l'action de la chaleur y
est plus énergique. Cependant, dans cette dernière
saison, l'humidité ordinaire, occasionée par la fréquence des pluies, pourrait favoriser le développement de la rosée, si la sérénité du ciel, condition nécessaire pour la formation de ce phénomène, n'était
pas à peu près nulle, puisqu'en hiver l'atmosphère
est presque continuellement chargée de nuages. Dans
les beaux jours du printemps et de l'automne, la
rosée est très-abondante, et la raison en est simple.
Dans ces deux saisons les pluies sont assez communes; d'ailleurs la chaleur y est moins active qu'en
été, et les vapeurs, mises en dissolution, s'élevant
dans une région moins haute, retombent aussi plus
vite et plus facilement. En général, une rosée abondante annonce une belle journée, car l'atmosphère se
trouve ainsi purgée des vapeurs qui auraient pu se
condenser en nuages. Il est des pays, par exemple
en Italie, et particulièrement au Pérou (en Amérique), où les pluies sont rares et les rosées extrêmement fortes. Tant il est vrai que nous trouvons toujours, dans les lois de la sage nature, un système parfait de compensation.

ARTICLE III.

Du brouillard, de la bruine, etc.

203. Les vapeurs aériformes peuvent se trouver,
quand elles sont très-abondantes, dans un tel état de
condensation, qu'elles paraissent parfaitement à la
vue, et qu'elles altèrent la transparence de l'air. C'est
là l'effet que nous appelons le *brouillard*, phéno-

mène fort commun en hiver, et assez fréquent au printemps et en automne, mais rare pendant l'été, parce que, dans cette dernière saison, la terre est ordinairement très-sèche, et l'air trop échauffé pour condenser les vapeurs. Le brouillard, à raison de la pesanteur de ses particules constituantes, ne s'éloigne pas de la surface de la terre; il y reste au contraire comme attaché, et ne diffère des nuages que par sa position dans les régions inférieures de l'atmosphère. On pourra s'en assurer complètement en montant sur un lieu élevé, sur une montagne, par exemple, ou simplement sur le haut d'une tour, d'un clocher; alors on dominera au-dessus de la couche des brouillards, qui n'est pas ordinairement bien épaisse.

204. Le brouillard n'a lieu que dans un temps calme. Aussitôt que le vent s'élève, il force ces vapeurs à monter ou à retomber sur la terre en forme de *bruine*, ou de gouttelettes aqueuses extrêmement fines. Lorsque les vapeurs qui composent le brouillard ne sont pas précisément abondantes, ou quand le soleil darde encore ses rayons assez directement pour échauffer et dilater l'air d'une manière remarquable, la chaleur, en pénétrant entre les molécules du brouillard, les écarte, les dissout, et rend à l'air toute sa transparence. Mais cet effet ne subsiste que pendant la journée, car aussitôt que les vapeurs ne sont plus soumises à l'influence des rayons solaires, elles se rapprochent, se réunissent et retombent sous leur forme primitive. C'est ordinairement le matin que le brouillard est le plus épais.

205. Lorsque le brouillard n'est composé que de vapeurs aqueuses, il est inodore, et ne paraît pas nui-

sible à la santé; mais il s'y mêle souvent des exhalaisons âcres, salines, délétères, qui le rendent très-mal-
sain. Alors son odeur est forte, il affecte les yeux, et
endommage gravement les végétaux, surtout les blés.
Nous avons vu, en 1827, les brouillards du printemps
amener, ou plutôt développer un déluge d'insectes,
de chenilles qui, se répandant sur les arbres, et principalement sur les pommiers des environs de Paris,
en dévorèrent totalement les feuilles et les fruits, en
sorte que la récolte des pommiers s'est trouvée nulle
dans ces contrées, quoique la floraison eût été magnifique avant l'arrivée des brouillards.

De la pluie.

206. Si les particules aqueuses, répandues au sein
de l'atmosphère, se réunissent ou s'agglomèrent les
unes avec les autres, suivant les lois de leur affinité,
de manière à former des gouttes plus pesantes que la
portion d'air qu'elles déplacent, dans ce cas elles
retombent sur la terre en vertu des lois de la pesanteur, et forment la *pluie*. Les molécules d'eau qui
composent ce phénomène sont quelquefois très-
grosses; c'est une preuve qu'elles tombent alors d'une
hauteur considérable, et qu'elles ont eu le temps de
se réunir plusieurs ensemble en traversant les espaces
de l'air. Au contraire, quand la pluie tombe d'une
région voisine de la surface de la terre, les gouttes
en sont très-fines, parce qu'elles sont arrivées au
terme de leur chute avant d'avoir pu composer une
forte agglomération.

207. Diverses causes peuvent concourir à former
cette réunion de particules aqueuses, qui constituent
la pluie.

1º Toutes les fois que la densité, et par conséquent la pesanteur spécifique de l'air éprouve une diminution par une cause quelconque, les vapeurs qui se trouvaient suspendues, pour ainsi dire, dans l'atmosphère, cessent d'être maintenues en équilibre, et s'abaissent ou retombent par l'excès de leur pesanteur.

2º Lorsque les vapeurs, qui avaient été raréfiées par l'action de la chaleur, sont parvenues dans une région très-élevée, le refroidissement a lieu ; elles se condensent, deviennent plus *compactes*, et sont entraînées, par l'effet de leur poids, dans les régions inférieures.

3º Si les nuages sont poussés et comprimés par des vents qui soufflent dans une direction opposée, alors les molécules aqueuses se réunissent avec facilité, et se précipitent sur la terre.

4º La réunion des particules aqueuses s'opère aussi, quand un nuage est poussé sur la terre, soit par un vent supérieur, qui se dirige de haut en bas, soit par un vent qui souffle horizontalement sous la nue, chasse l'air qui la soutenait, et l'oblige à tomber pour remplir le vide que ce déplacement subit a produit.

5º L'électricité est aussi un des principaux agens du phénomène de la pluie. En effet, lorsqu'un nuage électrisé en rencontre un autre chargé d'une électricité contraire (*V*. 86), ces deux nuages s'attirent avec violence, s'entrechoquent, et leurs molécules aqueuses se réunissent dans cette opération, se resserrent, et forment des gouttes de pluie ordinairement fort grosses.

6º La pluie redouble lorsque les particules aqueuses d'une nue orageuse ou d'une *nuée* qui se trouve dans un état puissant d'électricité, sont dispersées par l'explosion électrique; alors elles se grossissent, par l'addition des vapeurs répandues dans l'atmosphère, et tombent avec précipitation.

7° Lorsque les nuages sont électrisés positivement ou en plus, et la terre négativement ou en moins (*V*. 88), c'est-à-dire, lorsque les nuages contiennent plus que leur quantité naturelle d'électricité, et que la terre en manque momentanément, comme on peut le remarquer à l'instant d'un orage, les molécules d'eau, répandues à la surface des nuages, sont attirées par la terre et tombent en forme de grosse pluie, mais les gouttes en sont rares.

208. La pluie la plus grosse et la plus dangereuse, à raison des suites funestes qu'elle peut avoir, et des dommages considérables dont elle est toujours la cause, c'est la pluie qui tombe, lorsqu'un nuage crève subitement. Voici comment on explique la formation de ce terrible phénomène.

Quelquefois il arrive que des vents violens chassent une quantité considérable de vapeurs et de nuages contre des montagnes, où, se trouvant comme adossés, ils sont forcés de s'accumuler jusqu'à ce qu'offrant un poids supérieur à la force du vent, ils tombent en masse, se précipitent avec violence, occasionent un déluge de pluie, et inondent des contrées entières, où les eaux produisent ensuite des ravages affreux. Cet effet peut encore avoir lieu quand des vents orageux, qui soufflent suivant des directions opposées, privent subitement un nuage de la matière électrique dont il était chargé, et le condensent sous un volume d'eau considérable.

209. La quantité de pluie qui tombe, dans les différentes régions de la terre, diffère d'une manière bien remarquable. Elle est généralement très-abondante dans le voisinage des mers, des lacs, des rivières. La proximité des montagnes et des bois, qui attirent et condensent les nuages, procure aussi beaucoup de pluie.

Voici une table, extraite de l'annuaire du bureau des longitudes, qui donnera un aperçu de la quantité moyenne d'eau qui tombe dans les principales villes du monde. Cette table a été formée d'après des observations faites pendant plus de cinquante années, et continuées encore tous les jours. Il tombe année commune :

au cap Français (à St.-Domingue). . 308 centimèt.
à la Grenade (aux Antilles). 284
à Calcutta (au Bengale, Asie). . . . 205
à Kendal (en Angleterre). 156
à Liverpool (*id.*). 86
à Londres (*id.*). 53
à Paris (France). 53
à Lyon (*id.*). 89
à Lille (*id.*). 76
à Gènes (Italie). 140
à Naples (*id.*). 95
à Venise (*id.*). 81
à Utrecht (Pays-Bas). 73
à Pétersbourg (Russie). 46
à Upsal (Suède). 43

210. Ainsi, d'après cette table, il tombe près de dix pieds d'eau dans la partie de St.-Domingue, où se trouve la ville du cap. C'est-à-dire, qu'en recueil-

lant , dans un baquet , toute la pluie qui tombe pendant une année moyenne , et en ayant soin de tenir
compte de l'évaporation , on trouverait que la totalité de cette pluie formerait , au cap , un volume de
neuf à dix pieds d'épaisseur. A Paris et à Londres, la
quantité s'y trouve à peu près la même; on voit qu'elle
ne s'élève, dans ces deux villes, année commune ,
qu'à 18 ou 19 pouces. Mais une chose bien remarquable, c'est la différence énorme de l'eau qui tombe à
Londres et à Kendal, ville qui n'est cependant éloignée
que de 60 lieues de la capitale de l'Angleterre. Cette
différence provient de la position des deux villes:
celle de Kendal est située dans une vallée qui s'ouvre
vers la mer, et dans laquelle , conséquemment, les
nuages s'engouffrent avec facilité; tandis que Londres
est dans une plaine , où la quantité de pluie est toujours moindre que dans les pays montagneux.

211. Il paraît aussi que , dans un même lieu , la
quantité d'eau recueillie est d'autant moins considérable que la jauge qui sert à la recevoir est plus élevée
au-dessus du sol ; ce qui semble indiquer que les
gouttes de pluie augmentent de volume d'une manière sensible en traversant les couches inférieures
de l'air. Une différence de 4 mètres entre les niveaux
de deux jauges en occasione quelquefois une de 11
centimètres sur la quantité d'eau recueillie. (*Annuaire.*)

212. La pluie est plus abondante en été qu'en
hiver; et, quelque paradoxale que puisse paraître
cette assertion, puisque les débordemens des rivières
ne sont jamais plus fréquens que pendant l'hiver,
elle n'en est pourtant pas moins exacte : c'est que

l'évaporation est infiniment plus énergique pendant la première saison. Ordinairement dans nos climats, la pluie qui tombe en juin, juillet et août, équivaut à celle des neuf autres mois de l'année ; cependant, les jours pluvieux sont bien plus nombreux en hiver qu'en été. On a remarqué aussi que la pluie tombe en plus grande abondance le jour que la nuit. (*Id.*)

213. En réunissant dans chaque zone parallèle à l'équateur un grand nombre d'observations de ce genre, afin de faire disparaître l'effet des circonstances locales qui ont sur ce phénomène la plus grande influence, on a découvert que la quantité annuelle de pluie est bien plus considérable sous la zone torride que sous toute autre zone, et qu'elle diminue graduellement à mesure qu'on s'éloigne de l'équateur, en sorte que la pluie suit les progrès de la température des zones. Le nombre des jours pluvieux paraît suivre une marche inverse; ainsi, ce nombre, qui s'élève annuellement à 134 sous la latitude de Paris, est déjà de 161 dans la zone comprise entre le 51e et le 60e degré de latitude septentrionale. Les observations ont offert généralement le même résultat dans les zones méridionales.

214. Nous avons déjà annoncé que la quantité de la pluie est fort différente suivant les climats, et qu'il est des contrées où les pluies sont absolument nulles, ou du moins très rares. Par exemple, il ne pleut presque pas en Barbarie, dans les déserts de l'Afrique, en Arabie et dans les autres pays méridionaux de l'Asie. C'est aussi un fait bien avéré qu'il ne pleut jamais au Pérou; mais, pendant une grande partie

15

de l'année, l'atmosphère est constamment obscurcie
par d'épaisses vapeurs, ou des brouillards qu'on
nomme *garuas*. (*V*. 202.) La même disette de pluie
se fait remarquer sur une grande partie de la côte
occidentale de l'Amérique, depuis le cap Blanc jusqu'à
Coquimbo. Il pleut, au contraire, pendant les trois
quarts de l'année sur les côtes de Guinée, dans
l'isthme de Panama et dans les pays qui s'étendent
depuis le cap' Lopez jusqu'à l'équateur. On assure
qu'il tombe tous les ans, sur la côte de Malabar en
Asie, 7 à 8 pieds d'eau. Enfin, il est des contrées,
entre autres sous la zone torride, sur la côte orientale
de l'Amérique, sur la côte occidentale de l'Afrique,
où les pluies régnent seulement pendant certaines
saisons. On sait aussi qu'elles durent six mois en
Éthiopie (Afrique), depuis le commencement d'avril
jusqu'à la fin de septembre, et qu'on attribue à ces
longues pluies le débordement périodique du Nil, en
Egypte.

215. Tous ces effets sont dus à l'influence des vents
aussi bien qu'à la nature du sol et à la sécheresse du
climat. Pour les expliquer, il suffira de comprendre
la théorie que nous avons développée ci-dessus. Nous
ajouterons seulement une observation générale : c'est
que, plus une contrée se trouve desséchée par suite
de la chaleur et du beau temps, plus il est certain
que la pureté du ciel sera durable, parce que les vapeurs, qui s'étaient élevées dans les premiers beaux
jours, se trouvant dans un état de dissolution parfait, et n'éprouvant presque aucune addition, puisque, dans le cas d'une extrême sécheresse, l'évaporation est à peu près nulle, ces vapeurs, dis-je, n'ont

point de tendance à se réunir, et conséquemment elles ne peuvent causer aucune révolution dans l'atmosphère. C'est ainsi qu'en 1825 nous avons éprouvé à Paris une sécheresse constante pendant quatre mois continuels, c'est-à-dire depuis le commencement de mars jusqu'à la fin de juin. Le changement de temps ne provient guère alors que d'un bouleversement atmosphérique qui s'opère dans une contrée plus éloignée.

Influence de la pluie.

216. Les pluies sont, pour ainsi dire, les sources de la fertilité : elles humectent, ramollissent et pénètrent la terre; elles servent de canal pour y faire redescendre les gaz fécondateurs et les émanations qui s'en étaient échappés. Les plantes desséchées par la chaleur du soleil périraient bientôt, si une pluie bienfaisante ne venait pas les rafraîchir et les désaltérer, entretenir leur souplesse, développer les germes dans le sein de la terre, et réunir les principes de la sève, dont elle peut être regardée comme le véhicule. Voyez, après quelques jours de sécheresse, comme les fleurs inclinées se relèvent, et semblent renaître sous la douce influence de la pluie; leur corolle, déjà flétrie, s'épanouit de nouveau, et paraît s'ouvrir encore aux caresses des zéphyrs. Ainsi, malgré les conséquences fâcheuses que peuvent avoir les pluies violentes et de longue durée, comme ce ne sont jamais que des effets passagers et accidentels, les avantages qu'elles procurent généralement n'en sont pas moins inappréciables. Il est même certain que les inondations causées par le débordement des fleuves,

des rivières et des torrens, à la suite des pluies abondantes, ont, sous un rapport, leur utilité, car elles amènent et déposent dans les vallées et dans les plaines une terre molle, un limon fécondant qui en augmente la fertilité.

217. Au reste, c'est du midi que viennent ces pluies chaudes et abondantes qui vont porter la fécondité par tout le globe. Comme les pays qui sont sous l'équateur sont les plus chauds de la terre, c'est là qu'il doit aussi se dissoudre le plus d'eau. En effet, c'est sous la zone torride que la pluie et les orages se manifestent avec le plus d'énergie. Lorsque le soleil est dans le tropique du cancer, c'est-à-dire depuis mars jusqu'en septembre, les orages et les pluies sont si abondans dans les contrées voisines de ce tropique, que les végétaux y pourrissent; la culture y devient infructueuse. C'est alors, pour la terre, la saison du repos : c'est l'hiver de ces climats. Lorsque le soleil décrit le tropique du capricorne, ou depuis septembre jusqu'en mars, l'air est plus tempéré; les chaleurs, moins violentes, ne produisent que des pluies fécondantes. C'est la saison de la culture et de la récolte des fruits. Ainsi, tandis que nos contrées sont couvertes de neige et de frimas, les pays qui avoisinent le tropique du cancer jouissent des douceurs de l'été; et, pendant notre été, les habitans de ces contrées ont alternativement une chaleur insupportable ou des orages affreux.

218. En général, on a observé qu'une pluie froide convient mieux aux productions de la terre qu'une pluie chaude. Un fait constant, et nous venons de le dire, c'est que les pluies d'été continuelles occasio-

nent facilement la pourriture ; aussi quand il pleut avec abondance pendant les mois de juin, juillet et août, les récoltes sont médiocres ; au contraire, l'année est très fertile, si les pluies règnent en avril ou en mai.

Nous donnerons à la fin de ce chapitre une explication des différens phénomènes connus sous les noms de *pluie de sang*, *pluie de pierres*, *pluie de coton*, etc.

ARTICLE IV.

Des trombes.

219. Les trombes sont des colonnes d'eau, présentant la forme d'un cône ou d'un pain de sucre renversé, c'est-à-dire, dont la pointe est en bas. Si l'on suppose que deux vents opposés pressent le même nuage, et qu'en agissant énergiquement, ils le forcent à s'allonger, en tournant sur lui-même, on aura l'idée du phénomène que nous expliquons. Il est évident que, dans ce mouvement de rotation, les molécules d'eau sont jetées, par une force centrifuge, à la surface de la trombe, et que l'intérieur de la colonne est absolument vide ; et comme les trombes, dont le sommet s'élève jusqu'aux nues, appuient leur base inférieure sur la terre, il paraît que le centre du météore produit l'effet d'une pompe aspirante, par le moyen de laquelle *tous les objets* qui se trouvent sous le passage d'une trombe sont entraînés dans sa sphère d'activité et sollicités à monter jusqu'au point le plus élevé, d'où ils s'échappent rapidement, et sont lancés souvent à une grande distance. Voici comment on

peut expliquer encore le mouvement d'ascension dans les trombes : La force centrifuge dont nous avons parlé lance les molécules aqueuses suivant une direction horizontale, mais la force générale qui les attire au centre de la terre les oblige à s'incliner, et la force de rotation, se combinant avec ces deux premières forces, produit dans l'intérieur de la trombe une espèce de spirale, ou de vis, le long de laquelle glissent, pour ainsi dire, les corps qui se trouvent entraînés dans la sphère d'activité du phénomène.

220. Comme les trombes sont ordinairement accompagnées d'un bruit analogue à celui d'un roulement du tonnerre, qu'elles ont été remarquées par un temps généralement calme, c'est-à-dire que l'agitation de l'air ne se manifestait qu'à peu de distance autour du météore, qu'il en jaillit au loin de la pluie mêlée de grêle, que ce phénomène a la force d'attirer à distance une masse d'eau considérable, puisqu'on a vu quelquefois des ruisseaux et des torrens desséchés par l'action des trombes, on a lieu de croire que la puissance de l'électricité s'unit, pour les produire, à la première cause que nous avons énoncée : l'action des vents. En effet, il est démontré que le fluide électrique tend sans cesse à se mettre en équilibre avec une énergie effrayante. Ainsi, quand un nuage fortement électrisé passe assez près d'un corps dont l'électricité est moins puissante, il exerce son action sur ce dernier corps et l'attire avec violence : c'est aussi l'observation qu'on a faite à l'égard des trombes qui arrachent les arbres, enlèvent les toits des maisons, et sur mer engloutissent les vaisseaux. Au bout d'une heure, car les trombes ne durent guère

davantage et se dissolvent souvent après quelques
minutes, le fluide, moins accumulé, a perdu de son
énergie en se communiquant, et le phénomène se
dissipe insensiblement, ou bien il crève avec fracas,
s'il rencontre un obstacle assez puissant pour l'arrêter au milieu de sa course.

221. Les marins ont long-temps redouté et craignent encore beaucoup l'approche des trombes.
Quand ils en aperçoivent une, ils s'occupent du soin
de la détruire, en produisant dans l'air de fortes
commotions par des décharges de grosses pièces de
canon, ou bien en la rompant par le moyen des boulets qu'ils lancent au travers, plutôt que de faire des
observations toujours dangereuses, vu l'extrême rapidité et l'irrégularité de la marche du phénomène.
D'ailleurs, les pierres et les débris d'arbres qui sont
lancés au loin, obligent l'observateur à se tenir à
quelque distance, s'il ne veut pas périr victime de sa
curiosité.

222. Ce météore est assez fréquent sur la mer Méditerranée et dans toutes les plages méridionales. Le
lac de Genève est aussi quelquefois le théâtre de pa-
reils phénomènes. L'Histoire de l'Académie des Sciences parle d'une trombe qui s'éleva sur ce lac en 1741,
et qui ne dura que quelques minutes. On assure qu'un
de ces terribles météores se forma en 1764, au mois
d'août, sur ce même lac, et qu'il y resta suspendu
pendant plus d'une heure. Il paraît que les trombes
sont assez rares sur terre. En 1775, le 16 juillet, il
en parut une fort considérable au milieu de la campagne, non loin de la ville d'Eu, en Normandie.
L'Histoire de l'Académie des Sciences décrit un de

ces phénomènes qui exerça ses ravages, en 1726, à Capistran, près Béziers, en Languedoc. On a remarqué que cette province fut souvent ravagée par de semblables météores. En 1780, par exemple, elle fut encore le théâtre d'une trombe, dont les effets furent aussi singuliers que terribles. Les détails nous en ont paru assez curieux pour être rapportés ici.

223. Ce phénomène eut lieu le 3 novembre, à une lieue, au sud-est de Carcassone, vers les cinq heures du soir. Le 28 du mois précédent, on avait observé dans cette contrée une aurore boréale très intéressante. Dans l'intervalle de temps qui sépara les deux phénomènes, des vents violens régnèrent constamment, et des orages journaliers avaient versé des torrens de pluie et de grêle sur divers cantons du voisinage. Le météore fut d'abord aperçu par des ouvriers qui travaillaient près de la petite rivière de l'Aude; ils virent ce phénomène comme un nuage noir et épais, qui rasait la terre, et qui s'avançait vers eux avec un grand bruit, suivant la direction d'un vent de nord-est qui soufflait en ce moment. Au même instant ils se virent enveloppés, et un bateau, qui se trouvait sur la rivière, tournoya rapidement sur lui-même. A ce spectacle, les ouvriers effrayés s'enfuirent et observèrent de loin la marche du phénomène, dont la largeur paraissait illimitée et occupait toute l'étendue du vallon : la hauteur en était considérable. La trombe se dirigeait vers un village voisin, obéissant toujours à l'action du vent : bientôt ils l'entendirent mugir avec fureur, et s'aperçurent qu'elle lançait à une grande hauteur deux jets de sable qui se croisaient sous un angle fort ouvert; alors elle resta station-

naire pendant près de trois quarts d'heure au bas du
coteau, sur la rive droite de la rivière, s'exerçant sur
des peupliers et des arbres fruitiers, qu'elle déraci-
nait et tordait avec une violence extraordinaire. Là,
prenant de nouvelles forces et se dirigeant vers un
autre coteau, celui de Confolens, elle fondit sur les
arbres de cette rive, en rompit plusieurs et en dispersa quelques autres; puis, s'élevant sur la cîme du
coteau, elle détruisit des plantations d'oliviers; des
vignes furent arrachées en partie, en partie desséchées. Réfléchie par le coteau, elle parut se porter
sur un village voisin, sous l'aspect le plus menaçant
et avec un bruit qui imitait les éclats redoublés du
tonnerre. Les habitans, effrayés, courent au château, avertissent le propriétaire. Celui-ci, à la vue
du danger qui le menace, se réfugie dans une espèce
de réduit dont il ferme précipitamment la porte;
mais déjà le phénomène agissait dans ses appartemens. Tout-à-coup il entend un bruit horrible, semblable au fracas que produirait la ruine subite de plusieurs édifices qui s'écrouleraient en même temps;
déjà il ne pouvait plus résister à l'effort qui poussait
la porte de sa retraite, lorsque le bruit épouvantable
qu'il entendait, parut cesser subitement avec le météore qui l'avait causé.

Mais le château n'offrait plus qu'un triste monceau
de ruines et de décombres; les fenêtres brisées, les
portes arrachées avec leurs gonds, le pavé des apartemens soulevé et comme pilé, les rideaux des croisées déchiquetés, les cloisons renversées, les plafonds
crevés, les cheminées abattues, les toits emportés,
toutes les écuries, tous les magasins découverts : voilà

le spectacle affreux qui se présente aux regards du propriétaire, au milieu de l'agitation qu'il éprouve en sortant de son obscur réduit. Mais ce n'est pas tout : il promène ses regards autour du château, et découvre une centaine de maisons dans l'état le plus déplorable ; les toits emportés ou écrasés, des murs renversés, des meules de grains dispersées dans la campagne, toutes les plantations absolument ruinées ; d'un côté, des cerisiers vigoureux avaient été arrachés, malgré la résistance de leurs racines qui s'étendaient à plus de 7 pieds de longueur ; d'un autre côté, de gros frênes se trouvaient tout ébranchés, et les plus grosses branches lancées à 20 toises de distance. Enfin, le feuillage des haies vives qui bordaient l'avenue du château semblait avoir été dévoré par les flammes.

L'observateur à qui nous devons cette relation, rapportée dans le Journal de Physique de l'abbé Rozier, a remarqué certaines circonstances qui semblent prouver la présence de l'électricité dans ce terrible météore.

Ainsi, quoique le pavé des apartemens eût été généralement soulevé, cependant on remarquait dans une pièce qu'il ne l'avait été que partiellement, et que des tas de faïence qui le couvraient avaient été épargnés. Dans une autre pièce, un miroir, appuyé sur une cheminée sans être attaché, avait été dépouillé de son cadre ; les éclats en étaient dispersés tout autour, et la glace était restée inclinée comme auparavant sans être endommagée. La trombe ne s'était pas attachée seulement aux métaux, aux barres de fer, elle s'était exercée indistinctement sur tous les meu bles qu'elle avait rencontrés, et les avait, en quelque sorte, pelotés et fracassés. On remarquait aussi sur la partie du toit que le phénomène n'avait pas atteint, de gros cailloux du poids de six et même dix livres, que la trombe y avait transportés. On voyait même un arbre entier qui paraissait déposé sur le toit d'une habitation du village.

On observait aussi que cette trombe n'avait pas été suivie de pluie, mais qu'au moment de sa formation on essuya, vers l'endroit où elle avait pris naissance, une averse extraordinaire, et que des orages se succédèrent continuellement pendant quelques jours, immédiatement après le passage du météore.

Les journaux français parlèrent encore des effets d'une nouvelle trombe, qui parut en 1826 dans les mêmes cantons, enleva le toit d'un château, en un mot, offrit à peu près les mêmes singularités, et occasiona les mêmes désastres que celle dont nous venons de rapporter une description détaillée. Ce serait tomber dans des redites que de nous arrêter plus long-temps sur ce phénomène.

ARTICLE V.

De la gelée blanche et du givre.

224. Jusqu'ici nous avons considéré les molécules d'eau, soit sous la forme de liquide, soit réduites en vapeurs par l'action d'une température élevée. Nous allons maintenant les considérer sous une autre forme, qu'elles doivent au décroissement de la température. En effet, lorsque la chaleur, qui pénètre la terre pendant le jour, manque d'une intensité suffisante

pour compenser la perte du calorique que le rayonnement enlève aux plantes pendant la nuit (*v.* 199),
les vapeurs, après s'être déposées en forme de gouttelettes sur les plantes ou sur les autres corps exposés
à l'air libre, comme nous l'avons observé dans le
phénomène de la rosée, continuant de rayonner
le calorique qui les tient à l'état liquide, finissent
par se condenser sous la figure de petites parcelles
de glace éminemment propres à réfléchir la lumière.
Aussi paraissent-elles à nos yeux d'une couleur blanche assez vive. Les plantes et la surface de la terre
en sont couvertes dès le matin. C'est ce phénomène
que tout le monde connaît sous la dénomination de
gelée blanche, phénomène assez fréquent dans nos
climats aux premiers jours du printemps. Quand la
terre est sèche, ces gelées n'ont rien de dangereux
pour les jardins ou pour les campagnes; mais après
une pluie, s'il survient une gelée blanche, les gouttes
d'eau qui se sont attachées aux germes des plantes,
aux bourgeons des vignes, ou qui ont pénétré dans
la corolle et se sont attachées au pistil des fleurs des
abricotiers et des pommiers, ces gouttes d'eau, se
trouvant saisies par le froid, attirent et pompent,
pour ainsi dire, du sein de la plante, le calorique
qui, cherchant à se mettre en équilibre, abandonne
le germe où il était renfermé. Telle est la cause de
ces gelées d'avril ou de mai, qui, dans nos contrées,
deviennent quelquefois extrêmement funestes aux
vignes et aux arbres fruitiers précoces, et trompent
si souvent les espérances du cultivateur en ruinant,
dans l'espace d'une nuit, les trois quarts de sa récolte.
Le même effet peut avoir lieu sans qu'il pleuve dans

les vallons un peu bas, où l'humidité se conserve facilement. Enfin, il est aisé de conclure de cette
théorie un fait prouvé par l'expérience : c'est qu'en
général les gelées blanches sont plus fortes dans les
lieux bas et humides que dans les endroits secs et
élevés.

225. Ce phénomène est soumis généralement aux
circonstances qui concourent à la production de la
rosée; ainsi la pureté du ciel est indispensable à la
formation des gelées blanches. Mais un fait particulier à cette espèce de météores, c'est qu'on ne les
observe que le matin. Aussitôt que le soleil paraît, il
dissout les petites molécules de glace dont la terre et
les plantes sont couvertes, les résout en vapeurs, les
soulève dans l'atmosphère sous cette nouvelle forme,
et comme dans cette circonstance la température de
l'air est généralement froide, ces vapeurs se condensent avant d'être parvenues jusqu'à une région bien
élevée, et retombent en pluie presque toujours dans
la même journée. Aussi une gelée blanche est-elle le
présage à peu près certain d'une pluie prochaine.

226. Cependant il peut arriver que l'évaporation
soit tellement abondante au lever du soleil, que les
rayons de cet astre se trouvent interceptés par la masse
des vapeurs qui obscurcissent l'atmosphère. Dans ce
cas, la température reste constamment froide, surtout à quelques pieds au-dessus de la surface du sol.
Alors les vapeurs se congelant instantanément, s'attachent à la barbe et aux vêtemens des voyageurs,
aux murailles qui sont exposées à l'air libre, couvrent
les arbres de petites croûtes de glace d'une blancheur
éclatante, qui produisent un effet assez curieux ; il

semble alors que les branches soient chargées de
fleurs. Ce phénomène, qui n'est autre chose qu'une
gelée blanche continuée, se désigne particulièrement
sous le nom de *givre*.

C'est encore une espèce de givre qui s'attache intérieurement aux carreaux des apartemens habités,
pendant les grands froids. D'abord, ce sont des
gouttelettes d'eau provenant des couches de l'air intérieur qui, se trouvant porté contre les vitres, et
privé de son calorique par l'effet du rayonnement,
abandonne les vapeurs qu'il tenait en dissolution.
Ces vapeurs se condensent, s'arrêtent sur les carreaux de verre dont la vertu rayonnante a déjà été
démontrée (*V*. 200), et si le froid extérieur devient
assez vif, elles se convertissent en glace, et représentent souvent des figures fort singulières, qu'on explique soit par les modifications qu'impriment, à la
cristallisation des vapeurs, les gaz de diverse nature
qui s'y trouvent mêlés, soit par les sillons ou les rugosités imperceptibles qui se multiplient sur la surface
du verre. D'ailleurs les rayons lumineux, en traversant cette croûte de glace, se brisent, se réfractent,
en un mot éprouvent différens phénomènes que nous
avons exposés à l'article de la lumière. (*V*. 45).

227. Nous avons parlé du dommage que les gelées
blanches occasionent quelquefois aux différentes productions de la terre ; ces météores sont cependant
utiles sous un rapport en détruisant les œufs des chenilles et des insectes qui, sans cette destruction, cau-
seraient bien d'autres ravages aux campagnes. Cela
est si vrai, qu'il existe peu d'insectes pendant l'été,
quand les gelées blanches ont été fortes au printemps.

ARTICLE VI.

DE LA NEIGE.

228. L'action du froid sur les vapeurs atmosphériques est aussi la cause de la *neige* et du *grésil*. Le
premier de ces deux phénomènes a lieu quand l'atmosphère est assez refroidie pour convertir en glace
les molécules d'eau qui s'y élèvent. Il se forme alors
dans les régions supérieures des parcelles de glace
extrêmement minces, qui, soumises à l'influence du
vent, se rapprochent les unes des autres, s'entrechoquent, s'unissent par l'effet du contact, et produisent
des flocons souvent fort gros quand ils parviennent
à terre. La dimension des flocons est relative à la hauteur de la région où la neige se forme, car on sent
que plus l'espace que la neige traverse est vaste,
plus les chances de contact sont nombreuses. Ainsi,
quand la température n'est qu'à 0°, ou seulement à
quelques degrés au-dessous, les flocons sont bien
plus larges, parce que les vapeurs ne se gèlent que
dans une région fort élevée. Une seconde cause contribue, sans doute encore, à grossir les flocons, dans
le cas d'une température douce, comme est celle de
la glace fondante ; c'est l'action de la chaleur ou du
calorique qui, en pénétrant entre les molécules de la
neige, les écarte sans les désunir, et les détermine à
tomber sous un volume plus considérable. Aussi la
chute des gros flocons est-elle moins rapide que celle
de la neige la plus fine.

229. Il est prouvé que les plus petits flocons sont
eux-mêmes composés de particules extrêmement fines,

qui présentent, à l'œil de l'observateur, un assemblage de six rameaux oblongs, formant une espèce d'étoile autour d'un centre. Assez souvent ces figures sont régulières, et ressemblent presque toujours à des étoiles à six pointes. On prétend que les flocons qui tombent dans un même jour, ou plutôt du même nuage, sont absolument semblables quant à la figure, car ils varient beaucoup en grosseur, et qu'ils sont tous composés d'un même nombre de ramifications, disposées de la même manière, autour d'un centre commun, sur chaque flocon.

Quelques physiciens ont pensé que cette régularité constante dans la figure des flocons, avait pour causes les particules salines qui flottent dans l'air, et qui, se mêlant avec les vapeurs, les obligent à se cristalliser, en forme de neige, dès que le froid les saisit. Les vapeurs en se gelant, disait-on, se rassemblent autour des particules salines qui en forment le noyau, et il en résulte un hexagone ou toute autre figure régulière.... Mais ne serait-il pas possible que la congélation fût une véritable cristallisation, et qu'il fût de la nature de l'eau de se cristalliser en forme d'étoile hexagone, comme il est de la nature du sel commun de prendre, en se cristallisant, la forme cubique. Au reste, il est probable que les exhalaisons qui se mêlent avec les molécules d'eau, converties en glaçons, contribuent aussi à donner à la neige une forme plus ou moins régulière.

230. Au moment de la chute de la neige, la température s'élève de quelques degrés, et le froid diminue. Cet effet s'explique parfaitement par les lois du rayonnement terrestre. (*V.* 196.) Car si la con-

dition d'un ciel serein est nécessaire pour que la terre
rayonne librement son calorique vers les espaces célestes, si les moindres nuages sont un obstacle au
rayonnement de ce calorique, on comprendra sans
peine que la neige, en tombant, formera un obstacle d'autant plus énergique, qu'elle se range dans
la catégorie des corps que nous nommons *mauvais
conducteurs* de la chaleur (*V.* 68), et qu'elle devient
comme une espèce d'écran placé le plus près possible
du foyer calorifère.

231. Quant à la blancheur éclatante de la neige,
elle a pour cause la disposition particulière des molécules, qui, permettant à l'air de pénétrer dans les
interstices, rend les surfaces extérieures des ramifications éminemment propres à réfléchir le rayon
lumineux. (*V.* 49.)

Des avalanches.

232. Personne n'ignore que la neige peut se presser, se condenser, de manière à former un volume
bien moindre que celui sous lequel elle gît naturellement sur la terre. On sait aussi que la chaleur la
rend extrêmement compacte, au lieu qu'un froid vif
la dissout en poussière et ne permet pas de la réduire
en pelote. Cette propriété (la condensation) occasione une grande diminution d'épaisseur dans un
tas de neige, au bout de quelques jours qu'il est sur
la terre. C'est la même cause qui fait baisser les masses énormes qui couvrent, en toutes saisons, les som-
mets des plus hautes montagnes. La neige alors
devient plus dense, et s'agglomère quelquefois, en

roulant sur la pente des montagnes, jusqu'au point de composer un monceau capable d'engloutir les habitations, de déraciner les arbres et de les entraîner dans la rapidité de son cours, d'occasioner dans l'air une violente agitation, accompagnée d'un bruit effrayant, enfin de répandre l'alarme dans tout le voisinage. C'est là le phénomène des *avalanches*, phénomène terrible et si commun dans les Alpes, que les voyageurs en deviennent souvent les victimes. Pour prévenir ce malheur, autant qu'il est possible, on a soin, avant de se mettre en route dans les montagnes, de tirer quelques coups de pistolet, afin de déterminer, par l'ébranlement de l'air, la chute des masses de neige qui seraient près de s'écrouler. Une avalanche a des principes extrêmement minimes : quand elle commence à se former, ce n'est souvent qu'une boule peu compacte, grosse comme la tête d'un homme ; mais semblable à la renommée qui s'accroît dans sa course, ou telle qu'un fleuve impétueux qui se grossit des torrens et des ruisseaux voisins, quand l'avalanche parvient au pied des Alpes, elle peut engloutir des villages entiers. Aussi a-t-on la précaution, dans ces contrées, de construire les habitations au pied d'un rocher qui puisse les garantir de la chute des avalanches.

233. Outre la condensation, qui ne fait décroître la neige qu'en apparence, l'évaporation en diminue aussi le volume ; et cette dernière cause a un effet réel, car la neige étant composée de petits glaçons dont l'union est très-imparfaite, présente une infinité de surfaces à l'influence de l'air, cause première de l'évaporation. Aussi, quand il ne tombe que deux

pouces de neige, un vent sec la fait promptement disparaître, même au plus fort de la gelée.

Effets bienfaisans de la neige.

234. Si nous considérons la neige dans ses rapports avec les lois de la nature, nous reconnaîtrons combien ce phénomène est important pour la fructification des biens de la terre. Premièrement, les masses qui séjournent éternellement au sommet des montagnes alimentent, en se fondant par leur base, les fleuves et les rivières, qui ont toujours leur origine aux points les plus élevés du globe. Deuxièmement, les sels, dont la neige est imprégnée, en pénétrant dans les plantes et dans la terre pendant qu'elle en couvre la surface, contribuent puissamment à la fertilité. C'est pour cela qu'il est ordinaire d'avoir d'abondantes récoltes lorsqu'il est tombé beaucoup de neige pendant l'hiver. Troisièmement, ce météore fait périr une foule d'insectes et d'animaux nuisibles aux campagnes, soit par le froid qu'il répand, soit par la difficulté que ces animaux éprouvent à se pourvoir de subsistance pendant que la terre est couverte de neige. Ainsi, on a remarqué qu'il ne paraît presque pas de chenilles ou d'autres insectes les années dont l'hiver précédent a été rigoureux et marqué par le séjour prolongé de la neige dans les campagnes.

235. Ce phénomène produit encore un effet que l'expérience a prouvé depuis long-temps : c'est qu'il garantit les semailles de l'action des froids excessifs qui règnent ordinairement quand la neige est répandue sur la terre avec une certaine épaisseur. Le redoublement du froid, dans cette circonstance, pro-

vient incontestablement de celui que la neige répand
naturellement ; en d'autres termes, pour parler plus
exactement, puisque le froid n'est que la diminution
ou l'absence de la chaleur, l'effet que nous examinons
ici est produit d'abord par l'absorption du calorique,
qui se répand dans la neige pour se mettre en équilibre, ensuite par l'espèce d'attraction que les couches froides de l'atmosphère supérieure exercent
également sur le calorique des couches inférieures.
(*V*. 196). L'énergie de ces premières causes augmente
encore d'intensité, parce que les vapeurs chaudes qui
s'exhaleraient de la terre, étant retenues dans son sein
par la croûte de neige qui intercepte leur passage, ne
peuvent obscurcir la sérénité de l'air. Aussi est-il ordinaire d'avoir une suite de jours sans nuage après la
chute de la neige.

D'un autre côté, cette même couche de neige,
ayant un pouvoir conducteur extrêmement faible,
oppose, pour peu qu'elle ait d'épaisseur, un obstacle
presque insurmontable au passage du *froid atmosphérique* dans le sol qu'elle recouvre. Mais, ajoute
ici M. Arago, ce n'est pas là seulement que se borne
son utilité : la neige fait aussi l'office d'un écran, et
empêche, par sa présence, que le sol qu'elle abrite
n'acquière la nuit, en rayonnant vers le ciel quand
il est serein, une température de plusieurs degrés
inférieure à celle de l'air. C'est à sa surface que s'o-
père ce genre de refroidissement ; et à cause du
manque de conductibilité, le sol y participe à
peine.

ARTICLE VII.

Du grésil et de la grêle.

236. Quand le froid des régions élevées de l'atmosphère saisit subitement des molécules d'eau d'une certaine grosseur au moment de leur chute, ces molécules se convertissent en petits grains de glace, dont la blancheur est en raison inverse de leur densité, c'est-à-dire que les grains les plus tendres sont les plus blancs, sans doute parce que, semblables à la neige, ils se composent d'une agglomération de petites parcelles de glace qui réfléchissent parfaitement le rayon lumineux. C'est là ce qu'on appelle le *grésil,* phénomène qui n'est guère commun qu'au printemps et en automne. Comme l'air, dans ces saisons, est alternativement chaud et froid, les flocons de neige qui tombent des régions supérieures de l'atmosphère, commencent à se fondre en passant par une couche d'air à température douce, et la neige se forme en petits pelotons. S'il arrive que dans leur chute ils traversent un air plus froid qui arrête leur dissolution, ils tombent en entier sur la terre sous la forme d'un grésil dont les grains ont souvent une figure conique. En voici vraisemblablement la raison. Quand les flocons de neige commencent à se fondre, l'eau qui en provient coule au bas du flocon par l'effet de sa pesanteur, et augmente ainsi le diamètre de la partie inférieure. Il en résulte qu'en traversant un air suffisamment refroidi, ces flocons achèvent de se geler en totalité, et la couche d'eau qui les recouvre se convertissant subitement en glace, il se forme de la

grêle demi-transparente, dont la forme est celle d'un petit cône.

237. La grêle n'est qu'une espèce de grésil beaucoup plus gros, et qui présente dans sa nature des circonstances particulières. Un grêlon paraît quelquefois être exactement un glaçon qui s'est formé d'une grosse molécule d'eau privée instantanément de la chaleur qui la tenait en dissolution. Il est probable que le grêlon n'est pas fort gros au moment de sa formation; mais en traversant les couches inférieures de l'atmosphère, il se couvre d'une certaine quantité de vapeurs aqueuses qui se gèlent au moment du contact avec la glace, et il grossit ainsi jusqu'à parvenir quelquefois à la grosseur d'une noix et même d'un œuf, puisqu'on en a ramassé du poids d'une demi-livre et même de neuf onces.

238. La grêle ne manque pas de dureté, et comme elle est formée d'un seul morceau de glace, elle paraît plus transparente que le grésil; aussi réfléchit-elle moins énergiquement les rayons de lumière. Sa couleur est ordinairement grisâtre. Quant à la forme de la grêle, il serait difficile de la préciser d'une manière positive : tantôt elle est sphérique; c'est le cas le plus rare; tantôt c'est un petit globule sur lequel on remarque des pointes, des arêtes, des angles; quelquefois ce sont des tranches d'un petit cylindre. Telles sont les formes qu'on obtiendrait en coupant une cheville de bois en plusieurs morceaux. Enfin, la figure de la grêle varie au point qu'il est impossible de la renfermer dans des limites incontestables. Il paraît toutefois que la forme sphérique ou épaisse est une conséquence de celle qu'affectent naturelle-

ment les gouttes de pluie, tant par l'attraction mu-
tuelle des particules qui les composent, que par suite
de la difficulté que l'eau éprouve à s'unir avec l'air
qui la presse également dans tous les sens.

239. Il peut arriver que plusieurs grêlons s'unissent dans leur chute et se gèlent ensemble. Il en
résulte un changement dans la figure de la grêle. En
effet, la plus grosse est tantôt conique ou pyramidale,
tantôt hémisphérique ou anguleuse. Le vent contribue aussi à troubler la forme sphérique des grêlons ;
car en agissant sur les gouttes d'eau, il peut les apla-
tir, ou bien les rendre concaves ou anguleuses ; et
quand ces gouttes se convertissent ensuite en glaçons,
elles conservent la même figure. C'est pour cela qu'il
est rare de voir des grains de grêle parfaitement sphériques, car leur chute est ordinairement accompagnée
d'un vent violent. Mais une chose assez constante
parmi toutes ces variétés, c'est que les grains qui
tombent dans le même orage ont tous à peu près la
même forme, ou sphérique, par exemple, ou cylindrique, etc.

Théorie de la grêle.

240. Le rayonnement dont nous avons eu lieu d'exposer les lois à l'égard de la rosée et de la gelée
blanche, va nous prêter encore son secours pour
l'explication du phénomène de la grêle. Jusqu'à présent nous nous sommes bornés à considérer le calorique comme rayonnant de la surface de la terre vers
les espaces célestes. Il s'agit maintenant de transpor-
ter le siége de nos observations dans des régions plus
élevées, et de concevoir que le rayonnement s'opère

à toutes les hauteurs imaginables vers le ciel; et ce
n'est point ici une de ces hypothèses que l'imagination enfante et que l'observation vient renverser aussitôt. Le froid qui réside éternellement sur les hautes
montagnes du globe, celui que ressent un aéronaute
observateur, quand il s'élance, à l'aide de son ballon,
jusque dans les parties supérieures de l'atmosphère;
tout nous prouve de la manière la plus incontestable
que le rayonnement n'est pas limité à la surface de
la terre. Et quoique nous ayons remarqué que l'absence du soleil et la pureté du ciel sont des conditions
nécessaires pour le rayonnement, il n'en est pas
moins prouvé qu'à certains degrés d'élévation dans
l'atmosphère, la chaleur que répand le soleil se trouve,
pour ainsi dire, compensée et détruite par le pouvoir rayonnant des corps exposés à l'air libre. D'un
autre côté, les vapeurs, à quelque degré d'élévation
qu'elles parviennent, sont continuellement soumises,
du moins par leur surface supérieure, à l'influence
d'un ciel pur et constamment serein. Cela posé, il
sera facile d'expliquer ou de comprendre la formation de la grêle.

241. En été, c'est la saison où ce phénomène est
le plus commun, l'atmosphère se trouve, après quelques jours d'une chaleur violente, saturée de vapeurs
qui se portent, par l'effet de leur ténuité, dans une
région fort élevée. Tant que le calorique terrestre
augmenté de celui que lance sans cesse l'astre du
jour, rayonne librement vers le ciel, ces vapeurs
restent dans l'état gazeux, et se trouvent répandues
au sein de l'air sans en troubler la transparence, jusqu'à ce que, saisies par le froid des hautes régions

atmosphériques, elles se condensent et prennent la forme de nuages.

Il est évident que ces nuages, comme des espèces d'écrans, interceptent le passage du calorique terrestre, et que plus la nuée aura d'épaisseur, plus l'obstacle qu'elle offrira deviendra remarquable. Mais les molécules d'eau qui composent un nuage doivent toujours être plus condensées vers la terre que du côté du ciel; c'est une suite des lois de la pesanteur. Il en résulte que le rayonnement terrestre, arrêté dans sa marche par un corps à peu près opaque, et dont la vertu conductrice est extrêmement faible, se réfléchit de nouveau, et cause ces chaleurs étouffantes qui règnent au moment d'un orage.

242. L'effet contraire se manifeste à la partie supérieure de la nuée. Là le rayonnement agit librement, et l'emporte sans doute à raison de l'élévation, sur le pouvoir échauffant des rayons du soleil. Cet effet se prouve par l'analogie; il suffit de se rappeler que des glaces éternelles couvrent le sommet des montagnes, malgré l'influence des rayons solaires. Les molécules aqueuses se trouvant donc saisies presque subitement par un froid plus ou moins intense, se convertissent en glaçons de diverses grosseurs. On voit ainsi pourquoi, dans une même averse, les grêlons ont une dimension à peu près égale. Si cette cause ne paraît pas suffisante pour expliquer la formation des grêlons quelquefois énormes qui tombent d'une nuée, elle nous semble du moins rendre parfaitement raison de l'origine des noyaux primitifs. Une fois ces noyaux formés, ils grossissent probablement en gelant, dans leur passage à travers l'at-

mosphère, et surtout à travers les nuages, les molécules d'eau qu'ils rencontrent, et en se couvrant
ainsi de couches de glace continuellement superposées.

Au reste, il est probable qu'on ne pourra jamais
expliquer toutes les circonstances du météore, si
l'on s'attache exclusivement à le faire dépendre d'une
seule cause ; car on ne peut nier qu'ici l'électricité
ne joue un rôle important, et qu'elle ne concoure
avec le rayonnement à former le phénomène de la
grêle.

243. En effet, l'analogie entre le calorique et l'é-
lectricité est démontrée. Or, quand l'eau est privée
du calorique qui la tient en dissolution, nous savons
qu'elle cesse d'être liquide et qu'elle se convertit en
glace ; de même, dans le cas d'un orage, l'électricité
répandue au sein d'un nuage, se trouvant détruite
ou absorbée, soit par l'effet de la combustion, soit
parce qu'elle a passé subitement dans un autre nuage
moins électrisé, soit enfin que deux nuages chargés
d'électricité de nature diverse s'attirent, et que le
fluide électrique se neutralise au moment du contact ;
dans ces diverses circonstances, l'électricité se trouvant en quelque sorte soutirée instantanément du
nuage qu'elle tenait dissout, le détermine, par cette
absence subite, à se convertir en glace ; mais l'électricité qui tend sans cesse à se mettre en équilibre,
revient bientôt dans le nuage qu'elle avait quitté, et,
produisant une violente commotion, elle le brise en
parcelles de toute forme et de toute grosseur, en
molécules de glace, en grêlons enfin, qui, se couvrant d'une croûte nouvelle, s'arrondissent en raison

directe du temps qu'ils emploient pour arriver à terre après leur formation. Rien n'empêche de penser aussi que le contact, ou plutôt le choc des grêlons entre eux, ne contribue à détruire leurs saillies, leurs angles, en brisant les pointes et les arêtes qui se forment à leur surface.

244. Cette explication qui s'accorde avec la théorie de l'électricité, telle que les physiciens la développent, fait comprendre, de même que le rayonnement, comment la grêle peut se former au milieu des orages, précisément au cœur de l'été, pendant les plus grandes chaleurs. Il suffit de considérer quel est le pouvoir du calorique dans le dégagement de l'électricité. (*V.* 90.) Le fluide électrique est d'autant plus abondant que la chaleur a été plus intense ; et les effets singuliers et souvent désastreux dont ce fluide est la cause, sont alors bien plus énergiques. Aussi avons-nous vu en 1827, à la suite de quelques jours d'une chaleur violente, un orage terrible éclater principalement sur Paris, et vomir un déluge d'énormes grêlons qui brisèrent toutes les vitres des croisées contre lesquelles le vent les poussait avec une force effrayante.

Des paragrêles.

245. On a cru, dans ces derniers temps, qu'il suffisait, pour garantir les campagnes du fléau de la grêle, d'y dresser des perches surmontées d'une pointe de fer ou de cuivre qu'on fait communiquer avec la terre par le moyen d'un fil métallique disposé le long de la perche. Quelques sociétés d'agriculture ont encouragé l'usage de ces instrumens auxquels on

a donné le nom de *paragrêles* ; et maintenant un grand nombre de campagnes et de vignes en France, en Italie, en Suisse, en Savoie, sont couvertes de longues perches verticales.

Ces appareils sont fondés sur la propriété que possèdent les pointes de soutirer l'électricité. (*V.* 96.) Il est clair, en effet, que si la grêle n'est produite que par l'action du fluide électrique, ou si ce fluide concourt seulement en partie à la formation du phénomène, la soustraction totale ou partielle de l'électricité du sein d'un nuage empêchera la naissance du météore, ou bien affaiblira simplement son intensité, de sorte que les effets en seront moins désastreux. Telle est du moins l'opinion de ceux qui soutiennent l'invention des paragrêles. On a même prétendu qu'un champ armé de ces moyens préservatifs n'avait jamais été grêlé.

Malheureusement les effets ne paraissent pas justifier les promesses des prôneurs de ces appareils. C'est qu'il arrive trop souvent que le défaut d'observation ou le désir intempérant de tout généraliser, fait prêter à l'erreur les livrées de la vérité. Prenons garde ici d'accréditer un préjugé nouveau dans un siècle où l'on se fait gloire de secouer le joug des vieilles erreurs et des antiques préjugés.

246. Déjà l'Académie des Sciences de Paris, dans sa séance du 8 mai 1826, a exprimé son opinion sur la nullité théorique de ce moyen tant préconisé par plusieurs sociétés d'agriculture, et M. Arago, dans l'annuaire de 1828, démontre d'une manière victorieuse l'inutilité des paragrêles.

« Si l'on pouvait croire à l'efficacité des paragrêles, dit ce savant observateur, ce serait à la seule condition qu'ils couvriraient une grande étendue de pays ; il y aurait trop d'absurdité à prétendre garantir un champ, une vigne avec quelques perches, quand les vignes et les champs voisins n'en renfermeraient pas. L'expérience a d'ailleurs prononcé, car il grêle fréquemment dans l'intérieur des villes, au milieu des paratonnerres, sur ces appareils eux-mêmes. »

247. « Les agriculteurs, continue le même physicien, trouveront toujours, soit dans les assurances mutuelles, soit dans les assurances à prime convenablement graduées suivant les contrées, un préservatif assuré contre les ravages de la grêle, et beaucoup plus économique que la multitude de perches dont ils devraient couvrir leurs propriétés. Les sociétés d'agriculture acquerront de nouveaux droits à la confiance publique, lorsqu'elles favoriseront d'aussi utiles établissemens ; elles manqueront, au contraire, leur but en préconisant des moyens préservatifs dont aucune expérience authentique n'a montré jusqu'ici l'efficacité. »

248. Tous les lieux ne sont pas également exposés aux ravages de la grêle. Les contrées montagneuses, et surtout les cantons sur lesquels débouchent des chaînes de montagnes, sont fréquemment les tristes victimes de ce redoutable fléau, parce que les nuages orageux qui vomissent la grêle, s'introduisant dans les vallées, se dirigent le long des coteaux, où, s'accumulant sans cesse, ils finissent par éclater, lorsque leur poids l'emporte sur le poids de l'air qui les soutient. D'ailleurs, la formation de ce météore est

17*

instantanée, soit que le rayonnement agisse d'une manière subite, soit que l'effet électrique qui concourt à la produire se manifeste aussitôt que le fluide s'y trouve accumulé avec assez d'abondance. Aussi les habitans de la campagne reconnaissent-ils à la couleur sombre d'un nuage, aux espèces de déchirures qui se remarquent sur ses bords, à de larges protubérances irrégulières que présente sa surface, qu'il est de nature à donner de la grêle. C'est ce qui explique également pourquoi un champ, un vignoble, est quelquefois criblé par la grêle, lorsque le champ voisin n'a reçu que de la pluie.

ARTICLE VIII.

Gelée, glace.

249. Quand la température descend de quelques degrés au-dessous du zéro du thermomètre centigrade, l'eau commence à se couvrir d'une croûte solide, qu'on nomme glace; cette croûte s'épaissit à mesure que le froid dure et qu'il augmente d'intensité. Nous avons observé que toute espèce d'eau exposée au même degré de froid ne se solidifie pas; c'est qu'elle n'est pas également pure. L'eau imprégnée de sucs calcaires, par exemple, celle qui tient en dissolution des oxydes de différente nature, supporte un froid plus vif que l'eau pure avant de se geler.

250. La glace prend une forme régulière ou irrégulière, suivant la rigueur du froid qui la produit. Par un froid de quelques degrés au-dessous de zéro, la congélation de l'eau est une véritable cristallisa-

tion qui présente des aiguilles qui se croisent, qui s'implantent les unes dans les autres, et forment des angles plus ou moins ouverts. A une température de beaucoup inférieure, l'eau se prend en une masse informe, remplie de bulles d'air; sa superficie est raboteuse; sa pesanteur spécifique est moindre que celle de l'eau; aussi nage t-elle sur ce fluide, parce qu'elle augmente de volume par l'effet de l'arrangement de ses molécules. Les tuyaux des fontaines qui crèvent, les pierres, les rochers, les arbres qui se fendent ou qui éclatent, les pavés des rues qui se soulèvent, sont des effets de la dilatibilité, de l'expansibilité que l'eau acquiert en prenant l'état de glace. Sa solidité est telle qu'elle peut être réduite en poudre. Son élasticité est très-forte, sa saveur est piquante; elle a la propriété de s'évaporer : l'air la dissout à la longue, et l'emporte.

251. La glace, avons-nous dit, s'épaissit en raison de la durée et de l'intensité du froid. Aussi, dans les climats septentrionaux, en Russie, en Laponie, de même que dans les contrées voisines du pôle austral, les croûtes de glace ont-elles plusieurs pieds d'épaisseur. Bien plus, les navigateurs ont rencontré, dans les mers du sud et dans celle du pôle septentrional, des montagnes de glace épaisses de plusieurs centaines de pieds; et il paraît prouvé qu'il en subsiste éternellement une masse de plusieurs lieues d'épaisseur, précisément sous l'un et l'autre pôle.

Au contraire, la chaleur constante qui règne sous la zone torride y rend les gelées inconnues, du moins dans les plaines; car on sait que le sommet des montagnes un peu élevées est, dans tous les climats de la terre, le séjour continuel de la neige, de la glace et des frimas.

252. Mais, dans nos climats tempérés, les gelées qui règnent pendant l'hiver, sans être bien rigoureuses, varient annuellement d'intensité; quelquefois le froid ne descend qu'à 5 ou 6 degrés, et ne dure qu'une quinzaine de jours. Nous pouvons même nous rappeler que l'hiver de 1821 nous a tenus quittes pour une gelée blanche. Mais aussi nous avons vu, dans certains hivers, le froid descendre jusqu'à 12, 15 et même 18 degrés, et continuer pendant deux ou trois mois. Dans ce cas, la glace peut acquérir une épaisseur de quelques pieds; les rivières se gèlent, et tout présente l'aspect d'une nature inerte et sans vigueur.

L'auteur de l'Histoire de Paris rapporte qu'en 1408, l'hiver fut extrêmement rigoureux dans cette capitale. Le froid dura depuis les premiers jours du mois de novembre précédent jusqu'à la fin de janvier, avec une activité d'autant plus cruelle, que la terre était couverte d'une couche de neige fort épaisse. Le défaut d'instrumens, car l'invention du thermomètre est postérieure à ce siècle (*V*. 59), n'a pas permis d'apprécier, d'une manière précise, le degré du froid; mais il paraît que cet hiver fut un des plus rigoureux qu'on ait jamais vus dans nos climats. On lit dans les registres du parlement, que les voitures se promenaient sur la Seine. L'encre, si l'on en croit le même témoignage, se gelait dans la plume du greffier, quoiqu'il eût pris la précaution de mettre du feu *tout près* de lui, en sorte qu'il était impossible *d'enregistrer* les actes de la Cour. Au moment de la débâcle, les trois ponts qui étaient sur la Seine, à cette époque, furent abattus par la violence des coups que leur portaient les glaçons. L'hiver de 1709 et celui de 1789 à 1790 furent aussi très-rigoureux; le froid y fit descendre le thermomètre à 23 degrés. Mais il faut avouer que des gelées aussi fortes ne sont pas communes en France.

253. L'eau douce ne se durcit pas aussitôt qu'elle est soumise à l'influence d'un air assez froid cependant pour la congeler. Elle commence par perdre une portion de sa chaleur, le calorique, qui la pénètre, s'échappant pour se répandre dans l'atmosphère afin de s'y mettre en équilibre. Mais dès que l'eau se trouve suffisamment refroidie, si le froid continue encore, la partie supérieure de l'eau, qui s'y trouve exposée, se gèle la première; alors le liquide, devenant plus dense par l'absence du calorique, éprouve une diminution sensible dans son volume, même avant d'avoir perdu sa liquidité. La déperdition de l'eau s'augmente encore par l'effet de l'évaporation invisible que produit abondamment un air sec, comme est celui qui occasione les froids les plus violens. Il en résulte que la première couche de glace se trouve souvent suspendue, de quelques pouces, au-dessus des couches inférieures. Mais il arrive aussi, surtout quand il s'agit d'une surface assez étendue, comme est celle d'un étang, que la glace, entraînée par son propre poids, plie et retombe sur la couche d'eau; alors une nouvelle croûte se forme et s'unit à la première, qui, devenant plus forte par cette augmentation d'épaisseur, se soutient enfin suspen-

due, malgré la décroissance du liquide. Cependant, le plus ordinairement, la glace suit le mouvement de l'eau, et se pose continuellement sur sa surface. C'est ainsi que la croûte de glace acquiert quelquefois une épaisseur considérable après quelques jours de fortes gelées.

254. Il arrive aussi fréquemment que la glace, en s'abaissant, éprouve une solution de continuité, soit qu'elle se fende dans le milieu, à distance égale des bords qui la retiennent, soit qu'elle se brise en plusieurs endroits, selon la position et la force de la couche. Cette solution ne subsiste bientôt plus qu'en apparence ; car des vapeurs s'élèvent continuellement de l'eau, et, traversant la fente qui leur livre passage, elles s'attachent aux deux parties de la glace et les réunissent en remplissant l'espace vide qui les séparait. D'ailleurs, à mesure que le froid agit avec une intensité nouvelle sur une croûte de glace déjà solide, loin de la condenser davantage, il détermine, comme nous l'avons vu, les molécules à prendre, les unes relativement aux autres, une position telle, que la glace en acquiert plus de volume et plus de dureté. De même qu'un morceau de fer rougi au feu, qu'on refroidit subitement en le trempant dans l'eau, devient plus dur, parceque les particules constituantes prennent, dans cette opération, une position forcée, qui les sollicite à se presser mutuellement avec plus d'énergie. Ainsi, quand on laisse geler de l'eau dans un vase, aussitôt que le liquide est absorbé, et que le vase n'est plus rempli que d'une masse solide, l'action du froid, en faisant travailler la glace, brise le vase qui la renferme. Quelquefois

la glace agit avec une force prodigieuse. Par exemple, un tube de fer, épais de plus d'un pouce, avait été rempli d'eau et soumis à l'influence d'un froid extraordinaire; douze heures après, le tube était crevé. On a calculé que la glace avait agi, dans ce cas, avec une force égale à un poids de vingt-sept mille sept cent vingt livres, résultat presque incroyable. Il n'est donc pas étonnant que la glace brise les vases de terre, de faïence, de fonte, qu'elle soulève les pavés, qu'elle fasse crever les tuyaux des fontaines, fendre les pierres et les arbres, etc.

Densité de la glace.

255. Nous avons annoncé que la densité, et par conséquent la dureté de la glace, dépend de l'énergie du froid qui l'a formée. Cette dureté peut augmenter jusqu'à devenir à peu près égale à celle du marbre. Dans les climats septentrionaux, au Spitzberg, au Groënland, en Islande, aussi bien que dans les parties de la mer du sud qui avoisinent le pôle austral, les glaces sont si dures, qu'elles se laissent entamer difficilement sous les coups d'une lourde massue. Tant est grande la force de cohésion qui attache les molécules les unes aux autres. Quelle doit donc être la puissance du calorique, puisqu'il brise sans peine et qu'il dissout entièrement des masses si solides!

Nous lisons dans l'Histoire de Russie, qu'en 1740, l'hiver ayant été plus rigoureux et plus long qu'il ne l'est ordinairement dans ce rude climat, on imagina pour occuper les ouvriers à Saint-Pétersbourg, de leur faire construire un palais tout en glace. Des blocs

énormes furent taillés dans la Néva, rivière près de
laquelle la ville est bâtie. L'édifice, élevé suivant les
règles de la plus élégante architecture, avait 52
pieds de longueur, 16 de largeur et 20 de hauteur.
Les murs de ce singulier palais avaient trois pieds
d'épaisseur sur le sol et deux pieds dans la partie supérieure; on plaça devant l'édifice six canons
en glace, montés sur des affûts de pareille matière,
et deux mortiers du même calibre que ceux qu'on
fabrique en métal. Les canons furent chargés d'environ une livre de poudre: c'est presque le quart de
la charge des pièces de bronze. La détonation fut
très forte; les boulets percèrent une planche de deux
pouces d'épaisseur à la distance de soixante pas, et
les pièces restèrent intactes; il n'en creva aucune,
quoiqu'elles fussent à peine épaisses de quatre pouces. On peut juger par ce fait de la puissance d'attraction moléculaire de la glace.

256. Dans l'état liquide, les molécules aqueuses
ont ordinairement une forme sphérique; elles paraissent rouler les unes sur les autres; mais au moment
de la congélation, elles prennent une figure toute
différente : il semble qu'elles adoptent alors de préférence la forme cubique.

On doit conclure de là, que la glace est dans son
état de densité le plus complet quand les molécules
se touchent par leurs faces; au contraire, si elles se
touchent par les angles ou par les arêtes, la densité
et la pesanteur spécifiques de la glace seront toujours
relatives à la grandeur des angles que formeront entre
elles les faces des molécules. Ainsi, plus les angles
seront ouverts, plus les pores seront grands, et par

conséquent, plus la glace sera légère, et réciproquement.

257. Quoique la glace paraisse spécifiquement plus pesante que l'eau, il n'en est cependant rien, puisque la glace surnage à la surface de l'eau ; mais les solides déplacent un volume d'eau égal à leur poids : donc le volume de liquide qui s'écarte sous la glace est moins considérable que celui de la glace même. Prenez deux seaux d'égale grandeur, emplissez l'un de glace et l'autre d'eau, celui-ci sera moins pesant que le premier.

En effet, il est prouvé que le volume de l'eau augmente par la congélation ; l'arrangement particulier des molécules, dans cette opération, agrandit les pores de la matière aqueuse, l'air s'y introduit en plus grande quantité que dans les liquides, et la glace devient conséquemment plus légère que l'eau. Mais cette conséquence ne doit point faire regarder la glace, malgré l'opinion de Galilée, comme de l'eau raréfiée ; c'est simplement, comme nous l'avons énoncé, de l'eau condensée. La soustraction du calorique, dans le phénomène de la glace, permet aux molécules de l'eau d'opérer les unes contre les autres une pression bien plus énergique que dans l'état liquide.

258. Au reste, toutes les espèces de glace n'ont ni la même densité, ni conséquemment la même pesanteur spécifique. L'explication précédente fait sans doute comprendre que la plus pesante est nécessairement celle dont les pores sont le moins larges. Mais quelles sont les causes de cette diversité ? Les voici probablement :

18

Quand le froid agit avec peu de vivacité, les molécules aqueuses, ne se trouvant pas saisies subitement, ont le temps de prendre l'arrangement qui leur convient le mieux; elles s'allongent avec d'autant plus de facilité, que la congélation n'est pas instantanée; au contraire, dans les premiers momens d'un froid un peu vif, le calorique, qui s'échappe en abondance du liquide pour se mettre en équilibre dans l'air, écarte les molécules qui, dans cet état de dilatation, se trouvent saisies par la gelée.

259. Une cause générale de la variété que nous avons remarquée relativement à la densité de la glace, c'est l'évaporation plus ou moins subite que produit toujours le vent sec qui amène le froid. En effet, dans les premiers instans de la gelée, l'évaporation est rapide; nous en avons la preuve dans le desséchement subit des chemins, qui a souvent lieu dans une seule nuit : la glace alors est peu dense, elle est légère et manque de dureté; mais à mesure que le froid continue, le refroidissement de l'eau qui se trouve sous la glace occasione un développement de nouvelles vapeurs; celles-ci, en traversant la couche supérieure, pénètrent dans les pores, s'y condensent en partie, les remplissent insensiblement, et augmentent ainsi la densité et le poids spécifique de la glace.

260. La forme extérieure de la glace, ou simplement sa surface, présente aussi des variétés qui méritent un rapide examen. Quelquefois elle est unie comme le miroir le mieux poli; souvent aussi elle est raboteuse et couverte d'inégalités. En général, une eau tranquille, dont aucun vent ne ride la superficie,

produira une glace assez unie, surtout si la congélation s'opère sous l'influence d'un froid très aigu ; au
contraire, elle sera couverte d'aspérités, si le liquide,
avant la gelée, se trouve soumis à l'action d'un vent
qui produise à la surface des rides et des inégalités de
toute espèce.

Congélation des rivières.

261. L'eau courante n'est pas susceptible de se geler facilement, soit parce que la mobilité continuelle
des molécules dégage, par le frottement, une quantité
de calorique suffisante pour les tenir séparées, soit
que l'attraction moléculaire ne puisse s'exercer naturellement que dans une eau tranquille, soit enfin que
l'agitation, le déplacement des parties aqueuses ou-
vrent un passage facile au calorique des couches inférieures, qui, se renouvelant ainsi à la surface de l'eau,
compense pendant quelque temps la déperdition que
le froid atmosphérique occasione. Cependant, après
cinq ou six jours d'un froid assez énergique, les parties les plus tranquilles, par exemple, celles qui séjournent le long des rives, cèdent les premières à
l'action de la gelée, et celles-ci, étant une fois prises, servent comme d'un noyau, un centre autour
duquel se rangent d'autres molécules ; ainsi, la nappe
de glace s'étend semblable au cancer qui ronge peu à
peu les parties les plus saines du corps humain. C'est
ordinairement de cette manière que la glace se forme
sur les rivières peu rapides; mais les glaçons que char-
rient la Seine et les fleuves considérables ont une autre origine.

262. On a sans doute observé qu'il naît en certains

endroits, à la surface d'une eau courante des espèces de tourbillons qui durent quelquefois plusieurs
secondes. Une chose remarquable, c'est qu'au moment où le tourbillon se dissipe, les molécules aqueuses, qui contribuaient à le former, sont entraînées un
instant sans changer de place respectivement les unes
à l'égard des autres. Ce moment de repos suffit à l'action d'un froid un peu vif, surtout lorsque l'eau se
trouve déjà refroidie antérieurement, pour complé-
ter la congélation de ces molécules, en les unissant
entre elles.

Souvent aussi nous voyons flotter sur l'eau des
feuilles, des débris de bois et d'autres matières également légères; l'eau qui les entoure se glace facilement, et forme encore un centre, autour duquel
s'attachent d'autres parties aqueuses, dont la congélation s'opère successivement.

Une fois le noyau formé, il s'étend et s'élargit
bientôt par l'adjonction d'autres molécules. Cet effet,
se produisant en même temps sur plusieurs points
différens, il en résulte la formation simultanée d'une
multitude de glaçons qui descendent la rivière, entraînés par le courant. La forme de ces gâteaux de
glace est généralement circulaire, et cela se conçoit
sans peine, puisqu'ils s'accroissent circulairement, et
que d'ailleurs les parties saillantes, comme les angles,
se brisent par le choc que les glaçons éprouvent fréquemment dans leur marche.

Si le froid continue, ils se multiplient rapidement,
et finissent par couvrir bientôt toute la surface de la
rivière, parce que la rencontre des ponts, des moulins ou d'autres édifices, présente un obstacle à leur

passage. Il se forme ainsi sur les fleuves des contrées septentrionales une croûte de glace extrêmement raboteuse, mais assez solide pour porter des charriots tout chargés.

Le Danube charrie ordinairement tous les hivers. Les fleuves de Russie soumis à l'action d'un froid de 3o degrés, s'arrêtent à peu près chaque année; mais en France il est rare que la Seine s'arrête tout-à-fait, quoiqu'elle charrie assez fréquemment, car il suffit d'un froid de 6 degrés pour donner lieu à la naissance des *gâteaux* dont nous avons parlé.

Du dégel.

263. Aussitôt que la température s'adoucit, effet que produit dans nos climats l'influence du vent du midi ou du vent d'ouest, le dégel commence. Voici les circonstances qui l'accompagnent ordinairement.

Le vent sec, et parfois violent, qui entretenait la gelée, fait place à un autre vent doux, et presque insensible.

Assez souvent un brouillard fort épais se répand dans la région basse de l'atmosphère, et obscurcit la transparence de l'air. Ce phénomène se conçoit aisément, car les vents qui produisent le dégel amènent toujours beaucoup de vapeurs, dont ils se sont chargés en traversant les mers. Ces vapeurs, trouvant à leur arrivée un air très-rafraîchi, abandonnent une partie de leur calorique, et se condensent en forme de brouillards.

De là une extrême humidité qui s'attache à la terre, aux murailles, aux arbres, et donne naissance à un givre très-abondant, parce que le froid des dif-

18*

férens corps détermine le calorique à s'y introduire.
Il abandonne, en conséquence, les vapeurs qu'il tenait en dissolution, et qui s'attachent alors, sous la
figure de petits glaçons, à la surface de tous les corps
exposés à l'air libre.

La terre se couvre d'une croûte de glace, qu'on
nomme *verglas,* et qui provient de la congélation
subite des gouttes de pluie tombant sur un sol
glacé.

Mais bientôt ces diverses croûtes de glace se dissolvent et se réduisent en liquide, lorsque le calorique
y rentre après avoir quitté, du moins en partie, les
corps dans lesquels il s'était répandu d'abord au pré-
judice des vapeurs.

Ainsi, toutes les circonstances du dégel sont des
conséquences de la loi de l'équilibre, loi puissante
à laquelle nous voyons ici que le calorique obéit
d'une manière bien remarquable.

264. On remarque aussi que pendant le dégel l'air
intérieur des apartemens est sensiblement plus froid
que celui de l'atmosphère : la raison en est évidente.
On sait, en effet, que l'air humide est moins pesant
que l'air sec ($V.$ 14); donc l'air extérieur qui produit
le dégel, étant saturé de vapeurs, doit pénétrer difficilement dans les apartemens, à cause de la résistance qu'oppose l'air intérieur, qui sera toujours
d'autant plus sec que le froid aura été plus intense,
en supposant même qu'on n'ait pas employé, pour
le sécher, un feu artificiel. D'ailleurs il faudra, pour
que la température d'une chambre s'adoucisse, que
l'air chaud ait remplacé, non seulement celui qui
remplit la pièce, mais encore celui qui a pénétré

dans les murailles, dans les meubles et même dans le bois des meubles.

Des débâcles.

265. La force du calorique qui pénètre dans la glace pour la dissoudre, en augmente le volume d'une manière étonnante, et produit aussi un autre effet : c'est qu'il l'attendrit considérablement. D'un autre côté, l'eau des rivières, des lacs, des étangs, qui était diminuée par l'effet de la condensation momentanée qu'avait produite la diminution de la quantité de ce fluide, l'eau, disons-nous, tend à reprendre son volume primitif dès que le calorique recommence à dilater les molécules aqueuses en les pénétrant.

Dans cet effet, la croûte de glace qui couvre la surface des fleuves ou des rivières se trouve soulevée. A cette première cause se joint l'augmentation des eaux, provenant de la fonte des neiges et de l'abondance des pluies qui accompagnent souvent le dégel. La glace se trouvant donc soulevée avec une puissance irrésistible, éclate avec fracas, et la rapidité du courant en entraîne les débris, lesquels, dans leurs chocs mutuels, et à raison de leur peu de dureté, se brisent et se morcèlent à l'infini. C'est là ce que nous appelons la *débâcle*. Cet effet n'a guère lieu que six ou huit jours après que le dégel a commencé. Au reste, cette circonstance est toujours relative à l'intensité et à la rapidité du dégel.

266. Les débâcles causent souvent de grands ravages : des ponts emportés, des moulins renversés, des vannes entraînées ; voilà trop souvent quelles sont les traces affligeantes de leurs passages. Nous

avons déjà parlé de la débâcle qui eut lieu sur la Seine en 1408, et qui enleva les trois ponts qui se trouvaient à cette époque à Paris. D'autres débâcles eurent lieu depuis, notamment en 1790, en 1802 et en 1820, mais elles n'occasionèrent pas les mêmes désastres.

Les plus fortes débâcles sont celles de l'Oby et de la Léna, deux fleuves d'Asie, qui portent leurs eaux dans la mer Glaciale Ces fleuves y vomissent des torrens d'énormes glaçons, qui continuent encore à grossir au sein des mers, et forment souvent des masses qui ont plus de 200 pieds d'épaisseur. Ce sont comme des îles flottantes qui voguent dans la mer Glaciale; elles encombrent, par leur nombre, les régions septentrionales, d'où elles s'échappent quelquefois, comme il est arrivé en 1820, pour aller se répandre dans l'Océan, où elles finissent par se fondre.

ARTICLE X.

Des aérolites, ou pluie de pierres.

267. Il est de fait qu'il ne paraît pas exister une grande analogie entre des pierres et des molécules aqueuses; ce phénomène ne se trouve donc placé, dans ce chapitre, qu'en vertu de son ancienne dénomination, *pluie de pierres*. Avouons aussi que le peu de connaissances positives que les savans ont pu, jusqu'à présent, acquérir sur la formation de ce curieux météore, nous aurait embarrassé pour le classer ailleurs.

L'existence des pierres atmosphériques, dites aé-

rolites ou *météorites*, est tellement avérée aujourd'hui, qu'il n'est plus permis de douter de la justesse des observations faites à ce sujet dès la plus haute antiquité. Cependant, le savant Aristote, Pline, et sur son témoignage, la plupart des naturalistes anciens, dans le dernier siècle encore, des auteurs instruits soutenaient que les circonstances du phénomène avaient été mal observées, et que ces pierres, soulevées et transportées par un vent très-impétueux, retombaient ensuite par la loi de la gravitation. D'autres ont cru que les pierres, trouvées dans l'intérieur de la terre, brûlantes et exhalant une odeur sulfureuse, avaient été frappées de la foudre à la place même qu'elles occupaient, et mises en fusion par une action aussi rapide qu'inconnue.

268. Quoi qu'il en soit de ces opinions, la plus ancienne pluie de pierres dont il soit fait mention dans l'histoire romaine, dit M. Salgues, dans son excellent ouvrage *sur les erreurs et les préjugés répandus dans la société*, est celle qui arriva sous le règne de Tullus Hostilius, après la ruine d'Albe. On vint, suivant Tite-Live, annoncer au sénat et au roi qu'une pluie de pierres était tombée sur le mont Albain. Le prince, étonné de ce prodige, envoya des commissaires pour le vérifier, et l'on acquit la certitude qu'il était tombé une pluie de pierres semblables à ces grêles que les orages rassemblent et versent sur la terre.

Long-temps auparavant, les Grecs avaient fait des observations analogues. Ainsi, la seconde année de la 78e olympiade, il était tombé, dans la Chersonèse de Thrace, une pierre d'un volume considérable, d'une couleur grisâtre et aduste. Cet événement fut consigné dans les fastes publics.

269. La pierre de Cybèle, à Rome, n'était autre chose qu'une aérolite. Sa chute avait eu lieu à l'essinunte, en Phrygie, et les prêtres la gardaient avec beaucoup de vénération. C'était, dit Arnobe, une pierre d'un volume médiocre, de couleur noire, de substance métallique. Un oracle, rendu à Rome, portait que le bonheur de la république était attaché à la possession de ce précieux palladium. En conséquence, une ambassade fut envoyée en Phrygie; Scipion Nasica en était le chef. Les prêtres consentirent à lui livrer la pierre sacrée; elle fut transportée à Rome en procession, exposée à la vénération publique, et l'on institua une fête annuelle en son honneur.

270. Dès le sixième siècle, ce phénomène paraît avoir été observé avec quelque attention. Un philosophe, nommé Isidore, qui vivait à cette époque, rapporte qu'il avait vu des pierres tomber du ciel, que cette pluie avait eu lieu sur le mont Liban, et qu'elle avait été accompagnée d'un globe foudroyant et lumineux. Cette circonstance est la même que celle qu'on a observée de nos jours.

Enfin il n'est pas de siècle qui ne fasse mention de quelque nouvelle chute de pierres; mais les observations ont été plus multipliées depuis le XVᵉ siècle. En 1492, il tomba près d'Ensisheim, en Alsace, une aérolite qui passe pour la plus volumineuse de toutes celles qui se sont jamais détachées de la voûte céleste; on la conserve: elle pèse, dit-on, 300 livres.

En 1506, on vit tomber en Italie, près de l'Adda, environ douze cents pierres, l'une desquelles pesait

cent vingt livres, et une autre soixante. Le célèbre
Gassendi, dont l'exactitude égalait le savoir, continue M. Salgues, raconte que le 27 novembre 1627,
le ciel étant très-clair, il vit arriver, vers les dix heures
du matin, des hauteurs de l'atmosphère, sur le mont
Vaisien en Provence, une pierre enflammée qui paraissait avoir quatre pieds de diamètre. Elle était
entourée d'un cercle lumineux de diverses couleurs,
et passa à cent pas de deux hommes, qui ne la ju-
gèrent élevée que de trente-six pieds. Elle faisait entendre un sifflement pareil à celui d'une fusée d'artifice et répandait une odeur de soufre brûlé. Elle
tomba à trois cents pas du lieu où étaient ces deux
hommes, s'enfonça de plusieurs pieds en terre et fit
éclater quelques pierres voisines. Elle était d'une couleur obscure et métallique, et pesait cinquante-quatre
livres. On la conserve encore à Aix en Provence.

271. Il paraît que ces phénomènes ont toujours été
accompagnés des mêmes circonstances :

1º La sérénité de l'atmosphère est constante.

2º Un cercle ou un nuage les entoure.

3º Un bruit assez violent se fait entendre.

4º On sent une odeur de soufre.

5º Une explosion précède la chute du météore.

272. L'abbé Richard, dans son Histoire naturelle
de l'Air, fait un rapport très-circonstancié sur une
chute de météorites qui arriva, en 1768, dans la province du Maine. Pendant l'orage qu'on essuya, dit
cet auteur, dans le mois de septembre 1768, aux environs du château de Lucé, dans le Maine, il y eut
un coup de tonnerre qui fut suivi d'un bruit tout-à-
fait semblable au mugissement d'un bœuf, et qui se

fit entendre dans un espace d'environ deux lieues. Quelques particuliers qui se trouvaient dans la campagne, près de la paroisse de Périgué, crurent apercevoir dans l'air un corps opaque qu'ils virent tomber rapidement sur une pelouse, dans le grand chemin du Mans. Ils se rendirent aussitôt sur le lieu, et y trouvèrent une espèce de pierre enfoncée dans la terre. Elle était d'abord brûlante ; mais elle se refroidit ensuite, au point qu'ils purent la manier et l'examiner. Elle pesait sept livres et demie, et sa forme était triangulaire, c'est-à-dire qu'elle présentait trois cornes arrondies, dont l'une, enfoncée dans le gazon, était de couleur grise, et les deux autres extrêmement noires. L'Académie royale des Sciences, à laquelle on envoya un morceau de cette pierre, en fit faire l'analyse par quelques-uns de ses membres, qui déclarèrent que la pierre ne devait point son origine au tonnerre, qu'elle n'était point tombée du ciel, qu'elle n'avait pas été formée non plus de matières minérales mises en fusion par le feu du tonnerre. Ils reconnurent que c'était une espèce de pyrite, qui n'avait rien de particulier que l'odeur de soufre qui s'en exhalait, pendant sa dissolution, par l'acide marin. Cent grains de cette substance donnèrent, par l'analyse, huit grains et demi de soufre, trente-six de fer et cinquante-cinq et demi de terre vitrifiable.

273. Enfin, en 1803, on annonça qu'il était tombé une quantité considérable de pierres atmosphériques à l'Aigle, dans le département de l'Orne. A cette époque, les physiciens de Londres et ceux de Paris s'occupaient précisément d'examiner des phénomènes semblables, qui avaient eu lieu dans l'Inde, en Pro-

vence et en divers endroits de l'Angleterre. M. Biot,
de l'Institut de France, fut en conséquence député
sur les lieux où le météore avait été observé, et recueillit une somme de preuves physiques et morales
qui ne laissèrent plus de prétexte à l'incrédulité.
Voici, d'après son rapport, les circonstances de ce
phénomène.

A une heure après midi, lorsque le ciel était serein,
lorsque l'horizon ne présentait dans toute son étendue que quelques nuages grisâtres qui n'attristaient
point la beauté de ce jour, on aperçut de Caen, de
Pont-Audemer, des environs d'Alençon, de Falaise
et de Verneuil, un globe enflammé d'un éclat très-
brillant, et qui se mouvait dans l'atmosphère avec
beaucoup de rapidité. Quelques instans après on entendit à l'*Aigle*, et autour de cette ville, dans un arrondissement de plus de trente lieues de rayon, une
explosion violente qui dura cinq à six minutes. Les
premières détonations ressemblaient à trois ou quatre
coups de canon tirés à peu de distance ; elles furent
suivies d'une espèce de décharge semblable à une fu-
sillade, et terminées par un épouvantable roulement,
qu'on eût pris, dit M. Salgues, pour celui de tous les
tambours d'une armée.

Ce bruit partait d'un petit nuage qui avait la figure
d'un rectangle, et dont le plus grand côté était dirigé
de l'est à l'ouest ; il parut immobile pendant tout le
temps que dura le phénomène ; seulement les vapeurs
qui le composaient, s'écartaient momentanément de
différens côtés par l'effet des explosions successives.
Ce nuage était très-élevé dans l'atmosphère, car les
habitans de deux villages, éloignés l'un de l'autre de

plus d'une lieue, le virent dans le même temps comme au-dessus de leur tête. Partout où il planait, on entendit des sifflemens semblables à ceux d'une pierre vigoureusement lancée par une fronde, et l'on vit en même temps tomber une multitude de corps solides que l'on recueillit, et qui se sont trouvés exactement semblables à ceux que l'on connaissait déjà sous le nom de *pierres météoriques*. Soumises à l'analyse, elles ont donné du soufre, du fer à l'état métallique, de la silice, de la magnésie et du nickel; elles n'ont, dans tout le règne minéral, aucun analogue. M. Biot constata que la direction du météore était précisément celle du méridien magnétique; remarque importante, et qui pourrait jeter un grand jour sur ce phénomène, si elle était justifiée par des observations subséquentes.

273. Ce phénomène s'est encore renouvelé depuis, dans la commune de Charsonville près d'Orléans. Le 23 novembre 1810, à une heure et demie après midi, un globe de feu détonna avec un bruit extraordinaire, et laissa tomber trois pierres volumineuses; l'une d'elles pesait quarante livres, et s'enfonça dans la terre à près de trois pieds de profondeur.

Origine des pierres météoriques.

275. Le fait de la chute des aérolites étant constaté, il s'agissait de rechercher la cause, l'origine et la formation de ces météores. Aucune autre question peut-être n'a soulevé des opinions plus singulières. Nous avons déjà vu l'idée des anciens à cet égard. (*V*. 267).

Parmi les physiciens modernes, les uns ont pensé

que ces pierres se formaient instantanément au sein
de l'atmosphère, supposant que les minéraux pouvaient être réduits à l'état gazeux, que dans cet état
ils pouvaient se combiner avec le fluide atmosphérique, nager dans son étendue, et reprendre ensuite
leur forme primitive par l'action d'un agent puissant, qui est sans doute l'électricité. On appuyait
cette conjecture sur un phénomène qui eut lieu au
mois de juin 1731, à Lessay près Coutances.

L'air était ébranlé par des coups de foudre extraordinaires ; tout le ciel était en feu depuis l'horizon jusqu'au zénith ; des traits enflammés se croi
saient comme dans un feu d'artifice ; et de toute part
il tombait des gouttes de métal embrasé et fondu ;
des bestiaux furent tués, et plusieurs édifices réduits
en cendres. C'est, dit M. Salgues, le seul météore de
ce genre qu'on ait observé et décrit.

276. D'autres physiciens ont regardé les météorites comme des pierres lancées en l'air par une
éruption volcanique. Mais il n'existe pas de volcans
en Normandie ni en beaucoup d'autres lieux où ce
phénomène a été observé. Il fallait donc admettre
que ces pierres étaient, à l'instant même de leur pro-
jection, saisies par un vent impétueux, et poussées
ainsi jusqu'à une distance considérable des volcans.
Ce qui était assez difficile à comprendre.

Bientôt on soutint l'opinion qu'elles nous arrivaient des volcans de la lune ; et, chose étonnante,
cette étrange opinion fut discutée sérieusement par un
des plus savans hommes de notre siècle. M. Laplace
avait calculé qu'il ne fallait aux aérolites qu'une force

quintuple de la vitesse d'un boulet de canon pour les
faire sortir de l'atmosphère de la lune.

Enfin, un autre naturaliste avança que ces pierres
pourraient bien être des débris d'un monde brisé en
éclats dans les régions célestes, soit par le choc d'une
comète, soit par toute autre cause qui nous est inconnue.

277. Au milieu de tant d'hypothèses peu satisfai-
santes, qu'il nous soit permis de hasarder la nôtre...
En examinant avec attention le phénomène des
trombes (*V.* 219), nous y trouvons plusieurs traits
d'analogie avec le caractère du phénomène des aérolites; ne serait-il pas possible que ces pierres eussent
été enlevées par la force d'une trombe, et qu'elles
fussent lancées sur la terre au moment de l'explosion
de ce météore? On objectera que le nuage qui accompagne, qui enveloppe les aérolites, ne paraît pas se
mouvoir circulairement. Mais est-il certain que les observations aient été faites avec précision, que la hauteur du phénomène ne se soit pas opposée à l'exactitude, à la sévérité de l'observation? M. Biot, par
exemple, est venu faire ses recherches en Normandie
trois mois après l'événement; il interrogea des paysans, gens timides ordinairement et peu éclairés, surtout dans cette province. Il en est probablement de
même de tous les cas semblables.

Quant aux principes constitutifs de l'aérolite, principes que l'analyse chimique a découverts, ils ne con-
trediraient point notre hypothèse, car nous savons
que les trombes sont remplies d'électricité; il est
donc probable que ce fluide pénètre dans l'aérolite,
et qu'il en modifie la nature. Ainsi tout nous porte à

croire que les pierres célestes proviennent tout simplement de la chute d'une espèce de trombe.

ARTICLE XI.

Pluie de crapauds.

278. Il arrive souvent, en été, qu'après une pluie abondante et chaude, particulièrement après un orage, la terre est couverte d'une prodigieuse quantité de crapauds; en certains endroits, on ne peut faire un pas sans en écraser quelques-uns. Ce phénomène, si c'en est un, est fréquent en France, aussi bien qu'à Porto-Bello et à Carthagène. C'est un fait trop connu pour qu'il soit nécessaire d'en prouver l'authenticité. Il ne s'agit que d'examiner l'origine de ces animaux.

Autrefois le peuple croyait généralement que ces crapauds tombaient du ciel, et l'on trouve encore beaucoup de personnes qui en sont persuadées, même aujourd'hui. On ne s'embarrassait pas de rechercher comment ils avaient pu être enlevés dans l'atmosphère, car la réflexion, l'esprit d'analyse et d'observation ne sont pas de tous les âges. Il suffisait de voir une multitude de crapauds après la pluie; on disait : il a plu des crapauds, et tout paraissait démontré. Nous-même, nous avons tiré de cette opinion le titre de notre article, quoique nous soyons disposé à la combattre.

279. En effet, et ceci, à dire vrai, n'est guère un phénomène météorologique, on sait que les crapauds fuient le jour et l'ardeur d'un soleil brûlant. Ils se

renferment en conséquence dans les lieux frais au pied des murailles, enfin dans les endroits où règnent une ombre, une fraîcheur continuelle. Lorsqu'après plusieurs jours de sécheresse, il survient une pluie, ces animaux s'empressent de sortir de leur tanière pour venir se désaltérer et se baigner dans les mares que l'orage a pu former.

Quant à leur ascension dans les nuages, où l'on a supposé qu'ils sont entraînés par les vapeurs, c'est une idée tellement absurde, qu'il y a lieu de plaindre le pauvre genre humain, quand on le voit, malgré le flambeau de sa raison, donner tête baissée dans des chimères aussi ridicules.

280. Cependant on lit dans le *Voyage de M. Le Gentil* (1) un fait singulier, qui se rapporte aux prétendues pluies de crapauds. « J'ai été témoin, dit cet académicien, pendant les mois de février 1769 et 1770, à Pondichéry, d'un phénomène assez remarquable. Après des pluies légères et de peu de durée, pareilles à ces pluies bienfaisantes qu'on éprouve quelquefois dans notre climat pendant le mois de mai, il paraissait une quantité prodigieuse de petits crapauds qui venaient d'éclore, et ce que je trouvais de remarquable en cela, c'est que les escaliers de mon observatoire et mes terrasses en étaient remplis : le soleil les faisait bientôt périr dans des lieux aussi secs; au bout de deux ou trois jours il n'en paraissait plus. J'en ai trouvé quelques-uns aussi dans la salle de mon observatoire. Comme il avait été impossible

_____

(1) *Voyage dans les mers de l'Inde*, par M. Le Gentil, t. 2, pag. 24 et 25 de l'édition in-6°.

à ces petits animaux de sauter des marches de plus de six pouces qu'il leur eût fallu franchir pour parvenir aux terrasses élevées de 15 à 20 pieds au-dessus du sol, et que le crapaud, comme on le sait, n'est pas fort agile, ce phénomène me rappela ces *pluies de crapauds* dont parlent certains voyageurs. Mais sans avoir recours à ces pluies singulières qui ne sont point constatées, qui sont au contraire rejetées par les physiciens, j'explique ce fait d'une manière très-facile et en même temps très-vraisemblable. »

« Je suppose donc, continue l'auteur que nous citons, je suppose que ces petits crapauds sont nés sur les lieux, que les œufs dont ils sont sortis ont été enlevés avec ces nuées de sable et de poussière dont j'ai déjà parlé, et que ces œufs ont été transportés par ces mêmes vents dans mes escaliers et sur mes terrasses, où ils seront restés jusqu'à ce qu'une pluie et une chaleur convenable les ait fait éclore ; ce qui sera arrivé le jour que je les ai vus paraître.

ARTICLE XII.

Pluie de sang.

281. Il n'est pas rare de voir, en certains endroits, la terre et les murailles couvertes de taches rougeâtres, que le peuple prend pour des gouttes de sang. Les anciens avaient observé ces faits, et Pline en parle en plusieurs endroits de ses ouvrages. Quelquefois les taches paraissent d'une manière bien éclatante sur la neige, ce qui prouve qu'on en peut remarquer dans toutes les saisons. Quand ce phénomène a lieu, le peuple ne manque pas de crier au miracle, sup-

posant que le ciel irrité a converti les gouttes de pluie en gouttes de sang, et certes, ce serait là, en effet, un grand miracle; mais les savans, qui s'obstinent à n'y rien voir que de naturel, attribuent ces taches à différentes causes dépendantes des lieux et des circonstances.

Par exemple, en 1669, les murs et les maisons de Châtillon-sur-Seine parurent couverts de taches nombreuses après une pluie rougeâtre, épaisse et visqueuse. L'examen prouva que cette pluie provenait des mares voisines, dont les eaux jaunâtres avaient été enlevées par de violens tourbillons.

En 1744, il tomba dans un des faubourgs de la ville de Gênes, en Italie, une pluie rouge, que le peuple effrayé désignait sous le nom de *pluie de sang*. Les physiciens constatèrent que cette couleur était due aux particules d'une terre rougeâtre, que le vent avait enlevées à peu de distance de la ville, et qui s'étaient mêlées avec les gouttes d'eau.

En 1810, il tomba près de la forêt d'Hermanstadt en Transylvanie, pendant près d'un quart d'heure, une pluie de couleur de sang, à la suite d'un orage accompagné de forts coups de vent. Un chimiste recueillit une bouteille de cette eau pour en faire l'analyse, et il fut reconnu que le principe colorant appartenait au règne végétal; en effet, le lieu où cette pluie était tombée se trouvait près d'immenses forêts de sapins en pleine floraison : cette circonstance suffit pour expliquer le phénomène; car on a remarqué, dans le Nord, qu'à l'époque où les sapins sont en fleurs, il tombe souvent des pluies jaunes tirant sur le rouge. On attribue cet effet aux poussières fécondantes des arbres, lesquelles étant portées par le vent dans la région des nues, en colorent les vapeurs et donnent à la pluie une teinte rouge ou une couleur de soufre.

282. Il arrive aussi quelquefois, dit à ce sujet l'auteur déjà cité du livre curieux sur les erreurs et les préjugés répandus dans la société, il arrive qu'on prend pour des pluies de sang les taches rouges que laissent sur les murs les papillons qui sortent de leur coque. Il suffit d'avoir élevé quelques vers à soie pour connaître ce phénomène; et comme les chrysalides des chenilles sont ordinairement appendues aux murailles, il n'est pas étonnant qu'on aperçoive des taches sanguinolentes assez nombreuses à l'époque de la naissance des papillons. Au reste, on a remarqué souvent que ces taches se trouvaient seulement sur la partie des murs la plus rapprochée du toit; si elles étaient l'effet d'une pluie, comment serait-il possible que des endroits parfaitement couverts en eussent été atteints?

C'est ce qui fut prouvé, en 1608, à Aix en Provence. Cette ville était le théâtre d'un phénomène de ce genre. Les murs des maisons se trouvaient couverts de taches rouges que le peuple prenait pour l'effet d'une pluie de sang; mais Peiresc, conseiller au parlement de Provence, et l'un des hommes les plus habiles de son siècle, démontra, par la distribution même de ces taches qui se trouvaient sous des voûtes et dans plusieurs endroits à l'abri de la pluie, qu'elles ne pouvaient être une pluie de sang, et qu'elles provenaient évidemment de ces traces de liqueur roussâtre que déposent les papillons lorsqu'ils

viennent d'éclore; et comme le nombre de ces insectes était alors très-considérable, tous les esprits
raisonnables furent de son avis.

283. Quant à la neige rouge, ce phénomène est
assez fréquent dans les Alpes ; mais d'autres contrées
en offrent aussi le spectacle. Les voyageurs en ont
trouvé sur de la pierre calcaire dans la baie de Baffin
en Amérique, par 60 degrés de latitude septentrionale. Quelques savans pensent que cette couleur provient d'une plante qu'ils nomment, les uns *uredo
nivalis*, les autres *lepraria kermesina*. Cette plante,
disent-ils, est entraînée, des roches dans les régions
boréales, par des eaux qui se sont ensuite gelées, et
qui ont communiqué leur teinte à la neige voisine.
Enfin, l'examen comparatif de la neige rouge des
Alpes et de celle des régions polaires ayant fourni au
professeur de Candolle les mêmes globules, ce savant
pense que la teinte extraordinaire de ces neiges est
produite par la même cause.

On trouve également, dans la partie méridionale
de la Russie d'Asie, de vastes terrains couverts d'une
espèce d'arroche dont la poussière fécondante a une
couleur jaune, et est souvent enlevée par les vents, et
cela en si grande quantité, qu'il s'en forme de gros
nuages; si dans ces circonstances il s'y mêle une nue
aqueuse, il n'en faut pas davantage pour produire
une pluie dite *pluie de soufre*.

Ainsi il est démontré que, dans tous les cas, le
phénomène de la pluie ou de la neige de diverses
couleurs s'explique par des causes purement naturelles.

ARTICLE XII.

Pluie de pois, de grain, de sable, de cendre, etc.

284. Nous réunissons ces divers articles sous le même titre, parce qu'ils nous présentent un ensemble d'effets produits par la même cause. C'est ce que les faits eux-mêmes vont prouver d'une manière incontestable. Parlons d'abord des petits pois.

Au mois de mai 1803, l'époque est encore récente, à la suite d'un grand orage, une pluie de graines inconnues survint dans le royaume de Léon, en Espagne, et l'on en recueillit plus de neuf quintaux. Elles étaient presque rondes, très-blanches, dures, plus petites qu'un petit pois et de la famille des papillionacées ou légumineuses, mais sans ressembler à aucune graine connue de notre globe. Le célèbre botaniste Cavanille les a observées, analysées, et n'a pu leur assigner aucune origine. Il en a semé une grande partie dans le jardin botanique de Madrid ; il en a aussi envoyé au jardin des Plantes de Paris. Mais, depuis cette époque, on n'a plus entendu parler de ces graines extraordinaires ; il est probable qu'elles n'ont pas levé.

Cette pluie miraculeuse fut annoncée dans le temps comme un fait positif, et les savans se livrèrent à ce sujet à mille conjectures différentes. Les esprits sages attendirent que le phénomène fût vérifié, et se persuadèrent que, quand même une pluie de graines extraordinaires serait tombée dans le royaume de Léon, on pourrait leur assigner encore une origine terrestre ; car elles auraient pu être apportées d'Afrique

par une trombe qui les aurait fait voyager à de
grandes distances. Ainsi de deux choses l'une, ou ce
fait est faux, et alors tout ce récit n'est qu'une fable ;
ou le même fait est vrai, mais un peu brodé dans
ses détails, et ce cas étant, le phénomène n'a pas
d'autre cause que l'action d'un vent violent qui, après
avoir soulevé ces graines dans le voisinage, les a dispersées en différentes contrées peu distantes les unes
des autres.

285. Quant aux pluies de grain ou de blé, elles
sont encore les enfans de l'ignorance, comme bien
d'autres phénomènes qui ont souvent passé pour mi-
raculeux. Ce qu'on prend pour des grains de blé,
n'est souvent qu'une multitude d'insectes de la couleur et de la forme du blé. Ces insectes étant amenés,
poussés par le vent d'une contrée parfois éloignée,
tombent en foule dans un endroit où ils sont incon-
nus, comme l'abbé Nollet l'a clairement démontré
dans ses leçons de physique expérimentale. On prend
aussi quelquefois les pepins d'épine-vinette pour des
grains de froment, auxquels ils ressemblent beaucoup. Ces pepins ont pu être enlevés et transportés
par quelques tourbillons de vent. Enfin, il existe une
espèce de renoncule dont les racines sont garnies de
petites bulbes fort ressemblantes au grain ; les racines de cette plante étant fort minces et couchées à
fleur de terre, il arrive souvent qu'elles se dessèchent
et disparaissent : il en résulte que les petites bulbes
qui ont le plus de consistance, restent seules sur la
surface de la terre, et sont entraînées par l'eau de la
pluie. Le peuple croit alors assez communément que
c'est du grain tombé du ciel.

286. On ne devra sans doute chercher rien de plus surnaturel dans les pluies de sable et de cendres, ces sortes de matières pouvant être aisément emportées par les vents dans des pays fort éloignés. On voit souvent à Naples que les rues sont entièrement couvertes d'une couche épaisse de cendres sorties de la bouche du Vésuve ; et lorsque les éruptions sont violentes, les cendres se trouvent quelquefois emportées jusqu'à Rome, et même, suivant le rapport de Dion Cassius, jusqu'en Afrique, en Syrie et en Egypte.

En 1718, un bâtiment français expédié de Marseille pour la Martinique, fut couvert, pendant douze heures, d'une brume de cendres, qui répandit sur le pont une couche de l'épaisseur de trois doigts. Le même jour, on avait déjà éprouvé à l'île Saint-Vincent un tremblement de terre accompagné de vents furieux. Cette île est percée de vastes grottes souterraines remplies de matières sulfureuses et nitreuses. On peut donc présumer avec vraisemblance que ces matières étant venues à s'enflammer, poussèrent au loin de vastes monceaux de cendres que le vent porta jusque sur les mers. Le vaisseau était à plus de cent lieues de l'île quand il fut atteint de cette brume. Quelle force prodigieuse ce phénomène ne suppose-t-il pas dans la violence des vents ! Et ce fait, ajoute M. Salgues qui nous fournit ce récit, n'est point tiré des relations infidèles de la plupart des voyageurs ; il est attesté par des procès-verbaux, par des dépositions qui ne laissent aucun doute sur la certitude.

ARTICLE XIV.

Pluie de coton, ou *fil de la Vierge*.

287. Tout le monde connaît ces fils cotonneux de couleur extrêmement blanche, qui paraissent souvent réunis en flocons, et qu'on voit flotter dans l'air librement, ou attachés aux arbres par une extrémité. Cette production, dont nous allons expliquer la nature, est désignée par le peuple sous le nom de *fils de la Vierge*. Je ne sache pas que les savans lui aient encore donné une autre dénomination. C'est principalement en automne que ces fils sont le plus nombreux; au printemps aussi ils ne sont pas rares; mais en été et en hiver on en voit difficilement. On a remarqué qu'ils paraissent surtout les jours dont les matinées ont été brumeuses et marquées par des brouillards fort épais; la quantité de ces fils est généralement en raison directe de la densité du brouillard. On croit encore avoir observé que ces fils et ces flocons disparaissent sans qu'on sache ce qu'ils deviennent dès que l'état de l'atmosphère vient à changer.

288. Il s'agit maintenant d'examiner la cause de cette singulière production. Autrefois les naturalistes ou les observateurs l'attribuaient à une espèce d'araignée dont Pluche donne la description dans le Spectacle de la Nature. Voltaire aussi ne donne pas à cette matière une autre origine; il en parle particulièrement dans son Dictionnaire philosophique. La même opinion se trouve émise dans les nouveaux dictionnaires d'histoire naturelle. Malgré ces autori-

tés et une infinité d'autres que nous pourrions relater ici, quelques savans modernes ont révoqué en doute cette origine. M. Lamarck, entre autres, la rejette positivement, et explique la formation de ces fils d'une manière assez singulière.

« J'ai bien des fois observé, dit-il, cette production particulière, et cependant je n'en connais positivement ni la nature, ni l'origine; mais ce que j'ai remarqué à son égard me persuade qu'on est dans l'erreur quand on regarde cette matière comme un produit de quelque arachnide ou de quelque insecte. Ce n'est pas non plus le duvet d'une plante ni d'aucune production végétale.

« Le coton atmosphérique s'observe principalement au printemps et en automne, quelquefois au commencement et à la fin de l'été, jamais en hiver ni dans les canicules. Je l'ai vu constamment paraître dans les jours où un brouillard assez épais s'étant formé le matin, a été suivi d'un beau soleil qui l'a dissipé. Depuis un grand nombre d'années que j'ai donné quelque attention à cet objet, je n'ai jamais vu ces filamens atmosphériques dans les jours qui n'ont pas offert de brouillard, et n'ont point été marqués par les circonstances dont je viens de parler. Mais l'espèce de brouillard qui paraît les produire est d'une nature sèche, différant des brouillards d'hiver et de ceux de la fin d'automne; il doit être nécessairement suivi d'un beau soleil, d'un ciel bien éclairé, et conséquemment d'un beau temps. Comme ces circonstances se rencontrent difficilement, la production de ces sortes de matières est assez rare; souvent elles ne paraissent qu'en petite

quantité, d'autres fois on en voit une abondance remarquable. »

M. de Lamarck ajoute à ces observations qu'en
examinant attentivement le ciel, on voit ces flocons
descendre des plus hautes régions de l'air et tomber
très-lentement ; qu'on ne les voit, au contraire, jamais se diriger de bas en haut ; qu'ils ne sont jamais
en plus grande quantité que lorsque le soleil est fort
élevé sur l'horizon ; qu'ils tombent également sur les
édifices des grandes villes, comme sur les chaumiè-
res des villages ; qu'ils se forment au printemps
comme en automne ; que si l'état de l'atmosphère
vient à changer, ils ne se conservent pas du jour au
lendemain ; on en chercherait vainement quelques
traces, on n'en trouve plus ; ils disparaissent en un
instant. Or, au printemps il y a peu d'araignées ou
d'insectes fileurs ; et dans l'automne, l'état de l'atmosphère ne changeant rien aux travaux des araignées de terre, on devrait, toutes les fois qu'elles fi-
lent, voir voltiger ces flocons ; cependant on n'en
voit plus. Comparé aux fils des araignées terrestres,
et à toutes les autres productions de ce genre, ce coton ne leur ressemble nullement ; il est d'une blancheur et d'un éclat dont ils n'approchent pas.

M. de Lamarck conclut de ces observations que le
coton atmosphérique n'est le produit d'aucun insecte.
Il pense que c'est un résidu des brouillards dissipés,
et, en quelque sorte, réduits et condensés par l'action
des rayons solaires.

289. Pour moi, je conçois bien que le soleil dissipe
le brouillard en écartant les molécules qui le composent, en les dispersant dans l'étendue de l'atmos-

phère, finalement en les raréfiant; mais j'ignore, je l'avoue, ce que c'est que du brouillard sec, car j'ai toujours vu que le brouillard produit beaucoup d'humidité. Je comprends encore moins comment du brouillard condensé peut produire du coton; il me semble qu'il devrait donner de la pluie, car on trouve dans toute espèce de brouillard proprement dit les élémens de l'eau, et non ceux du coton.

290. Maintenant, je puis affirmer que, depuis quinze ans que j'ai lu pour la première fois l'explication de Pluche, j'ai toujours cherché avec curiosité, et que j'ai toujours découvert effectivement les araignées, dont parle cet auteur, occupées à produire différens fils, qu'elles attachaient aux arbres, aux plantes peu élevées, etc. Il est très-facile de prendre la nature sur le fait, si l'on veut se donner la peine d'observer.

Bien plus, je suis convaincu que toutes les circonstances du phénomène s'expliquent naturellement par ce moyen, sans qu'on ait besoin de recourir à la condensation des brouillards. Ainsi, l'espèce d'arachnides, dont il est question ici, a des fils d'une blancheur éblouissante; de là l'éclat des flocons. On peut s'en assurer en réunissant plusieurs fils simples pour en former un plus gros; celui-ci sera très-blanc. Il paraît aussi que certains brouillards constituent dans la température de l'air une disposition qui détermine nos insectes fileurs à s'envelopper dans leur toile pour se garantir du froid. Mais quand le brouillard est dissipé, et que le soleil darde ses rayons bienfaisans avec un éclat que rien n'altère, nos araignées se dépouillent de leur enveloppe, qui vole alors au

20*

gré du zéphyr, et vont s'amuser sur un fil, en se réjouissant de la présence de l'astre du jour.

Il est facile de comprendre, d'après cette explication, pourquoi l'on ne voit que très-rarement des
flocons en hiver et pendant les chaleurs de l'été, car
les araignées, pendant la saison des frimas, restent
continuellement cachées, à moins qu'il ne fasse quelques beaux jours, comme il arrive quelquefois en
février. Dans ce cas, les plus intrépides commencent
à se montrer, et quelques fils voltigent dans l'air.
Observons que ces belles journées sont ordinairement
précédées par un brouillard assez épais.

Pendant la saison des chaleurs, au contraire, la
terre est constamment chaude : nos petits insectes
n'ont donc pas besoin de se vêtir. Cependant, s'il
arrive, même en été, qu'ils prévoient quelques
brouillards pour la nuit suivante, ils se couvriront,
et le lendemain, dès que le soleil exercera sa douce
influence, on verra voltiger leurs dépouilles.

On concevra facilement que l'observation qui fait
descendre ces produits des hautes régions de l'air est
inexacte, et que si les flocons paraissent tomber des
hauteurs de l'atmosphère, c'est qu'ils s'y étaient élevés par l'effet de leur légèreté avant de s'être réunis
pour former un fil, ou même un flocon assez épais.
Dans ce dernier état, les fils ou les flocons l'empor-
tent sur la résistance de l'air, et sont entraînés alors
par leur poids, mais sans cesser pourtant de flotter
au gré du vent.

Quant à la disparition presque subite de ces fils
aussitôt que la température change, cela résulte sans
doute de la pesanteur qu'ils acquièrent lorsque le

temps devient humide, ou de la dispersion qu'opère un vent un peu fort, dispersion d'autant plus facile que les araignées, n'étant plus déterminées à travailler par l'état de l'air, les flocons ou les fils ne se renouvellent point.

ARTICLE XV.

Pluie de feu.

291. Nous ne remonterons point, dans l'examen de ce phénomène, jusqu'à cette pluie miraculeuse et terrible, qui, suivant l'Écriture, servit d'instrument à la vengeance céleste contre deux villes fameuses de la Palestine : les miracles ne sont pas soumis aux lois de la nature. Il y aurait du ridicule, pour ne rien dire de plus, à prétendre les expliquer par ces lois. Les phénomènes dont nous allons nous occuper ici seront donc d'un ordre différent; ils se trouveront renfermés dans les bornes de la nature.

Autant les pluies de feu sont curieuses en même temps qu'effrayantes, autant le spectacle en paraît peu commun. Nous lisons dans l'Histoire de l'Académie des Sciences qu'au 10 mars 1695 un orage terrible, qui éclata sur la ville de Châtillon-sur-Seine, offrit ce singulier phénomène aux yeux des habitans épouvantés. La tête de cet orage s'étant enflammée, l'air parut tout en feu : ceux qui le virent, effrayés, crurent les villages voisins consumés par le feu qui tombait de tous côtés en bluettes semblables à celles qui sortent du fer rouge quand on le bat; elles roulaient quelque temps sur la terre, répandaient un éclat bleuâtre, et s'éteignaient bientôt. Cet orage dura un quart d'heure, et occupa un assez grand terrain. Mais une circonstance bien singulière marqua ce phénomène : c'est qu'il neigeait à la queue de l'orage, et que la neige tombait à gros flocons.

Ce même jour, à Paris, il tomba, vers cinq heures et demie du soir, une grande quantité de neige à la suite d'une espèce d'ouragan. On ajoute que, le 17 du même mois, il tomba, vers quatre heures du matin, en plusieurs endroits de la même ville de Châtillon, une espèce de pluie d'une liqueur roussâtre, épaisse, visqueuse, puante, et qui ressemblait à une pluie de sang : on en voyait de grosses gouttes imprimées contre les murs, et un même mur en était couvert de côté et d'autre ; ce qui donna lieu de penser que cette pluie avait été excitée par un violent tourbillon.

292. L'abbé Richard, dans son Histoire de l'Air, décrit en peu de mots un phénomène du même genre, et dont les suites furent malheureusement plus désastreuses. Au mois de novembre 1741, un nuage chassé par un vent d'est très-violent, après s'être heurté plusieurs fois contre les montagnes qui sont au-dessus de la ville d'Alméric, au royaume de Grenade en Espagne, vomit une pluie d'étincelles ardentes, qui mirent le feu à toute la campagne voisine, et surtout aux bruyères dont sont couvertes les montagnes appelées Alpuxarras, contre lesquelles le nuage s'était arrêté. Plusieurs vaisseaux qui se trouvaient dans le port d'Alméric, furent incendiés par cette pluie de feu.

293. En considérant que ces phénomènes sortent

du sein des orages, on en trouvera la cause dans la matière électrique dont les nuages se trouvent être, dans ces circonstances, les véritables foyers. Ils renferment aussi des gaz de diverse nature, par exemple, de l'hydrogène, des exhalaisons nitreuses ou sulfureuses, des émanations phosphorescentes, qui, se développant ou se combinant par l'action de l'électricité, s'enflamment et retombent sous cette nouvelle forme. Ainsi, la pluie de Châtillon (*V*. 291) était précipitée par l'action immédiate des exhalaisons nitreuses qui sortaient en abondance de la nuée de neige, qu'on voyait marcher à la suite de la nuée de feu, dont elle prenait aussitôt la place.

Nous bornerons ici l'explication des météores aqueux. Le dernier que nous venons de relater ne devrait pas, si l'on s'en tenait rigoureusement à l'origine, se trouver classé ici. Le titre de l'article (*pluie*), est la seule raison que nous ayons eue pour l'extraire de la classe des phénomènes ignés, auxquels nous reconnaissons sans difficulté qu'il appartient par sa nature. Nous exposerons dans le chapitre suivant un nouvel ordre de phénomènes d'autant plus curieux, qu'ils offrent toujours un spectacle innocent. Les météores lumineux, en réjouissant l'œil par l'éclat et la variété des couleurs dont ils se décorent ordinairement, ne font point verser de larmes sur les désastres dont ils sont la cause.

CHAPITRE QUATRIÈME.

MÉTÉORES LUMINEUX.

ARTICLE PREMIER.

DE L'ARC-EN-CIEL.

293. Nous comprendrons, dans la série des phénomènes lumineux, seulement les météores qui dépendent de l'action de la lumière, abstraction faite de toute inflammation, de toute chaleur; et quoique des physiciens célèbres soupçonnent l'identité du calorique et du fluide lumineux, nous continuerons de considérer le principe de la lumière séparément et indépendamment du fluide auquel nous attribuons les météores ignés. (V. *l'art. sur la lumière, n° 34 et suivans*).

294. De tous les météores lumineux, *l'arc en-ciel* serait incontestablement le plus capable d'attirer l'attention, le plus magnifique aux yeux de l'observateur, si la fréquence de ce phénomène ne nous rendait pas, en quelque sorte, indifférens sur ses merveilles. Ce n'est toutefois que dans les derniers siècles que ce météore paraît avoir été parfaitement examiné, et du moins expliqué d'une manière satisfaisante.

Les anciens Romains considéraient l'arc-en-ciel comme un siphon par lequel les eaux de la pluie remontaient de la terre aux nuages pour retomber ensuite sur la terre ; ils attribuaient donc à ce phénomène les pluies abondantes des orages. Les poètes, en conservant cette idée, en tiraient des comparaisons gracieuses, et perpétuaient ainsi le préjugé populaire.

Cependant, comme l'arc-en-ciel paraît généralement après les orages, et qu'il semble en annoncer la fin, tous les peuples de l'antiquité le regardèrent comme un signe de paix entre le ciel et la terre. Cette idée est exprimée positivement dans l'Ecriture, et nous voyons qu'elle s'est conservée traditionnellement chez la plupart des nations modernes.

Formation de l'arc-en-ciel.

295. Quoi qu'il en soit des opinions populaires relativement à ce météore, il s'agit de l'examiner en lui-même, d'en considérer la nature. Ce phénomène a lieu lorsque les rayons du soleil, dirigés sur les molécules d'un nuage, s'y brisent, s'y réfractent, et reviennent, ainsi réfractés, à l'œil de l'observateur. L'expérience du prisme triangulaire (V. 48) démontre parfaitement l'opération qui se manifeste dans le phénomène de l'arc-en-ciel. Ici le nuage placé derrière le météore fait l'office du plan sur lequel doit tomber le rayon, après qu'il s'est décomposé en traversant les molécules aqueuses, comme il se décompose par le moyen du prisme de verre.

296. Il faut donc admettre comme des conditions nécessaires pour la formation du phénomène,

1º Un plan transparent ou non transparent sur lequel les rayons puissent se réfléchir, afin de venir ensuite affecter l'œil du spectateur.

2º Un milieu qui serve à la décomposition des rayons solaires. — Les molécules aqueuses remplissent cette fonction.

On remarque aussi que l'œil de l'observateur doit être placé entre l'astre rayonnant et les molécules de pluie sur lesquelles le météore s'opère, et qu'en outre le rayon incident et le rayon réfléchi, celui qui frappe l'œil, font entre eux un angle d'environ 42 degrés.

297. Plusieurs expériences extrêmement faciles concourent à prouver ces vérités. On prend une petite bouteille de verre, de figure sphérique, et on la remplit d'eau claire; en la tenant suspendue sous l'action directe du soleil, si l'on se place entre l'astre et la bouteille, de manière que le rayon visuel qui part de la bouteille, fasse avec le rayon solaire l'angle prescrit (42º), on verra les couleurs de l'arc-en-ciel jaillir de la bouteille. Il est clair qu'il suffit d'abaisser ou d'élever insensiblement la bouteille, pour trouver le point nécessaire au succès de l'expérience.

On remarquera le même effet, si l'on se place devant un jet d'eau, du côté où les molécules humides retombent sur la terre, et qu'on ait le soleil derrière soi. Dans ce cas, le jet produit absolument l'office d'un nuage; il n'y a de différence que du plus au moins. On obtiendra le même résultat, toujours sous les mêmes conditions, si l'on jette en l'air un peu d'eau qui retombe en pluie fine.

Il arrive encore souvent qu'on observe en petit

un pareil phénomène, dans une prairie couverte
d'une rosée abondante, si l'on est placé convenablement par rapport au soleil.

Couleurs et forme de l'arc-en-ciel.

298. Nous savons déjà que les couleurs brillantes
de ce météore proviennent de la décomposition des
rayons de lumière dans les molécules aqueuses. Le
savant Aristote n'y voyait que trois couleurs, le
rouge, le vert et le violet. Mais le prisme, en divi-
sant exactement le rayon lumineux en sept branches, a donné lieu de distinguer dans l'arc-en-ciel
les sept couleurs primitives (V. 48), le rouge, l'o-
rangé, le jaune, le vert, le bleu, l'indigo, le violet.
Le rouge forme la zone supérieure et se trouve conséquemment le premier à la convexité de l'arc; le
violet termine l'arc à l'extrémité opposée. Le rayon
rouge, étant le plus réfrangible, est aussi le plus brillant; les autres couleurs offrent toujours une intensité proportionnelle à leur degré de réfrangibilité.

299. Quant à la forme circulaire qui paraît toujours affecter l'arc-en-ciel, elle dépend également de
la loi de réfrangibilité, qui force les rayons de même
couleur à frapper l'œil de l'observateur sous des angles égaux; et pour que cette condition existe, il est
nécessaire que les globules aqueux soient disposés
circulairement autour d'un centre lumineux. Il est
donc indispensable aussi, pour la production du phénomène, que le centre du soleil et celui de l'arc se
trouvent respectivement placés de telle sorte, qu'une
ligne droite, qui passerait par ces deux points, pût
être perpendiculaire au plan de l'arc-en-ciel.

300. Les météores dont nous parlons offrent partout une égale largeur ; et cette circonstance est naturelle, puisque les faisceaux colorés jouissent toujours du même degré de réfrangibilité. D'ailleurs, la grandeur de l'arc dépend de la hauteur ou de l'abaissement du soleil par rapport à l'horizon, de la position du spectateur et de l'absence des nuages opaques qui pourraient intercepter l'influence du rayon lumineux.

En effet, l'arc est d'autant plus petit, que le soleil est plus élevé au-dessus de l'horizon, car la surface du ciel paraît s'étendre à mesure que l'astre du jour l'éclaire plus obliquement. En second lieu, si la pluie s'étend assez loin pour occuper un espace plus grand que la portion visible du cercle, l'arc paraîtra toucher à la terre ; dans le cas contraire, le phénomène sera borné à la partie du cercle occupée par la pluie. Enfin, des nuages peuvent intercepter les rayons du soleil ; alors l'arc paraît tronqué, soit à sa partie supérieure, soit à toute autre partie, suivant la position des nuages.

Arcs-en-ciel multiples.

301. Souvent près d'un premier arc on en remarque un deuxième, et quelquefois un troisième arc se trouve encore à la suite du second ; il est rare qu'on en aperçoive un quatrième, et même assez généralement le troisième n'est pas achevé. Ces différens arcs secondaires proviennent de la réflexion du premier arc dans les nuages voisins ; aussi les arcs réfléchis sont-ils d'autant moins apparens, d'autant plus faibles, qu'ils s'éloignent davantage de l'arc primitif,

et leurs zones colorées occupent un ordre inverse de l'arrangement des couleurs du premier.

302. La physique explique différemment la formation des arcs secondaires. Le rayon lumineux, en traversant le globule d'eau (car on sait que les gouttes de pluie sont sphériques), pénètre dans l'intérieur en se réfractant suivant son angle d'incidence ; une partie du rayon traverse le globule, mais une autre partie se réfléchit sur la concavité qui est opposée au point d'immersion, et revient pour sortir précisément du côté par où il avait pénétré. Il s'échappe effectivement en partie, et se porte vers l'œil du spectateur, placé convenablement pour en être affecté. Nous disons qu'il s'échappe en partie, car plusieurs rayons du faisceau lumineux sont réfléchis une seconde fois dans l'intérieur du globule ; il peut se faire ainsi une multitude de réflexions. On conçoit qu'à chaque fois la portion de lumière émise hors du globule s'affaiblit de plus en plus, et finit par s'effacer entièrement.

Ce sont les portions réfléchies une deuxième, une troisième fois, qui donnent l'image du deuxième, du troisième arc-en-ciel. Mais comme à chaque fois une partie des rayons a déjà été transmise, le nombre de ceux qui sont réfléchis va toujours en diminuant, et leur pouvoir éclairant s'affaiblit sensiblement. C'est la raison de la diminution d'intensité qu'on observe dans les couleurs des arcs successifs.

Arcs-en-ciel perpétuels.

303. On trouve en Italie, dans l'Ombrie, une petite rivière qui forme la cascade de Terni, en se pré-

cipitant perpendiculairement de la montagne *del marmore* (du marbre), d'environ deux cents pieds de hauteur, sur des rochers où elle se brise avec fracas; un nuage s'élève continuellement tel qu'une poussière humide. Ce brouillard, vu du côté opposé à la cascade, produit un effet merveilleux; il reçoit les rayons du soleil qui viennent s'y briser, et donne naissance à différens arcs qui se croisent, changent de position, s'élèvent ou s'abaissent relativement à la force des vents; leur direction peut aussi modifier ces arcs perpétuels. Le vent du midi, par exemple, rassemble le brouillard, le tient immobile contre la montagne; le soleil, dans ce cas, ne forme qu'un seul grand arc qui couronne toute la cascade et les environs.

A quelque distance, les couleurs se distinguent parfaitement; de près elles se confondent, et généralement, si l'on entre dans l'arc-en-ciel, on se voit couvert d'une lumière vive et brillante, mais dont l'éclat n'offre plus qu'une lueur d'une blancheur éblouissante. Si l'arc se dessine sur un fond sombre ou peu transparent, comme un nuage épais, un bois, etc., il est aussi plus remarquable. C'est la circonstance que présente l'arc-en-ciel de Terni. Le rocher d'où se précipite la rivière, sert en quelque sorte d'appui au nuage de globules dans lesquels se réfractent les rayons de lumière, et la réflexion est plus énergique qu'elle ne le serait, si nul obstacle ne s'opposait au passage de la partie du rayon qui traverse entièrement chaque globule.

304. Au Canada, le fleuve Saint-Laurent, en se précipitant d'une hauteur de 200 pieds, forme une

cataracte magnifique. L'onde, en jaillissant, produit, à cet endroit, un brouillard fort épais, un nuage
qu'on aperçoit de cinq lieues de distance, et sur
lequel le soleil peint toujours un arc décoré des couleurs les plus brillantes. Ce phénomène dépend des
mêmes causes que celui de Terni : l'un et l'autre
éprouvent les mêmes variations sous l'influence des
vents ; ils présentent, en général, tous deux les mêmes
circonstances.

Iris lunaires.

305. La formation des iris, ou arcs-en-ciel lunaires, est analogue à celle des arcs produits par la
lumière du soleil ; mais ces phénomènes ne s'observent guère que pendant la pleine lune. S'il pleut
dans la partie du ciel opposée à l'astre des nuits, et
que la lune se trouve parfaitement claire, les rayons
de lumière qu'elle projetera sur le nuage s'y réfrac-
teront, et donneront naissance à un arc-en-ciel dont
les couleurs faibles le distingueront essentiellement
des arcs solaires. En effet, les arcs nocturnes n'offrent que le spectacle d'une bande de lumière blanche, à peu près semblable à cette portion du ciel
connue sous la dénomination de *voie lactée*.

Ainsi nous lisons dans le *Journal des Savans*, que
le 18 juillet 1693, à 9 heures un quart du soir, la
lune étant claire du côté du midi, et le ciel couvert
au nord d'un nuage fort épais, il se forma dans ce
nuage, aux environs de Bourges, un arc qui n'avait
aucune des couleurs d'un arc diurne ; il paraissait de
largeur ordinaire, se dessinait comme une zone blanchâtre sur la partie la plus obscure du nuage.

ARTICLE II.

De l'aurore boréale.

306. Ce phénomène se distingue par une lueur blanche semblable à cette lumière dont les flots argentés se répandent dans le ciel au moment où le soleil va paraître sur l'horizon. Cette analogie explique le nom d'*aurore* que porte ce phénomène ; quant à la dénomination de *l oréale*, elle provient de la partie du ciel que le météore occupe ordinairement.

307. Voici les principaux caractères des *aurores boréales*. Une espèce de nue blanche et lumineuse paraît vers le nord, et reste pendant quelques heures immobile et comme stationnaire. Souvent des flots lumineux se répandent autour de cette nue, des gerbes brillantes la précèdent, de vives scintillations, des segmens de cercles plus éclairés, et d'autres plus obscurs, naissent et disparaissent successivement en différens points de son étendue. Quelquefois le météore est d'une couleur rougeâtre, tantôt il est d'un rouge couleur de feu. Le ciel présente alors l'apparence d'un vaste incendie qui régnerait dans l'éloignement. Mais quelque vif que soit l'éclat de l'aurore boréale, il paraît que la lumière de ce phénomène est très-rare ou bien peu intense, puisqu'on voit distinctement les étoiles fixes à travers la lueur qu'elle répand. Jamais ce phénomène n'est accompagné de bruit, de pétillement, comme on l'avait anciennement supposé. Les physiciens pensent qu'il se forme à une hauteur de deux cents lieues au moins au-dessus de la surface de la terre. Cela se conçoit facilement si

l'on considère à quelles distances la même aurore boréale est visible.

307. Ces brillans phénomènes, qui sont assez communs vers les régions polaires, se voient aussi de
temps en temps à Paris. Tout récemment, en 1827,
le 25 septembre, sur les onze heures du soir, la partie septentrionale du ciel parut tout en feu; on crut
qu'un vaste incendie dévorait une partie de la capitale. Ce météore dura quelques heures et s'éclipsa
pendant la nuit. Dans la journée, il avait plu continuellement par un vent sud-ouest. Le 8 du même
mois, on avait observé dans tout le Danemarck une
très belle aurore boréale au nord-ouest : on regardait
ce phénomène comme le présage d'un hiver précoce
rigoureux; cependant les froids ont été nuls à
Paris, et n'ont pas offert une intensité remarquable
dans les autres contrées plus septentrionales, surtout
en Danemarck.

Pour en revenir à l'aurore boréale du 25 septembre, elle décrivit un arc du nord-ouest au nord-
nord-est, dont l'élévation parut être de 14 à 15 degrés (plus de 300 lieues). Toute cette partie du ciel
fut fortement illuminée, présentant à l'œil de l'observateur des nuances de couleurs de la plus grande
beauté. La soirée était superbe, et l'effet de l'aurore
boréale fut si sensible, que l'on croyait jouir encore
de la lune, qui cependant était couchée depuis cinq
heures quinze minutes.

M. Arago publia, dans le temps, la note suivante
sur ce phénomène : « L'aurore boréale qui s'est mani-
festée à Paris, le 25 septembre, s'était annoncée,
dès huit heures du soir, par un dérangement très

sensible de l'aiguille horizontale des variations (c'est l'aiguille de la boussole). A neuf heures et demie ce dérangement était énorme; mais alors des taches lumineuses se montraient çà et là entre l'ouest-nord-ouest et le nord-nord-est; quelques minutes après, il se forma un arc éclairé, qui dura peu d'instans. Son point culminant se trouvait, à très-peu près, dans le méridien magnétique (*V.* 110). A onze heures, le phénomène s'était déjà considérablement affaibli. Pendant toute la durée de son apparition, l'aiguille horizontale magnétique, et même l'aiguille d'inclinaison, changeaient si fréquemment de direction, qu'on avait à peine le temps d'écrire les observations. Depuis une vingtaine d'années, on n'avait pas vu d'aurore boréale à Paris. » C'était en 1804. Déjà au mois de septembre 1621, un phénomène du même genre avait été aperçu de toute la France.

Dans la même nuit du 25 au 26 septembre, à la même heure qu'à Paris, ce phénomène fut remarqué à Londres, à Copenhague, en Bavière. Il parut, dans ces contrées, commencer à l'ouest de l'horizon et s'étendre par le nord jusqu'à l'est; à minuit et demi, il avait disparu. Toute cette partie du ciel qui paraissait en feu était sillonnée, de temps en temps, par des rayons lumineux d'une blancheur éclatante.

308. L'aurore boréale qui semble avoir été observée depuis les temps les plus reculés, exerça continuellement la sagacité des physiciens philosophes. Aristote, Pline, Sénèque, parmi les anciens, une foule de savans, parmi les modernes, se sont occupés d'une manière spéciale de l'étude de ce phénomène. Franklin, entre autres, et tous les partisans

de l'électricité attribuent ce phénomène à une accumulation du fluide électrique hors des bornes de nôtre athmosphère, fluide qui se trouve attiré vers le nord, soit par l'action du fluide magnétique, dont l'analogie avec l'électricité est démontrée, soit parce que la force centrifuge est plus faible près des pôles qu'à l'équateur, par une suite nécessaire de la rotation de la terre. Un observateur ingénieux cherche à prouver, dans le Journal de Physique de l'abbé Rozier (décembre 1778), que ce météore n'est dû qu'à l'action de l'électricité; il explique les divers effets que le fluide électrique est capable de produire en passant d'un air dense à un air très-raréfié, tel qu'est celui des pôles, et cette explication donne précisément pour résultat tous les phénomènes que présente l'aurore boréale.

309. Un autre auteur suppose que l'air échauffé par l'action puissante du soleil entre les tropiques, et contenant une grande quantité de vapeurs qui entraînent elles-mêmes beaucoup de matière électrique, monte, en conséquence de la légèreté qu'il acquiert (V. 59), dans les parties supérieures de l'atmosphère, et, se répandant ensuite vers le nord et vers le midi, de part et d'autre de l'équateur, il descend enfin près des pôles, d'où un courant d'air plus froid et plus dense remonte dans une direction opposée vers l'équateur. Cette circulation de l'air froid ou chaud, pesant ou léger, est rendue sensible par l'ascension de la fumée dans les corps de cheminée, quand un combustible est allumé dans le foyer. (1).

_____

(1) Le courant d'air qui sollicite la fumée à monter par la che-

Pendant que la vapeur électrisée passe vers le nord, en forme de nuages, une grande partie retombe en pluie, en neige ou en grêle, avant d'être arrivée dans les régions polaires. Il est reconnu que ces différens météores contiennent de l'électricité, puisque les vases isolés (*V.* 89) dans lesquels on les reçoit manifestent aussitôt la présence du fluide ; mais, dans les régions tempérées, cette matière électrique se rend promptement au réservoir commun, parce qu'il ne se trouve couvert d'aucune substance isolante ; la terre reçoit donc l'électricité, soit insensiblement par le moyen de la pluie, soit subitement avec fracas, par l'effet des explosions de la foudre.

Au contraire, dans les régions glacées du pôle, la portion des vapeurs électriques qui peut y parvenir tombe avec la neige ; mais une croûte de glace, dont la terre est couverte éternellement dans ces contrées, intercepte le passage à l'électricité. Le fluide s'accumule donc à la surface comme sur un plateau de verre. Cependant ce gâteau de glace se trouve à la fin surchargé ; il en résulte différentes éruptions de la matière électrique qui s'échappe dans l'atmosphère supérieure jusqu'à ce qu'elle rencontre ou l'éther pur,

---

minée lorsqu'on allume du feu dans le foyer, provient de l'air raréfié dans le canal de la cheminée par la chaleur du feu. Cette colonne d'air devenant par là plus légère, et ne pouvant plus être en équilibre avec l'air de la chambre, celui-ci, poussé sans cesse vers le haut de la cheminée, entraîne les vapeurs grossières qui s'échappent du combustible sous la forme de fumée. Cet effet explique aussi l'inconvénient que présentent les cheminées qui fument avant que le feu n'ait échauffé et raréfié l'air du canal, à moins qu'on n'excite un courant d'air en ouvrant une porte ou une fenêtre de la chambre.

ou simplement un air très-raréfié, qui, dans ce cas,
est un bon conducteur. Là, elle s'étendra vers l'équateur dans une direction divergente, suivant la largeur des degrés de longitude, et présentera les
mêmes phénomènes que l'électricité offre dans les
expériences que les physiciens font dans le vide. Ces
phénomènes sont absolument semblables aux effets
de l'aurore boréale.

310. Ces théories, quelque ingénieuses qu'elles
soient, n'ont pas entièrement satisfait nos physiciens
modernes. Ils ont, en conséquence, expliqué le météore par la combinaison du gaz hydrogène avec le
fluide électrique. « Comme le gaz hydrogène est inflammable par la seule action du fluide électrique,
dit Patrin, c'est probablement à son inflammation
que sont dues les aurores boréales dont j'ai été tant
de fois témoin, pendant un séjour de dix années dans
les contrées boréales, et dont les mouvemens vagues
et flamboyans m'ont paru annoncer la combustion
successive d'un corps très-prompt sans doute à s'enflammer, mais non pas avec cette inconcevable rapidité que le fluide électrique nous montre dans l'é-
clair; et je crois qu'il n'a pas ici d'autres fonctions,
quelque abondant qu'il soit, que de produire l'inflammation du gaz hydrogène, et en même temps
celle d'une portion du gaz oxygène de l'atmosphère,
dont la combinaison produit des gouttelettes d'eau
qui, se trouvant à l'instant congelées par l'intensité
du froid, forment ces atômes glacés qui remplissent
l'air de ces contrées. Là, le fluide électrique, dont
l'atmosphère est surchargée, produit dans de petites
portions d'air une infinité d'explosions insensibles,

mais universelles dans la masse de l'air, et dont chacune produit sa gouttelette d'eau, comme nous voyons dans les temps d'orage l'explosion de la foudre en produire des torrens. »

Cette explication est claire; elle complète parfaitement la théorie des aurores boréales par l'action du fluide électrique.

ARTICLE III.

Lumière zodiacale.

311. Le célèbre astronome Cassini est le premier qui ait observé ce phénomène. En voici les caractères. C'est une espèce de lumière assez ressemblante, par son éclat et sa blancheur, à la clarté qu'on remarque dans la *voie lactée* (1). Elle tire sur le jaune; vers l'horizon, elle a une teinte faiblement rougeâtre; elle paraît ainsi dans le zodiaque en forme de bande ou de pyramide, dont la base s'appuie obliquement sur l'horizon. Cette lumière accompagne toujours le soleil; et comme elle ne passe guère le plan de l'écliptique, elle n'est visible, du moins en général, que vers la fin de l'hiver ou au commencement du prin-

---

(1) On nomme *voie lactée* ou vulgairement *chemin de Saint-Jacques*, une bande lumineuse qu'on aperçoit, pendant les nuits sereines, à notre zénith (*V. le Glossaire*). Cette bande divise le ciel en deux parties à peu près égales. Les astronomes pensent généralement qu'elle est formée d'un assemblage innombrable d'étoiles de différentes grandeurs; car ils en ont compté une quantité prodigieuse avec le secours de bons télescopes; mais la lumière confuse de ces étoiles n'offre à l'œil nu qu'une blancheur assez douce.

temps, et toujours après le coucher du soleil ou avant son lever. On l'aperçoit rarement dans les autres saisons, parce que la clarté des crépuscules efface sa lumière. D'ailleurs, l'éclat de ce météore est si faible et si transparent, que les plus petites étoiles paraissent souvent à travers le phénomène sans rien perdre de la vivacité de leur lumière. Ajoutons enfin que ce phénomène est plus visible pour les peuples situés entre les tropiques que pour les habitans des régions polaires.

312. Cassini et d'autres physiciens ou astronomes, remarquant la liaison qui se trouve entre l'existence de la lumière zodiacale et la marche du soleil, en ont conclu que ce phénomène n'est autre chose qu'une portion de l'atmosphère solaire prolongée vers la terre. Des calculs profonds concourent à soutenir cette hypothèse, dont la vraisemblance a mérité l'assentiment de la plupart des savans de nos jours. Cependant, Laplace a combattu cette opinion, sans donner toutefois une autre explication du phénomène.

« L'atmosphère, dit-il, ne peut s'étendre à l'équateur que jusqu'au point où la force centrifuge balance exactement la pesanteur ; au-delà de cette limite, le fluide doit se dissiper. Or, le calcul prouve que l'atmosphère solaire ne s'étend pas jusqu'à l'orbe de Mercure, et, par conséquent, elle ne produit pas la *lumière zodiacale,* qui paraît s'étendre au-delà même de l'orbe terrestre. D'ailleurs, cette atmosphère est fort éloignée d'avoir la forme que les observations donnent à la lumière zodiacale. »

313. Malgré cette objection, on ne peut disconvenir que les rayons lumineux qui nous viennent du

soleil ne soient la cause naturelle de ce phénomène. Il est extrêmement probable que ces rayons se réfractent en passant du milieu très-léger qui compose l'atmosphère solaire, dans l'atmosphère terrestre, dont la densité relative est incontestable. Une partie des rayons se réfléchit vers l'astre qui en est la source; une autre partie se disperse suivant des lois déterminées par l'état de notre atmosphère, lois que l'observation a depuis long-temps reconnues; et cette conjecture est d'autant plus vraisemblable, que la lumière zodiacale présente, comme nous l'avons dit, la figure d'un cône dont la base est tournée vers l'horizon, c'est-à-dire vers le soleil, et le sommet ou la pointe vers le zodiaque. Enfin, la théorie générale de la lumière, qui s'étend et se perfectionne de jour en jour par les travaux des physiciens, nous dispense de chercher ailleurs une explication méthodique du phénomène qui a fait le sujet de cet article.

314. Les anciens ont observé un phénomène qui a quelque analogie avec celui que nous venons de décrire. Nous le désignerons sous la dénomination de *verges lumineuses*. Ce météore est simplement un faisceau de rayons qui, se trouvant resserrés entre des vapeurs d'une certaine densité, s'élèvent en forme de colonne dans une direction perpendiculaire.

Les Actes de Leipsick, année 1690, rapportent deux phénomènes de cette espèce, qui furent observés, l'un pendant le jour, l'autre pendant la nuit, par le docteur Sturmius. Ce savant se promenait, jouissant de la sérénité d'un air pur, mais assez froid; cependant des nuages, ou du moins des vapeurs, paraissaient s'étendre à l'horizon vers l'occident : le soleil était sur son déclin. Tout-à-coup l'observateur aperçut une colonne de lumière qui s'élevait perpendiculairement sur le disque de cet astre. Cette colonne était moins brillante que le soleil, mais beaucoup plus lumineuse que la partie du ciel qui l'avoisinait. La largeur du phénomène paraissait égale au demi-diamètre du soleil, et la longueur semblait égaler douze fois la largeur. Lorsque le soleil fut couché, la colonne diminua de longueur, et disparut entièrement dans l'espace de quelques minutes.

315. Le même jour, on vit au même endroit un phénomène assez curieux autour de la lune, à l'instant où cet astre se trouva sur son déclin. C'était une colonne pareille à celle qu'on avait observée sur le soleil, avec cette différence qu'au lieu d'être entièrement au-dessus de l'astre, sa plus grande longueur était au-dessous, et s'étendait jusqu'à l'horizon ; particularité qu'il faut attribuer à l'élévation de la lune, qui était encore assez considérable, car, à mesure qu'elle approchait de l'horizon, la verge lumineuse se raccourcissait par la partie inférieure, mais la partie visible au-dessus de la lune s'allongeait insensiblement.

Les vapeurs qui troublaient la transparence de l'air ne s'étant pas dissipées pendant la nuit, Sturmius observa encore le lendemain, au lever du soleil, une colonne lumineuse qui s'appuyait sur l'horizon, et qui ne disparut entièrement qu'à l'instant où l'astre fut parvenu au sommet de la colonne. La disposition de l'air ayant changé dans la journée, le phénomène qu'on avait observé la veille ne parut plus.

316. L'abbé Richard rapporte, dans son *Histoire*

de l'Air, un phénomène du même genre, qu'il observa lui-même le 18 décembre 1769. Le vent était sud-ouest, l'air nébuleux et épais. Pendant que le soleil se plongeait dans un brouillard pâle et transparent, il sortit du point de l'horizon où l'astre devait se coucher, une verge ou pyramide renversée, d'un rouge assez vif, et qui se distinguait parfaitement au travers du brouillard répandu dans l'atmosphère. Après le coucher du soleil, elle se teignit d'un rouge pourpre, et pendant plus de trois-quarts d'heure on put l'apercevoir. Elle était d'un rouge plus obscur aux différens points où des bandes formées par les nuages la coupaient horizontalement. On put en remarquer la forme tant que le crépuscule eut quelque éclat.

Tous ces effets se conçoivent très-bien par les modifications que le fluide lumineux éprouve en traversant les couches de vapeurs qui avoisinent toujours la surface de la terre, et surtout celles qui sont répandues dans l'atmosphère au moment de la formation du phénomène.

ARTICLE IV.

DES HALOS OU COURONNES.

317. Les physiciens nomment *halos* ou *couronnes* des anneaux de lumière ordinairement d'un rouge sombre, qui paraissent, dans certaines circonstances, autour du soleil pendant le jour, et autour de la lune et des étoiles pendant la nuit. Ces phénomènes présentent quelquefois les couleurs de l'arc-en-ciel, mais elles sont toujours fort obscures. Il arrive souvent aussi que les couronnes sont formées de plusieurs anneaux concentriques de diverses grandeurs.

Les halos n'ont jamais lieu par un temps serein; on les remarque seulement quand l'air a perdu une partie de sa transparence. Ils annoncent que l'eau dissoute dans l'atmosphère commence à se réunir en gouttelettes, et que les vapeurs, en s'agglomérant, formeront bientôt des nuages qui se résoudront en pluie. Aussi les couronnes sont-elles ordinairement le présage d'une pluie prochaine; nous disons ordinairement, car un vent un peu fort, en dissipant les brouillards, fait quelquefois disparaître les cercles lumineux.

318. La nature de ce phénomène et les circonstances qui l'accompagnent, indiquent assez qu'il est produit par la même cause que le phénomène de l'arc-en-ciel. Ces deux genres de météores se passent dans une région atmosphérique tellement basse, qu'ils peuvent rarement être aperçus en même temps par deux personnes éloignées l'une de l'autre de deux ou trois lieues. Ils sont, en général, plus ou moins étendus, plus ou moins visibles, suivant la nature des vapeurs qui les occasionent, suivant leur distance respective; enfin, suivant la densité de ces mêmes vapeurs et leur élévation au-dessus de la terre.

En effet, les petites particules de vapeurs ayant un certain degré de densité après s'être rassemblées, sont en état de produire la réfraction des rayons de lumière qui les traversent; et ces rayons, arrivant à l'œil après avoir souffert deux réfractions, l'une en entrant dans les globules aqueux, l'autre à leur sortie, se divisent comme dans l'arc-en-ciel ou dans l'expérience du prisme, et, se décomposant en leurs rayons primitifs, ils en produisent les différentes couleurs.

319. C'est ici le lieu de parler d'un autre phéno- mène lumineux dont les vapeurs sont encore la cause: Lorsque l'air en est saturé, et qu'elles n'ont pas la même densité à tous les points de l'atmosphère, les rayons du soleil traversent les parties les moins épaisses, et conséquemment les plus transparentes. Les rayons peuvent aussi se diriger entre les inter- valles qui séparent quelquefois les nuages. Dans ces deux cas, il se forme des bandes plus lumineuses que le reste de l'atmosphère; et, comme ce phénomène suppose toujours la présence d'une grande quantité de vapeurs, et qu'il est ordinairement suivi d'une pluie abondante, on dit vulgairement, en le voyant, que *le soleil pompe de l'eau.*

Ces météores sont trop communs, et n'offrent rien d'assez curieux pour exiger de plus longs dé- tails. Les principes que nous avons posés (*V.* 34 *et suiv.*) sur les phénomènes généraux de la lumière, s'ils sont bien compris, rendent extrêmement intel- ligibles les causes de ces différens effets. Les météores suivans, plus rares, et par cela même moins connus, paraîtront aussi plus intéressans.

ARTICLE V.

DES PARHÉLIES ET DES PARASÉLÈNES.

320. Les parhélies sont des images du soleil réflé- chies dans les nuages; aussi les nomme-t-on souvent des *faux soleils.* Les parasélènes sont de même les images réfléchies de la lune; cette espèce d'analogie

leur fait aussi donner le nom de *fausses lunes*. Ces phénomènes ne s'observent guère qu'en hiver et dans les pays septentrionaux; ils se distinguent par une clarté brillante qui paraît non loin de l'astre qui en est le principe. Des vapeurs assez intenses obscurcissent l'atmosphère, et couvrent d'un voile semi-opaque les astres rayonnans dont la lumière est conséquemment très-faible à l'instant de la formation de ces phénomènes. Ils sont accompagnés de ces cercles lumineux que nous venons d'expliquer sous le titre de *couronnes* ou *halos*, et, dans ce cas, il se forme plusieurs cercles qui n'ont pas le même centre et qui se coupent en différens points; c'est précisément aux points d'intersection que naissent les parhélies et les parasélènes; car, lorsque les couronnes s'entre-coupent, les points d'intersection se trouvent doublement éclairés, et l'éclat qui résulte de cette circonstance fait admettre, avec le secours de l'imagination, que ces effets de lumière sont des images réfléchies des astres.

Cependant on a remarqué des parhélies sans observer aucune apparence de couronne; mais il est présumable que les couronnes existaient réellement, et que leur éclat n'étant pas assez vif pour les faire apercevoir intégralement, l'œil ne saisissait que les points d'intersection, parce que là seulement la lumière étant doublée se trouvait assez forte, assez intense pour être perçue par l'observateur.

321. Nous conviendrons pourtant que l'explication précédente ne pourrait pas rendre parfaitement raison de tous les phénomènes de la même espèce, et qu'il est impossible de ne pas reconnaître que les par-

hélies, dans certains cas, présentent absolument l'image du soleil réfléchie dans les nuages. Alors la nue réfléchissante, comme un véritable miroir, doit avoir deux parties diversement denses. La partie tournée vers le spectateur doit être transparente et facilement pénétrable aux rayons de lumière; au contraire, la partie de la nue qui est tournée vers le ciel, doit être assez opaque pour renvoyer les rayons tels qu'ils ont été reçus. Aussi ne voit-on le plus souvent ces météores qu'au lever du soleil ou à son coucher.

S'il se trouve plusieurs petits nuages qui renvoient également les rayons, il peut se former en même temps plusieurs parhélies. Ainsi l'on vit à Rome, en 1629, cinq soleils ensemble placés avec une sorte de symétrie.

322. On a remarqué que plus les parhélies sont brillans et parfaits, moins ils durent, parce que, dans cette circonstance, le soleil agit directement sur les nuages dans lesquels les rayons se réfractent et se réfléchissent; les vapeurs ainsi raréfiées se dissolvent promptement, ou du moins acquièrent assez de transparence pour n'être plus susceptibles de causer aucune réfraction. Par la même raison, ces phénomènes obtiennent les couleurs les plus vives, l'éclat le plus brillant, au moment où le soleil les dissipe.

Les météores de ce genre sont assez fréquens dans les régions polaires, où le soleil s'élève peu au-dessus de l'horizon, et même la constitution de l'atmosphère dans ces climats est telle, qu'il n'est pas rare d'y voir des parhélies subsister plusieurs jours de

suite, c'est-à-dire, tant que le soleil ne se couche
pas.

Description de quelques parhélies.

323. A Chartres, le 26 mai 1671, une heure après
le lever du soleil, on vit autour de cet astre une couronne brillante dans laquelle se formèrent deux parhélies, éloignés d'environ 23 degrés du soleil. Plus
l'astre s'élevait au-dessus de l'horizon, plus le diamètre
de la couronne diminuait, et les parhélies restant
fixés, pour ainsi dire, aux mêmes points, se trouvèrent peu à peu éloignés de quelques degrés de la
couronne. L'un de ces parhélies avait une queue qui
s'étendait de 15 ou 20° au-delà du cercle lumineux
dont nous venons de parler; cette queue était parallèle à l'horizon. Toute la partie de l'atmosphère dans
laquelle on voyait le parhélie était sous un ciel serein,
bien éclairé par le soleil, dont la lumière était seulement interceptée pour quelques instants par des
nuages légers qui en diminuaient momentanément
l'éclat. On les vit pendant quatre heures, jusqu'à ce
que le soleil fût tout à fait couvert par les nuages qui
s'accumulèrent.

324. Le 16 mai 1743, vers sept heures du matin, on
aperçut à Reims un parhélie très-marqué. On observait d'abord un grand cercle lumineux et coloré
dont le soleil occupait le centre, et dont le diamètre
avait environ 40° de longueur; la largeur de son
limbe pouvait être de deux degrés; une bande colorée et aussi lumineuse que le limbe, dirigée d'orient
en occident, et d'environ un demi-degré moins
large, en formait le diamètre, et passait conséquem-

ment par son centre et par le soleil. Aux deux extrémités de ce diamètre, étaient deux petits soleils assez
mal formés, de figure ovale, et éloignés du cercle
de près d'un degré. La vivacité de leur lumière ne
permettait pas de les regarder fixement ; leur diamètre apparent n'était guère que le tiers de celui du
vrai soleil. Vers le bord supérieur et septentrional
du limbe de la couronne lumineuse, on remarquait
une bande parallèle à la précédente, de même couleur et de même largeur vers son milieu, mais les
extrémités se terminaient un peu en fuseau. Le ciel
était toujours serein, excepté vers l'orient, où l'on
observait quelques nuages. Le parhélie dura environ
dix heures.

325. La figure ci-contre représente un parhélie
observé à Dantzick en 1661. Ce phénomène avait
cela de singulier, qu'il offrait en même temps sept
soleils au-dessus de l'horizon. Dans cette figure, le
grand cercle extérieur RLT'VHQ représente l'horizon ; le spectateur était placé au centre diamétralement au-dessous du zénith ; le vrai soleil est en T,
et les six parhélies ou faux soleils occupent les points
d'intersection des différentes couronnes excentriques.
Le premier cercle, dont le soleil est le centre, jouissait des couleurs de l'arc-en-ciel, aussi bien que les
trois faux soleils O,X,P, qui se trouvaient les plus rapprochés de l'astre principal. Le deuxième cercle QFR
avait également les couleurs de l'arc-en-ciel, de même
que les petits arcs MN,EG. Le grand cercle PDACO,
qui avait son centre au zénith, était d'une couleur
blanche ; les deux soleils O,P avaient, dans la largeur de ce cercle, une longue queue colorée; les

Parhélie de Dantzick.

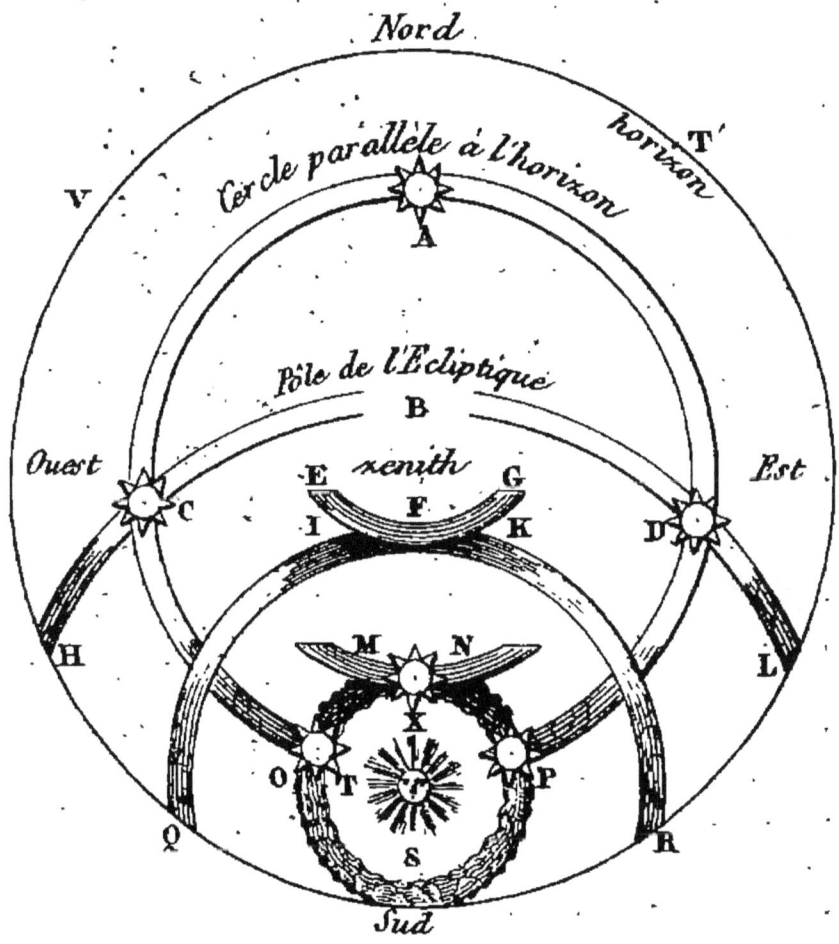

Nord

Cercle parallèle à l'horizon

horizon

T

V

A

Pôle de l'Écliptique

B

Ouest

E zénith G

F

I K

C

D

Est

H

M N

L

O T P

X

V

Q

S

R

Sud

trois parhélies C,D,A, brillaient d'une couleur argen-
tine. Ce phénomène dura depuis dix heures et demie
du matin jusqu'à midi.

Parhélie extraordinaire.

326. Ce phénomène fut observé par le célèbre
Cassini, le 18 janvier 1693. Le soleil venait de se
lever, et le ciel était couvert de nuages à l'orient, à
l'exception du point de l'horizon où le soleil avait
paru; là, le ciel était clair jusqu'à la hauteur d'un
degré; à 7 h 38' on aperçut d'abord une lumière
éclatante qui paraissait de la largeur du diamètre apparent du soleil, et qui s'élevait perpendiculairement
jusqu'aux nuages. On remarqua ensuite dans cette
lumière, entre des brouillards éclairés, l'image du
disque entier du soleil, d'où sortaient des rayons
perpendiculaires à l'horizon, qui allaient finir en
pointe à la hauteur de dix degrés. Cassini, qui avait
d'abord pris ce premier phénomène pour le soleil,
fut surpris de le voir s'élever bientôt à l'horizon aussi
brillant qu'il l'est ordinairement quand le temps
est serein. Cet éclat le fit bientôt distinguer du parhélie, qui paraissait encore tout entier au-dessus de
la ligne verticale, de la même grandeur et de la
même figure que le soleil qui éclairait les nuages par
ses rayons perpendiculaires.

Peu après, le véritable soleil s'étant caché dans
les nuages, l'observateur fut encore plus étonné de
voir au-dessous de l'astre un troisième soleil, absolument semblable au premier, et pour les dimensions
et pour la figure. Il se trouvait aussi sur la même
ligne verticale. On remarquait au-dessous de ce der-

nier parhélie une traînée de lumière qui ressemblait à celle que le premier portait au-dessus de lui. Cependant cette lumière commençait à s'affaiblir; enfin les deux parhélies s'effacèrent insensiblement, et disparurent tout-à-fait à 7 h. 58'.

Un phénomène de cette espèce n'est pas commun, car les circonstances qui concourent à le former ne se rencontrent que très-rarement. Les parhélies ordinaires se font par la réfraction et la réflexion des rayons du soleil ; ceux-ci semblaient formés par la réflexion seule ; ils n'avaient aucune diversité de couleurs ; ils étaient aussi bien terminés que le soleil même quand il est à l'horizon ; ils paraissaient de la grandeur de l'astre : seulement ils étaient un peu moins lumineux.

Aucune observation n'apprend qu'on ait jamais vu des parhélies aussi rapprochés du soleil que les deux météores dont il vient d'être question, puisque ceux-ci n'en étaient éloignés que de 34', un peu plus d'un demi-degré, au lieu que les centres des parhélies ordinaires sont le plus communément éloignés de 22° 1/2, 45 et 90 degrés.

Description d'une parasélène.

327. Les parasélènes présentent, en général, des circonstances entièrement semblables aux parhélies; mais elles sont plus communes, et leur lumière est moins vive. Voici la description d'un de ces météores, observé à Paris en 1735.

L'atmosphère était chargée de vapeurs et parsemée de quelques nuages ; mais ces nuages se trouvaient assez près de l'horizon, et comme le vent était S.-O.

et la lune S.-S.-E., ils laissèrent à l'observateur la liberté de considérer le phénomène.

La lune, élevée d'environ 21°, paraissait claire ; on
voyait une légère couronne de rayons qui, se réunissant
en deux bandes, l'une parallèle et l'autre perpendiculaire à l'horizon, formaient une espèce de croix
lumineuse, dont les branches, après avoir diminué
de largeur et d'éclat, disparaissaient à douze degrés
environ de distance de la lune. A 23 degrés du côté
de l'orient, dans la direction de la branche horizontale de la croix, paraissait la parasélène composée
d'une lumière blanchâtre assez vive ; la partie tournée vers la lune était ronde et mal terminée ; celle
qui lui était opposée était moins claire et aboutissait
à une longue queue de lumière. Par le milieu de la parasélène passait un cercle lumineux qui s'étendait à
une même distance autour de la lune, jusqu'aux nuages voisins de l'horizon, qu'ils dérobaient à la vue.
Ce cercle était d'une lumière très-vive, surtout dans
sa partie supérieure, où l'on pouvait remarquer un
commencement d'arc renversé. La lumière de ce
cercle n'éclatait que dans la largeur de deux à trois
degrés ; ensuite elle diminuait insensiblement jusqu'à
6 ou 8° ; à ce point elle disparaissait. A la distance de
23° 1/2 du cercle, c'est-à-dire, à 47° de la lune, on
voyait un second cercle concentrique avec le premier, mais d'une lumière très-faible, et qui n'avait
pas plus de 2° de largeur. Son sommet était élevé de
68° sur l'horizon. Ces deux cercles n'étaient inter-
rompus que par des nuages. Le phénomène dura jusqu'à près de minuit ; alors les nuages le couvrirent
entièrement.

ARTICLE VI.

DU MIRAGE.

328. Voici le météore lumineux peut'-être le plus singulier, sinon le plus admirable, de tous ceux que nous avons relatés : c'est le phénomène connu sous le nom de *mirage*. Expliquons-en les effets par quelques exemples.

Pendant l'expédition que les Français firent en Egypte en 1799, les soldats, parcourant les déserts arides de cette brûlante contrée, dévorés par la soif, étaient souvent abusés par une cruelle illusion. Tous les objets saillans sur le sol, qui s'offraient à leurs yeux au milieu de ces mers de sable, leur paraissaient entourés d'eau ; ainsi, un monticule qu'ils apercevaient de loin leur semblait s'élever au milieu d'un lac. Mourans de besoin, ils y couraient ; mais, arrivés sur le lieu même, ils reconnaissaient leur erreur : le lac avait fui et se montrait encore plus loin à leurs avides regards.

329. La plaine de Cran, en Provence, présente souvent le même phénomène. D'abord le jour répandu dans l'atmosphère s'agite et vacille ; ensuite la plaine offre l'image d'une grande nappe d'eau, comme si elle était transformée en un vaste étang, et les objets s'y réfléchissent comme dans un miroir. Mais l'illusion n'existe que dans la région basse ; quand on monte sur un lieu plus élevé, ce beau spectacle disparaît, et l'on ne voit plus que les objets tels qu'ils *sont.* C'est ainsi, ajoute l'auteur des *Merveilles de la nature en France*, d'où nous tirons ce trait, c'est ainsi que la raison, lorsqu'elle s'élève au-dessus des préjugés, gagne du côté de la vérité ce qu'elle perd en illusion.

330. M. Gorse, ingénieur, observa ce phénomène un jour du mois d'avril, à cinq heures du matin. Le ciel offrait une voûte pure et brillante; à sept heures, la lumière du jour commença de vaciller dans le sud-ouest de la plaine; une heure après, cette partie ressemblait déjà de loin à la surface d'un étang; dans le même temps, le nord-est commençait à s'agiter, et au bout d'une heure, toute la plaine offrait l'image d'une grande masse d'eau, à l'exception de quelques endroits qui n'avaient de particulier que cette agitation de la lumière du jour qui avait cessé ailleurs. M. Gorse vit se réfléchir dans cet étang illusoire les arbres d'un bourg éloigné de trois lieues; le phénomène dura jusqu'à trois heures après midi; alors l'apparition cessa, et la plaine se présenta sous son aspect ordinaire.

331. En général, les contrées chaudes et arides, telles que les déserts de l'Afrique, sont fréquemment le théâtre de phénomènes semblables. Les anciens mêmes en avaient fait l'observation. Diodore de Sicile raconte que, lorsqu'il ne fait pas de vent, l'air y paraît rempli de figures d'animaux, dont les unes sont immobiles, les autres semblent aller, venir et se mouvoir en différens sens; quelques-unes paraissent fuir et d'autres poursuivre les spectateurs; enfin, elles sont toutes d'une taille gigantesque, et rien n'est plus capable, suivant l'auteur que nous citons, d'effrayer les étrangers qui ne sont pas habitués à ce spectacle. Il ajoute que ces figures tombent souvent sur les pas-

sans et leur font éprouver une espèce de palpitation
avant de les glacer par leur humidité.

L'auteur explique ce phénomène par le calme ordinaire de l'atmosphère dans ces contrées.

332. « Il ne souffle point de vent dans ce pays,
dit-il, ou s'il en souffle quelqu'un, ce ne peut être
qu'un vent faible, c'est pourquoi l'atmosphère y est
parfaitement tranquille. D'ailleurs, comme il ne se
trouve dans les environs ni bois, ni colline, ni vallée, ni rivière, et que la terre n'y produit aucun
fruit, il ne s'y engendre point de ces vapeurs qui
sont la cause de tous les vents. Ce repos de l'air rend
les exhalaisons extrêmement épaisses ; ainsi les nuées
poussées des pays circonvoisins trouvent une espèce
de résistance, prennent différentes formes et se pressent les unes contre les autres, comme nous le voyons
dans nos climats par les temps pluvieux et agités. Dès
que ces nuées ont passé dans cet air tranquille, leur
poids les fait tomber vers la terre, sous la forme où
elles se trouvent, et elles suivent l'impression que
leur donne le premier corps vivant qui s'en approche;
car il ne faut pas s'imaginer, continue l'historien,
que le mouvement qu'elles paraissent avoir parte
d'une volonté qui soit en elles ; mais les hommes ou
les animaux en marchant, les poussent devant eux
ou les font suivre avec l'air qui les environne, et qui
entraîne aisément des substances si légères ; et lorsqu'ils s'arrêtent et reviennent sur leur pas, il n'est
pas étonnant que leur rencontre subite décompose
ces figures, qui les inondent en se détruisant. »

L'abbé Richard, qui rapporte ce passage dans son
Histoire de l'Air, ne tente pas de donner une autre

explication du phénomène, parce que celle de Diodore lui paraît faite par des observateurs intelligens;
cependant la véritable théorie de ce phénomène est
bien différente de l'explication précédente.

Théorie du mirage.

333. Ce singulier météore n'a pas d'autre cause
que la réflexion de l'image des objets dans les vapeurs
condensées de l'atmosphère inférieure. (*V.* 177.) Ce
phénomène n'a jamais lieu que dans le moment de la
plus forte chaleur du jour : alors les rayons du soleil
tombent d'aplomb sur le sol des plaines arides, sur
le sable des déserts. La surface de la terre, étant fortement échauffée, communique une partie de son calorique aux couches d'air qui l'avoisinent. Cet air se
raréfie nécessairement ; ils est dès-lors très-propre à
livrer passage aux rayons lumineux qui viennent à le
traverser. Les couches supérieures, au contraire,
moins échauffées, seront aussi plus denses, et par
conséquent plus aptes à réfléchir la lumière. L'atmosphère dans cet état produira absolument l'effet d'un
miroir. (*V.* 321.)

334. Il pourra même arriver que ce miroir atmosphérique se partage en deux parties opposées l'une à
l'autre, et séparées par un intervalle qui naîtra, soit
de la direction d'un courant d'air, soit de la position
particulière de l'observateur. Dans cette circonstance,
l'image réfléchie sur un des deux miroirs se peindra
sur l'autre ; renvoyée de celui-ci sur le premier, elle
sera réfléchie une quatrième fois, et ainsi de suite,
jusqu'à ce que le rayon, à force de se réfléchir, suivant les lois de l'incidence et de la réflexion (*V.* 52),

sorte du plan visible à l'œil de l'observateur, ou jusqu'à ce qu'il devienne, par l'effet de plusieurs réflexions successives, trop faible pour être perçu. Il résultera de là que le même objet sera vu plusieurs fois, mais avec des nuances variées, qui feront supposer effectivement autant d'objets différens qu'il y aura de réflexions. Ce phénomène est l'une des sources les plus ordinaires des erreurs de l'imagination; mais notre théorie explique parfaitement les faits que nous avons rapportés.

335. Ainsi, la plaine de Crau est située près de la mer, et les cailloux qui en couvrent le sol réfléchissent les rayons du soleil avec tant de force, que les vapeurs de l'air deviennent tout-à-fait propres à ce genre d'optique. Le mirage présente plus d'illusion encore dans les endroits où le sol se couvre d'efflorescences salines, qui font, dans ce spectacle, l'office du tain d'une glace. Un voyageur qui se rendit aux salines du Peccais, se vit tout-à-coup, à son grand étonnement, entouré d'eau et comme enfermé dans un lac, au-dessus duquel les arbres élevaient leurs cimes; il ne reconnut son erreur qu'en se retournant; il vit alors que le chemin par lequel il était venu semblait également inondé, ce qui lui fit songer au phénomène du mirage. Les départemens du Gard et des Bouches-du-Rhône offrent assez souvent, en été, cette curieuse illusion.

336. En 1621, toute la France fut troublée par une apparition qui se manifesta sur la rivière de Gartempe, près de Bellac. Pendant près de six jours de suite, les habitans de cette ville aperçurent, au-dessus de la rivière, une procession aérienne.: *des per-*

sonnes portant une croix, des encensoirs, des vases
sacrés, et ayant la tête couronnée de fleurs ; les spectateurs étaient trop nombreux pour se tromper sur
l'apparition même ; mais aucun n'en devina la cause,
que le moindre élève en physique pourrait expliquer
aujourd'hui par le mirage. Les habitans de Bellac ne
se doutaient pas que ce fussent eux-mêmes qu'ils
voyaient, sous une forme aérienne, marcher sur la
rivière.

337. Voici deux faits dont la cause est absolument
analogue à celle du mirage :

Cardan rapporte qu'à Milan le bruit se répandit
qu'il paraissait un ange dans les airs, et qu'on le voyait
distinctement. Il accourut sur la place publique, et
le vit lui-même en présence de deux mille personnes.
Tout le monde était frappé d'admiration, lorsqu'un
savant jurisconsulte fit remarquer que le prétendu
séraphin n'était que la figure d'un ange de pierre élevé sur le clocher d'une église, et dont la forme, imprimée sur un nuage épais, se réfléchissait aux yeux
des spectateurs.

Le P. Dechalles rapporte aussi, comme témoin
oculaire, qu'on vit en plein jour, à Vézelai, une
forme d'homme colossale qui tenait une épée nue et
paraissait menacer la ville. Quelques personnes ayant
examiné ce prodige de sang-froid, reconnurent l'i-
mage de Saint-Michel placée sur la tour de l'église
et réfléchie dans un nuage.

Ainsi s'expliquent naturellement tous ces com-
bats aériens, tous ces prodiges dont on trouve tant
d'exemples dans les auteurs. Nous terminerons ici
l'examen du petit nombre des météores purement lu-

mineux. La classe des météores ignés, que nous allons détailler dans le chapitre suivant, offrira sans doute un nouvel aliment à la curiosité.

CHAPITRE CINQUIÈME.

MÉTÉORES IGNÉS.

---

338. Nous comprendrons dans la série des phénomènes ignés, ceux des météores qui peuvent embra-
ser, comme *la foudre*, ou qui présentent au moins
l'apparence de l'inflammation, comme les *globes de
feu*, les *étoiles tombantes*, les *feux folets*, etc.

Sous ce rapport, nous aurions dû ranger dans
cette classe les *pluies de feu* et les *aurores boréales*,
qui nous ont présenté ce caractère; mais des considérations tirées du nom, ou plutôt de l'effet général
que produisent ces phénomènes, nous ont déterminé
à les classer sous des titres différens; nous avons, en
conséquence, traité les *pluies de feu* à l'article de la
pluie (*V.* 291), et ce qui concerne *l'aurore boréale*
forme un article des météores lumineux (*V.* 306).

ARTICLE PREMIER.

DES FEUX FOLETS.

339. On voit souvent paraître, à quelques pieds au-
dessus de la terre, de petites flammes légères assez
brillantes, qui ont servi dans tous les temps, et servent encore aujourd'hui, de texte à mille contes po-

pulaires dans les villages où l'instruction n'a pu déraciner, jusqu'à présent, les idées et les croyances superstitieuses. Comme ces feux s'observent généralement dans les endroits marécageux, au-dessus des terrains, tels que les cimetières, où des cadavres se dissolvent par la putréfaction, le vulgaire ignorant s'imagine, à l'aspect de ces phénomènes, que ce sont les ames des morts qui s'échappent du séjour de la tombe pour venir visiter les vivans. Bien mieux, les *feux folets*, puisque c'est la dénomination commune de ces météores, n'étant pas spécifiquement plus pesans que la colonne d'air qui les soutient, voltigent de côté et d'autre, suivant la marche de l'air. Ainsi, quand on s'approche pour les saisir, ils s'éloignent et paraissent fuir; au contraire, si l'on fuit devant eux, ils sont entraînés par le courant d'air, et semblent poursuivre la personne qui se sauve. De ces diverses circonstances, le peuple conclut que les ames qui reviennent ainsi font signe aux vivans de les suivre, et qu'elles conduisent ceux qui ont la complaisance de se rendre à leur invitation, dans des précipices, dans des fossés ou des étangs; qu'alors, satisfaites du succès de leur malice, elles en témoignent leur joie par des éclats de rire: plusieurs affirment les avoir entendues.... Mais laissons de côté les contes bleus de la campagne, et occupons-nous sérieusement de l'examen du phénomène.

340. Les feux folets ont souvent la forme d'une petite boule; souvent aussi ils font l'effet d'une flamme de bougie: c'est le cas le plus ordinaire. On a vu également de ces feux se présenter sous la forme de cylindres, dont les dimensions n'étaient pas constan-

tes. On a des exemples de ces feux cylindriques qui paraissaient avoir plus de douze pieds de longueur et au moins un pied de diamètre; quant à leur lumière, de loin elle paraît généralement assez vive, mais elle est toujours d'un éclat pâlissant; rarement la couleur en est rouge. Tantôt ils sont tout-à-fait innocens, tantôt ils seraient capables d'occasioner une inflammation, un incendie, s'ils s'attachaient à des corps extrêmement combustibles. La plupart de ces phénomènes ne durent que peu d'instans; il est extrêmement rare qu'ils subsistent quelques minutes; mais ils se succèdent rapidement dans les lieux où les matières phosphorescentes qui les engendrent se trouvent en abondance. Quelquefois, au moment de s'éteindre, ils font entendre un faible pétillement, et se divisent en deux ou trois étincelles qui s'éteignent promptement; mais le plus souvent, ils laissent en mourant une espèce de fumée qui se dissipe aussitôt. Il est probable qu'il existe des feux folets dans toutes les saisons, le jour aussi bien que la nuit; cependant on n'en remarque guère que pendant la saison des chaleurs, et jamais ils ne sont visibles qu'après le coucher du soleil; mais alors on en peut voir à tous les instans de la nuit.

341. Les lieux où ces météores se rencontrent le plus fréquemment sont, après les terrains marécageux dont nous avons déjà parlé, le voisinage des volcans, celui des mines de soufre et de différens métaux. Dans les plaines de l'Ethiopie, en Afrique, les feux folets brillent pendant toute la nuit comme des étoiles répandues à la surface de la terre; dans la Palestine, en Asie, si l'on en croit le récit des

voyageurs, des phénomènes de la même nature se
répandent quelquefois sur une vaste campagne, et
enveloppent les caravanes d'une lumière pâle, mais
innocente, dont le contact n'a rien de dangereux.
Les campagnes de l'Italie surtout sont souvent le
théâtre de météores semblables.

342. L'abbé Conti rapporte qu'on vit dans la province de Trévise, en Italie, pendant 17 ans consécu-
tifs, de 1706 à 1723, des feux qui, sortant de terre,
consumaient tout par leur activité. Ils paraissaient
avoir un centre commun et se répandre au loin, en
formant de petites sphères de matière ignée, plus
denses à leur centre, plus rares à la surface. La plupart de ces funestes phénomènes arrivaient du nord;
les parties méridionales en fournissaient peu. Ils se
consumaient ordinairement sur la place même où ils
avaient paru. Cependant quelques-uns tombaient
d'aplomb en suivant une ligne inclinée à l'horizon;
d'autres prenaient la forme de traits qui s'élevaient
verticalement, et s'étendaient quelquefois en bandes
horizontales. Tantôt ils ressemblaient à des langues
de feu plus ou moins allongées, tantôt ils s'élargis-
saient en forme de plateau, et composaient un volume qui paraissait égaler le disque de la pleine lune;
ensuite ils devenaient plus petits et finissaient par se
diviser en plusieurs parties. Ceux-ci restaient immobiles et comme fixés au lieu de leur naissance; ceux-
là, sans cesse en mouvement, s'éloignaient, comme
les étoiles tombantes, du lieu de leur origine et de
la veine de terre qui paraissait les alimenter. Les
pluies semblaient les irriter et leur donner une nouvelle vigueur. Leurs couleurs étaient aussi variées

que leurs formes : bleu , rose, pourpre , blanc , toutes les nuances s'y trouvaient. Quelques-uns de ces
feux se raréfiaient, ou du moins semblaient se raré-
fier en s'enflammant , et disparaissaient avec la rapidité de l'éclair. Ces feux terribles étaient généralement très-ardens, et répandaient la désolation dans
les campagnes par les ravages qu'ils occasionaient.

343. Les feux métalliques , c'est-à-dire, les feux
folets des mines, offrent souvent des circonstances
curieuses : ce sont tantôt des flammes, tantôt des
étincelles ou des aigrettes de feu, qui suivent, sur la
surface de la terre, la direction des filons qui s'étendent au-dessous, et en font même deviner l'existence.
En effet , ajoute Depping , de qui nous empruntons
ces détails, partout où ces feux voltigent, on peut
croire qu'il y a des filons de matière métallique , ou
des minéraux qui laissent échapper des vapeurs inflammables. Ils forment quelquefois un beau spectacle , en offrant aux yeux des habitans étonnés , des
globes, des jets, des gerbes de feu, ou l'apparence
d'un vaste incendie ; d'autres fois, ce sont des petites
lumières errantes, que l'on croirait de loin être portées par des hommes ; enfin, selon les métaux dont
elles annoncent les mines, ces flammes prennent diverses couleurs : elles sont bleues dans les landes de
Thélé, près de la mine de plomb de Pontpréau, en
Bretagne, et auprès de celle de St.-Bresson, en
Franche-Comté ; verdâtres au-dessus des filons de
cuivre des Vosges, blanchâtres sur une mine d'argent du Trimont, dans la même chaîne ; mais les
flammes les plus vives sont celles qui voltigent au-
déssus des mines de bitume : celles-là sont rouges et

s'élancent à une grande hauteur. Le Steingraben,
montagne d'Alsace, a quelquefois paru tout embrasé;
il y a dans cette montagne des mines de cuivre bitumineuses ; il existe dans le même pays un puits de
pétrole (espèce de bitume) qui se décore souvent
d'une couronne de feu. Un naturaliste, de Gensane (1),
qui s'est beaucoup occupé de l'étude des mines, a vu,
pendant le jour, sur une autre montagne d'Alsace
(le Tay, près d'Orbey), une petite lumière qui, arrêtée d'abord sur le sommet, en descendait, s'arrê-
tait de temps en temps, et ne disparaissait que lorsqu'elle était arrivée au bas du coteau; quelquefois
aussi elle remontait jusqu'au sommet. Ce voyage lui
était, en quelque sorte, prescrit par la direction d'un
filon d'argent et de cuivre renfermé dans la montagne, et descendant du sommet vers le vallon. (Voyez
Merveilles et Beautés de la Nature en France.)

Théorie des feux folets.

344. Si nous considérons les circonstances de localité et la variété des effets que présente ce phénomène, il nous sera facile d'en assigner les causes,
et nous comprendrons que les matières qui servent
de principes ou d'alimens aux feux folets, ne sont
pas d'une nature unique et constante. La base de ces
météores est généralement le gaz hydrogène combiné, soit avec les émanations phosphorescentes qui
s'échappent des terrains où quelques substances animales et végétales sont en putréfaction, soit avec des

---

(1) *Histoire naturelle du Languedoc,* discours préliminaire.

gaz nitreux ou sulfureux qui s'exhalent communément de la terre dans le voisinage des volcans. D'ailleurs ces exhalaisons volcaniques peuvent se trouver transportées par les vents à des distances considérables du lieu de leur origine; alors, se combinant avec du gaz hydrogène phosphoré, qui s'enflamme au simple contact de l'air, comme on peut s'en assurer par l'effet des briquets phosphoriques, ces émanations produisent ainsi des flocons ignés de diverses couleurs; la lumière en est pâle ou blanche, si le gaz hydrogène y domine, car tel est, comme on le sait, l'éclat de ce gaz; au contraire, la lueur que projètent les feux folets est bleuâtre, quand les exhalaisons sulfureuses y sont les plus abondantes; en un mot, ils paraissent rouges, ou de toute autre couleur, suivant les combinaisons différentes des matières qui contribuent à les former.

345. Les campagnes de Bologne, en Italie, sont, dans toutes les saisons de l'année, éclairées de ces feux pendant les nuits obscures; on remarque qu'ils y sont plus fréquens en hiver, lorsque la terre est couverte de neige et qu'il règne des froids rigoureux, qu'ils ne le sont en été pendant les plus grandes chaleurs. Alors ils doivent être produits moins par les exhalaisons de la terre, que par celles des petits volcans qui se trouvent dans les montagnes voisines de cette ville. Ici les feux folets paraissent souvent sous la forme de longs cylindres enflammés; leur éclat est tantôt rouge, tantôt bleu; il est donc constant qu'ils n'ont pas pour principes les mêmes substances que ces petites flammes pâles et légères qui voltigent éparses au-dessus des marais de la Hollande. Enfin les

feux produits immédiatement par les exhalaisons animales doivent être différens des feux qui ont pour base les huiles essentielles qui émanent des substances végétales réduites en dissolution.

346. Il est encore indubitable que l'électricité contribue puissamment à la formation de ces phénomènes. Ce fluide, dont l'énergie est si grande, qui se trouve répandu par toute la nature, modifie par sa combinaison les autres fluides, et concourt nécessairement, avec le gaz hydrogène, à l'inflammation des matières phosphorescentes qui servent d'alimens aux feux folets. Le pétillement que font entendre quelquefois ces météores, provient sans doute aussi de l'action du fluide électrique.

347. Quoique nous ayons cité des exemples de feux de cette nature qui ont occasioné des incendies, cependant les feux folets proprement dits ne manifestent aucune chaleur au toucher. C'est en général une matière lumineuse, épaisse et visqueuse, qui laisse sur les mains une humidité grasse. Ce résidu, étant frotté rapidement, exhale une légère odeur de soufre.

348. Il est assez difficile de saisir un de ces feux, car à mesure qu'on s'en approche, on imprime à la masse de l'air une impulsion qui force le météore à s'éloigner; mais il suffit de diriger le courant d'air sur une personne immobile, ou simplement sur un buisson, un tas de paille et même contre un arbre, une muraille, etc. Il est bon aussi de connaître le terrain où l'on fait cette expérience, car il arrive souvent, dans le voisinage d'une mare d'eau, d'un étang ou d'un précipice, que l'air se condensant par la fraîcheur qui provient de ces endroits, s'y rassemble en

plus grande quantité et attire les feux folets. Là, ils
s'éteignent promptement, étouffés sans doute par l'a-
bondance des vapeurs humides qui les enveloppent.
C'est ainsi qu'un observateur préoccupé, ou ardent à
la poursuite du météore qu'il veut atteindre, n'aperçoit pas le précipice ouvert devant lui, et s'y laisse
entraîner, ou se jette imprudemment au milieu des
eaux.

Les causes productrices de ces météores étant bien
comprises, serviront de fondement à l'explication
théorique des phénomènes dont nous parlerons dans
quelques-uns des articles suivans.

ARTICLE II.

DES FEUX SAINT-ELME.

349. Nous traiterons, sous cette dénomination, les
flammes singulières que les anciens désignaient sous
le nom de *Castor* et *Pollux*, et que les matelots désignent encore sous différens noms, tels que *St.-Ni-
colas, Ste.-Hélène*; etc. Ce sont des feux qu'on voit
en mer voltiger autour des mâts, et particulièrement
s'attacher aux pavillons, aux cordages et à toutes les
parties saillantes des vaisseaux. Les marins, disait
Sénèque, regardent comme un présage de tempête
le spectacle de ces feux légers qui remplissent l'atmosphère sous un ciel encore serein. Au contraire,
au milieu des horreurs de l'orage le plus terrible,
s'ils aperçoivent ces espèces d'étoiles portées par les
vents à travers les nuages, ils les saluent comme les
indices d'un secours prochain qu'ils recevront de Castor et de Pollux. Ils n'en doutent plus s'ils voient

24*

deux de ces flammes s'arrêter sur le navire; ce sont ces divinités bienfaisantes qui viennent leur annoncer un calme qu'ils désirent. Ils regardent la présence de ces feux comme le dernier effort de la tempête qui s'éteint. Ces idées se sont maintenues jusqu'à nos jours, toutefois avec certaines modifications. Ainsi les Portugais donnent à ce météore le nom de *corposanto*, et croient qu'il annonce la fin des orages. Long-temps on l'a regardé comme un esprit qui s'intéressait au sort des vaisseaux maltraités par les tempêtes; mais depuis qu'on s'attache à la recherche des causes naturelles, on le reçoit comme un présage du beau temps, et ce présage est toujours justifié par l'expérience. On en trouve des preuves nombreuses dans les récits des navigateurs.

« Après une longue tempête, dit Dampier, nous vîmes le *corpus-sant* briller sur le haut de notre grand mat. Ce fut une grande joie pour nos gens, car aussitôt que le *corpus-sant* paraît en haut, on le regarde ordinairement comme un signe que le fort de la tempête est passé; mais quand on le voit sur le tillac, cela passe d'ordinaire pour un signe de mauvais augure. Le *corpus-sant* est une certaine petite lumière brillante. Quand elle paraît comme fit celle dont nous parlons, au haut du grand mât, elle ressemble à une étoile, mais quand elle paraît sur le tillac, elle ressemble à un gros ver luisant... Je n'en ai jamais vu qui ait quitté le lieu où il s'était mis une fois, si ce n'est quand il se place sur le tillac, d'où chaque coup de mer l'emporte. Je n'en ai jamais vu non plus, que quand nous avons eu grosse pluie et grand vent... La tempête durait depuis six heures;

il était quatre heures du matin lorsque le *corpussant* parut; il fit des éclairs et des coups de tonnerre prodigieux, et la mer nous semblait toute en feu, car chaque vague nous paraissait comme un éclair. »

350. Quelquefois, suivant l'observation des anciens, ces phénomènes paraissent fort nombreux, lorsqu'on remarque dans l'atmosphère tous les signes précurseurs d'une violente tempête, qui souvent ne réalise pas ses menaces. Ecoutons le comte de Forbin :

« Nous étions sur la côte de Barbarie ; pendant la nuit, il se forma tout à coup un temps noir, accompagné d'éclairs et de tonnerres épouvantables. Dans la crainte d'une grande tourmente dont nous étions menacés, je fis serrer toutes les voiles. Nous vîmes sur le vaisseau plus de trente feux St.-Elme. On en remarquait un sur le haut de la girouette du grand mât, qui avait plus d'un pied et demi de hauteur ; j'envoyai un matelot pour le descendre. Quand il fut en haut, il cria que ce feu faisait un bruit semblable à celui de la poudre qu'on allume après l'avoir mouillée. Je lui ordonnai d'enlever la girouette ; mais à peine l'eût-il ôtée de sa place, que le feu la quitta ; il alla se poser sur le bout du mât, sans qu'il fût possible de l'en retirer. Il y resta assez longtemps, se consumant peu à peu, jusqu'à ce qu'il fût éteint. La menace de la tourmente n'eut pas d'autre suite qu'une pluie de quelques heures, après laquelle le beau temps revint. »

Explication théorique des feux St.-Elme.

351. Les circonstances qui accompagnent ces météores nous aideront à en déterminer la cause. Les

feux St.-Elme ne paraissent généralement que vers la fin des tempêtes ; ils peuvent être considérés comme l'effet du fluide électrique répandu au sein de l'atmosphère. Nous savons aussi quelle est la vertu des pointes pour soutirer l'électricité (*V*. 96) ; il n'est donc pas étonnant que le fluide s'attache de préférence aux extrémités des mâts, aux parties les plus saillantes du vaisseau ; puisque ces parties sont de nature à favoriser son écoulement. Voilà, sans doute, une explication qui rend raison du phénomène pour le cas le plus ordinaire, celui où les feux se présentent sous la forme d'aigrettes lumineuses attachées aux pointes du navire ; mais il est un autre cas du météore, que l'électricité n'expliquerait peut-être qu'imparfaitement. C'est celui que le récit de Dampier vient de nous faire connaître, en décrivant le *corpus-sant* comme un gros ver luisant : quand il se dépose sur le tillac, disent les marins, c'est un phénomène de mauvais présage. Il paraît donc probable qu'ici les feux St.-Elme sont produits par certaines combinaisons du gaz hydrogène, naturellement abondant au-dessus des mers, avec les émanations phosphorescentes que l'activité de la chaleur développe antérieurement à l'orage, et qui s'exhalent sans cesse du sein des masses d'eau considérables. Il n'est pas difficile de comprendre que ces exhalaisons, étant naturellement assez grossières, tombent avec les premières averses que produit l'orage, et même avant qu'il ne pleuve ; de là, on les regarde comme les indices de la tempête qui commence, ou comme ceux d'une tempête prochaine.

Quant à la circonstance particulière consignée

dans le récit du C. de Forbin, ce qu'elle a de singulier, c'est la dispersion des nuées sans tumulte, sans
orage. Mais les feux nombreux qui parurent avant la
tempête, prouvent suffisamment que les vapeurs
aqueuses se déchargèrent insensiblement de la surabondance de fluide électrique et d'exhalaisons diverses qui s'y trouvaient mêlées. Les nuées se trouvant donc purgées des émanations de toute nature,
dont la combinaison est la principale cause des mouvemens désordonnés de l'atmosphère, il en résulte
qu'elles fondirent doucement en pluie, que les vapeurs réunies retombèrent par leur propre poids,
et que la tranquillité générale ne fut pas troublée.

Le pétillement que le matelot entendit lorsqu'il fut
à proximité du météore, pétillement qu'il compare
au bruit que fait la poudre qu'on allume après l'avoir
mouillée, désigne clairement l'éruption, ou du moins
le développement du fluide électrique, et ne laisse
aucun doute sur la cause de ces phénomènes.

352. Les auteurs rapportent qu'on a vu de ces
feux s'arrêter à la pointe des javelots, se placer à
l'extrémité du fer dont se trouvaient armés les bâtons
qui supportaient les enseignes militaires des Romains.
On vit, suivant Sénèque, une étoile se fixer au-dessus de la lance de Gylippe, lorsqu'il allait au secours
des Syracusains. Souvent dans les camps les faisceaux
d'armes ont paru couverts de feux ou d'aigrettes lumineuses. Quelquefois, semblables à des foudres légères, ces feux tombent sur les arbustes et les animaux; mais comme ils n'ont pas un mouvement rapide, ils ne blessent pas les corps sur lesquels ils
s'arrêtent. Cette observation prouverait encore que

ces phénomènes ne sont pas toujours électriques.
Pline assure les avoir vus fréquemment dans les rondes de nuit ; il pense que ces feux sont de la même
nature que ceux qui paraissent en pleine mer sur les
vaisseaux.

Flammes des corps organisés.

353. Nous devons ranger dans la classe des phénomènes précédens, ces feux singuliers, ces flammes
innocentes, ces étincelles légères qu'on voit briller
sur la tête de quelques enfans, sur la crinière de certains chevaux lorsqu'on les étrille, sur le dos des
chiens et surtout des chats, quand on les frotte à
contre-poil.

Les anciens ont toujours regardé ces feux comme
des prodiges par lesquels ils supposaient que les
dieux manifestaient leur volonté, et comme des pré-
sages d'une haute destinée pour les jeunes mortels
dont la tête se couronnait de ces flammes prophéti-
ques. Qui n'a pas lu, dans l'histoire romaine, l'aven-
ture de Servius Tullius, qui dut à une flamme de
cette espèce son élévation sur le trône de Rome ?
Qui n'a pas retenu la description que Virgile fait en
si beaux vers, de l'aigrette lumineuse qui parut sur la
tête du jeune Ascagne ? Long-temps ces récits furent
regardés comme de véritables contes ; mais des faits
nombreux, observés dans tous les siècles, attestent
aujourd'hui la réalité de ces phénomènes, et ne laissent plus au physicien que le soin d'en rechercher la
cause.

354. Elle se trouve nécessairement, cette cause,
dans les émanations phosphoriques qui s'exhalent du

corps des individus sur lesquels on a observé cette lumière. L'état de l'atmosphère peut contribuer aussi à la production d'un tel phénomène; car il est avéré que l'apparition de ces aigrettes ignées a lieu généralement lorsque le temps est orageux. Cette observation prouve aussi que l'électricité concourt, avec les émanations naturelles des corps, à la naissance des flammes légères dont nous parlons.

355. Nous pouvons encore attribuer aux mêmes causes les effets lumineux qui distinguent certains insectes, tels que les *vers luisans* d'Europe, les mouches connues en Amérique sous le nom d'*acudias* ou de *porte-lanternes*, qui projètent une lumière si vive, que les Indiens les emploient au lieu de flambeaux pour éclairer leurs habitations pendant la nuit. Un caractère commun à ces insectes phosphorescens, c'est qu'ils ne jouissent de la propriété lumineuse que pendant certaines saisons. On ne peut douter que cet effet ne soit dû naturellement à une espèce de liqueur phosphorique, que nos vers luisans rassemblent à la partie postérieure de leur corps, mais que les porte-lanternes renferment dans une capsule placée en avant de la tête, et d'environ un pouce de longueur; car si l'on écrase ces insectes, la liqueur lumineuse s'étend sur la terre, et brille jusqu'à ce qu'elle soit totalement évaporée.

Fréquemment les eaux de la mer, surtout entre les tropiques, produisent une lueur fort remarquable; les rames plongées dans les ondes, paraissent couvertes de points lumineux, d'étincelles brillantes. Ce phénomène est encore occasioné par la présence d'une multitude d'insectes de la même conformation que

les vers luisans ou les acudias, et peut-être aussi à
l'inflammation d'huiles essentielles, de substances
bitumineuses qui surnagent par suite de leur légèreté
spécifique, et s'allument en se combinant avec le gaz
hydrogène phosphoré, sous l'influence de l'air atmosphérique.

ARTICLE III.

DES ÉTOILES TOMBANTES.

356. Il n'est personne qui n'ait remarqué souvent
au milieu des nuits, par un temps calme, et du moins
sous un ciel serein, ces feux clairs et rapides qui,
s'animant tout-à-coup au sein des ténèbres, se précipitent vers la terre, suivant différentes directions.
Ces feux, partant des hauteurs de l'atmosphère, paraissent comme autant d'étoiles qui se détachent de
la voûte céleste pour aller, à travers l'espace, prendre
des positions autres que celles qu'elles occupaient.
Cette analogie a valu à ces phénomènes le nom d'é-
toiles tombantes. Une trace de feu marque fréquemment la route que le météore a suivie; mais cette
espèce de traînée ne dure qu'un instant. C'est comme
une espèce de sillon, une queue lumineuse qui se
forme de la propre substance du météore, et qui en
occasione la destruction.

357. Les étoiles tombantes s'observent dans toutes
les saisons, mais plus rarement en hiver qu'en été,
sans doute parce que l'air, dans cette dernière saison,
est presque toujours saturé de vapeurs aqueuses qui
s'opposent à la formation du phénomène. De même,
quoiqu'on regarde l'obscurité de la nuit comme une

condition nécessaire pour la naissance de ces météores, on n'en doit pas conclure cependant qu'ils ne se
forment jamais pendant le jour. Quelques observations attestent, au contraire, qu'ils peuvent avoir
lieu à toute heure de la journée Par exemple, Gassendi assure que, dans un beau jour d'été, le ciel
étant serein et l'air parfaitement calme, il vit paraître avant midi une flamme très-blanche, qui descendait perpendiculairement; que cette flamme avait
la forme d'un cône, et qu'elle laissait sur son passage
une queue également blanchâtre, qui diminuait insensiblement; enfin, là flamme disparut sans laisser
aucune trace de sa présence. Le voyageur Bernier
raconte qu'il en a remarqué lui-même plusieurs fois,
en plein jour, dans l'empire du Grand-Mogol.

Les anciens ne doutaient pas que ces météores ne
fussent aussi fréquens le jour que la nuit. « Que
penserait-on, dit Sénèque, si j'avançais que les
étoiles n'existent pas pendant le jour, parce qu'elles
ne sont pas visibles; de même que l'éclat du soleil
les obscurcit et les cache à nos regards, ainsi les
flambeaux et les météores ignés qui traversent l'espace, sont effacés par la clarté du jour. Ils deviennent
pourtant visibles, ajoute le philosophe, si la vivacité
de leur lumière l'emporte sur l'éclat du jour. Ainsi,
nous avons vu quelques-uns de ces feux brillans se
diriger en plein midi, les uns de l'orient vers l'occident, les autres de l'occident vers l'orient. »

358. Nous ne passerons pas sous silence deux circonstances qui paraissent accompagner le phénomène
des étoiles tombantes. Des observateurs croient avoir
entendu un pétillement, ou, si l'on veut, une espèce

de sifflement, qui s'élevait sur toute la ligne parcou-
rue par le météore; d'autres prétendent aussi avoir
trouvé sur la terre, à l'endroit où le phénomène s'est
éteint, une sorte de résidu, une matière blanchâtre,
grasse et visqueuse, qui exhalait une odeur de soufre;
mais toutes les étoiles tombantes n'arrivent pas toujours jusque sur le sol; le plus souvent, après avoir
parcouru quelques toises dans les espaces célestes,
elles s'éteignent totalement, et ne laissent aucune
trace de leur passage.

359. De combien de contes ces brillans météores
n'ont-ils pas fourni le texte, depuis les rêveries populaires des habitans de la campagne jusqu'aux théories
singulières de savans d'un mérite pourtant bien reconnu? Tantôt, si l'on s'en rapporte aux idées vul-
gaires, l'apparition d'une étoile tombante annonce
le passage d'une ame qui vole du purgatoire en para-
dis; tantôt c'est un saint qui voyage, et les vœux
qu'on lui adresse pendant cette promenade ne manquent jamais d'être exaucés, de même qu'un prince
ou un grand seigneur accueille les demandes que lui
soumettent ses humbles sujets pendant qu'il se procure le plaisir de se promener dans ses états. Il
n'existe qu'une petite difficulté, c'est qu'on ne sait
pas précisément à quel saint se vouer, et que la
course du bienheureux est d'ailleurs si subite et si
rapide, que personne n'a jamais le temps d'exprimer
le moindre souhait pendant son apparition.

M. Biot, dans son *Astronomie élémentaire*, a pensé
que ces étoiles tombantes pourraient bien être des
débris de comètes qui traversent notre tourbillon
avec une vitesse extrême, ce qui fait que leur appa-

rition est si courte. Si cette hypothèse était admise,
il faudrait expliquer pourquoi ces débris de comètes
paraissent toujours de la même grandeur, avec le
même éclat et la même vitesse; et puis, quelle inconcevable rapidité ne faudrait-il pas leur supposer pour leur faire parcourir, en un clin d'œil, plusieurs centaines de millions de lieues! Leur vitesse
serait plus grande que celle de la lumière. (*V.* 34.)

360. Les savans attribuent généralement ce phénomène à l'action du fluide électrique, qui, rencontrant des matières humides dans l'atmosphère, parcourt leurs molécules en formant une série d'étincelles dans tous les intervalles qui les séparent. Cette
théorie semble expliquer assez exactement la rapidité
de la course du phénomène et l'espèce de pétillement
qui l'accompagne quelquefois; mais elle ne paraît pas
rendre parfaitement raison de toutes les circonstances
du météore. En effet, les étoiles tombantes suivent
toujours une ligne droite inclinée plus ou moins vers
l'horizon, suivant la force et l'impulsion du vent;
jamais leur mouvement n'est circulaire ni ascendant.
Cependant, si l'électricité était la seule cause de ces
phénomènes, on ne voit pas quelle loi déterminerait
le fluide à suivre un mouvement vertical ou oblique,
plutôt qu'une autre direction.

361. Descartes pensait que les étoiles errantes
étaient simplement des matières terrestres soulevées
en l'air par l'effet de l'évaporation, et qui, rencontrant ce qu'il appelait *le second élément*, s'enflam-
maient et retombaient sur la terre par suite d'une
nouvelle combinaison. Cette explication paraît assez
naturelle depuis que Volta nous a montré l'art d'imi-

ter ces phénomènes, que la nature seule avait produits avant lui. On prend de l'eau de savon, on
l'imprègne d'air inflammable, c'est-à-dire, de gaz
hydrogène, et l'on souffle des bulles semblables à
celles que font les enfans; ensuite, à l'aide d'une
machine électrique, on touche la bulle. Une étincelle y met le feu subitement; alors le globe enflammé se détache, parcourt un espace assez long
avec beaucoup de rapidité, et éclate enfin avec bruit.

362. Si l'on rapproche cette expérience de la
théorie des feux folets, que nous avons développée
ci-dessus (*V*. 344 *et suiv.*), il ne sera sans doute pas
difficile de comprendre qu'il se rassemble, dans les
régions élevées de l'atmosphère, des exhalaisons
spécifiquement plus légères que les couches inférieures de l'air; que ces exhalaisons, se combinant avec le
gaz hydrogène qui émane sans cesse des eaux dont la
terre est couverte, s'enflamment par un effet purement
électrique, et produisent ainsi le phénomène des
étoiles tombantes. Les matières subtiles qui rendent,
par suite de leur combinaison, les substances grossières des émanations, assez ténues pour nager dans
l'atmosphère, se trouvant dissipées par une rapide
combustion, les molécules les plus grossières se rapprochent, deviennent plus pesantes et tendent vers
la terre, suivant une ligne tantôt verticale, tantôt
oblique, en raison de la force ou de la nullité du
vent. Quant au résidu que des observateurs prétendent avoir trouvé, il paraît que c'est par erreur qu'ils
l'attribuent à ces météores; car les matières qui les
produisent sont tellement inflammables, qu'il est
probable que la combustion les absorbe totalement.

Descartes affirmait l'existence de cette matière visqueuse et gluante, qu'il regardait comme incombustible ; mais le philosophe avait-il vu cette matière visqueuse ? s'était-il assuré qu'elle provenait de l'étoile tombante ? Quel homme s'est jamais trouvé au-dessous de ces étoiles ?.... On croit dans les campagnes que ces feux errans produisent les pierres constellées qu'on trouve souvent parmi les cailloux ; mais ces pierres sont des oursins pétrifiés, que tout le monde connaît aujourd'hui.

L'explication des étoiles tombantes est d'autant plus importante, qu'elle servira de base à celle des globes ignés dont nous allons parler.

ARTICLE IV.

Des bolides ou globes de feu.

363. Les matières gazeuses dont la combinaison donne naissance aux petits phénomènes ignés que nous avons expliqués jusqu'à présent, produisent aussi quelquefois, en s'agglomérant sous la forme d'une masse considérable, des météores plus étonnans, plus capables de frapper l'imagination du vulgaire. Ce sont les phénomènes que les physiciens naturalistes désignent sous la dénomination de *bolides* ou *globes de feu*. La théorie de ces météores devra rendre raison de la diversité des couleurs qui les distinguent, et des circonstances particulières que les observateurs ont aperçues dans l'apparition de ces globes flamboyans. Quelques faits nous mettront en état d'apprécier les divers cas du phénomène.

364. Le comte de Forbin rapporte que passant,

25*

en 1701, près des côtes de Sicile, il fut appelé, pendant la nuit, pour observer un nouveau soleil qui brillait des feux les plus éclatans. « Je montai, dit-il, sur le pont, et je vis effectivement un grand feu qui brûlait en l'air, et qui éclairait suffisamment pour permettre de lire une lettre. Quoique le vent fût très-violent, ce météore restait immobile ; il brûla pendant deux heures environ, et disparut en s'éteignant insensiblement. Les pilotes, les matelots et tout l'équipage, effrayés, le regardèrent comme la marque infaillible d'une tempête prochaine. Vainement je leur assurai que ce feu ne pouvait être formé que par des exhalaisons du mont Gibel, dont nous étions fort près : il n'y eut pas moyen de les persuader. Ils ne revinrent de leur terreur que lorsque nous fûmes devant Brindes, où nous arrivâmes sans que notre navigation eût été troublée autrement que par le vent contraire, contre lequel nous eûmes toujours à lutter. »

Ici, la circonstance particulière à ce fait, c'est l'immobilité du météore dans la région supérieure de l'atmosphère, malgré la violence du vent qui s'opposait à la marche du navigateur ; mais il est probable, comme la théorie des vents nous l'a fait connaître, que l'agitation de l'air se bornait aux couches inférieures, en sorte que l'amas des exhalaisons émanées du volcan, amas dont la combustion produisait le phénomène, se soutenait en équilibre dans son propre tourbillon, au-dessus des couches agitées.

365. On lit dans les Mémoires de l'Académie des Sciences, que le 7 janvier de l'an 1700, on aperçut, une heure avant le jour, près la Hogue, en Normandie, un tourbillon de feu si éclatant, qu'il effaçait

la lumière de la lune. Les habitans de deux villages voisins, étonnés d'une clarté si vive, s'imaginèrent qu'un incendie dévorait quelque maison. Etant sortis pour s'assurer du fait, ils aperçurent le phénomène, qui se présentait sous la forme d'un grand arbre enflammé, et courait de l'O.-N.-O. à l'E.-S.-E. Le jour brillait depuis une heure, quand ce météore s'abattit dans la mer, en produisant un bruit si affreux, que les maisons de ces deux villages en tremblèrent ; il offrit à ce moment le spectacle d'un gros vaisseau qui aurait été embrasé.

366. Nous puisons à la même source un fait qui a quelque ressemblance avec le précédent. Le 26 décembre 1704, on vit, à cinq heures et demie du soir, à Marseille, et à cinq heures trois-quarts, à Montpellier, un phénomène à peu près semblable. Il parut sous la forme d'une poutre ardente, poussée de l'est à l'ouest assez lentement : c'était la direction du vent. Le météore, emporté vers la mer, s'y plongea totalement à deux lieues environ de la côte. On avait vu quelque temps auparavant, dans le voisinage de Marseille, deux poutres semblables, ayant le même mouvement. A Montpellier, on observa un globe de feu qui s'abattit à quelque distance de la ville : l'air alors était calme et serein ; une couleur jaune très-faible teignait tout le couchant à la hauteur de plus de dix degrés.

367. Pendant l'automne de 1723, on observa vers le pays des Natchez, à la Louisiane, en Amérique, un phénomène de cette espèce, qui nous offre d'autres singularités. L'observateur, tourné à l'ouest, fut

frappé d'une lumière extraordinaire ; au même instant, il vit partir du midi, à la hauteur d'environ 45 degrés au-dessus de l'horizon, une lumière de la largeur de trois doigts, qui fila vers le nord, toujours en s'élargissant, et qui se fit entendre en sifflant comme la plus grosse fusée volante. Il jugea que cette lumière ne pouvait être bien élevée dans l'atmosphère, et le bruit ou le sifflement qu'il entendait le confirma dans son idée. Quand le météore fut à 45 degrés au-dessus de la partie septentrionale de l'horizon, il devint stationnaire et cessa de s'élargir ; alors il paraissait large de vingt doigts. Sur son passage, il semait des étincelles très-vives qui s'éteignaient aussitôt. Tout-à-coup un bruit violent se fit entendre, et le météore parut vomir un boulet sphérique, mais enflammé, ayant environ six doigts de diamètre, qui se précipita sous l'horizon vers le nord, et renvoya comme un bruit sourd, mais très-fort, qui dura l'espace d'une minute au moins, et qui semblait partir d'un point fort éloigné. La lumière, qui avait commencé de s'affaiblir immédiatement après la sortie du boulet, se dissipa tout-à-fait avant que le bruit de la détonation se fît entendre.

368. Muschenbroeck raconte qu'en 1749, on vit sur l'Océan un globe enflammé qui planait au-dessus de la surface de la mer, et se dirigeait contre un vaisseau. A cent pieds de distance du navire, il fit une explosion aussi forte que celle d'une centaine de canons qui partiraient en même temps. Il répandit autour du vaisseau une violente odeur de soufre ; la commotion de l'air fut effrayante ; une partie du

grand mât, brisée, éclata en soixante morceaux ; un autre mât se fendit ; cinq hommes furent renversés, un sixième fut brûlé.

L'observateur pensa que c'était une espèce de nuée, formée en grande partie de fluides sulfureux et d'autres matières combustibles, provenant sans doute de quelque volcan. Ces émanations, s'élevant dans l'air par l'effet de leur légèreté, peuvent être poussées loin du lieu de leur origine ; là, s'embrasant par l'effervescence que produit le concours d'autres substances inflammables, et particulièrement la combinaison qui s'opère avec le gaz hydrogène, et sans doute aussi l'action de l'électricité, elles se rapprochent et prennent naturellement la figure sphérique sous laquelle ces phénomènes paraissent le plus ordinairement. Quelques-uns ont un mouvement très-rapide, d'autres paraissent suspendus dans un état parfait d'immobilité. Observons toutefois à cet égard que leur mouvement, quoique très-réel, peut sembler imperceptible lorsque les bolides prennent naissance dans des régions très-élevées et qu'ils viennent en ligne directe vers le spectateur ; en sorte qu'il est difficile de juger s'ils se précipitent avec une certaine rapidité, ou s'ils sont effectivement en repos. En général, ils paraissent céder au cours de l'air, et leur vitesse est en raison de la force du vent, à moins que, lancés par une éruption violente, ils ne suivent rapidement la détermination qui leur a été imprimée.

369. Cependant la marche de ces météores a quelquefois paru si précipitée, qu'il serait impossible de l'expliquer par la seule impulsion du vent. Par exemple, on aperçut à Bologne, en Italie, le 31 mars

1676, un bolide qui parcourut environ cent soixante milles dans l'espace d'une minute; il traversa la mer Adriatique, comme s'il fût venu de Dalmatie. Dans tous les endroits au-dessus desquels il passa, on entendit une espèce de craquement, occasioné sans doute par la rapidité avec laquelle il divisait la masse de l'air, qui lui opposait nécessairement une très-grande résistance. A la hauteur de Livourne, il produisit un bruit semblable à la décharge de plusieurs canons. On crut entendre dans l'île de Corse un bruit tel que celui qu'auraient produit plusieurs chariots roulant sur le pavé.

Ce que nous remarquons dans cette circonstance, c'est la vitesse avec laquelle ce météore était emporté, vitesse qui surpassait infiniment l'impétuosité des vents les plus violens. Il fallait donc qu'il eût une force projectile inconnue, sans doute inhérente à sa nature, un mouvement spontané qui échappait au calcul, puisque toutes les observations comparées ont prouvé que c'était le même bolide qu'on avait vu, en un instant, parcourir un espace immense, suivant une ligne droite du nord-est au sud-ouest.

370. Déjà nous avons annoncé que les météores ignés sont fréquens dans les campagnes de Bologne; plusieurs exemples ont soutenu cette assertion. En 1719, on observa encore dans la même ville un globe de feu d'une grosseur extraordinaire; son diamètre paraissait égal à celui de la pleine lune; la couleur de sa flamme était celle du camphre ardent, et sa lumière n'était pas moins éclatante que celle du soleil à son lever, de sorte qu'on distinguait aisément, et d'assez loin, les plus petits objets répandus sur la

terre. On remarquait à ce bolide quatre gouffres qui vomissaient de la fumée, et de petites flammes qui se reposaient dessus et se portaient à l'extérieur; il avait une queue sept fois plus grande que son diamètre; partout sous son passage on respirait une forte odeur de soufre; enfin il s'éteignit après une détonation extrêmement énergique. En comparant les divers points d'élévation qu'occupait ce phénomène suivant les différens lieux, et en considérant qu'il avait été aperçu en même temps depuis le midi de la France jusqu'en Angleterre, c'est-à-dire sur un espace terrestre de six degrés de latitude et de 5 en longitude, on a conclu que sa hauteur pouvait s'estimer à plus de 80,000 mètres, son diamètre 1000 mètres, sa vitesse 2000 mètres par seconde, c'est-à-dire quatre fois celle d'un boulet de canon. Cependant, si ces données sont exactes, il est probable que le météore ne resta pas constamment à la même hauteur, car, à une élévation aussi prodigieuse (20 lieues environ), le bruit qu'il fit en éclatant n'aurait pu s'entendre, et du moins il eût été impossible de percevoir l'odeur qu'il exhalait, si l'on en croit l'observateur. Nous sommes donc portés à croire que quelques circonstances relatées dans le récit de l'apparition de ce globe de feu sont exagérées.

- 371. Les phénomènes que nous venons de signaler furent observés pendant la nuit; en voici un qui parut pendant le jour. Le 4 novembre 1750, à trois heures vingt-cinq minutes de l'après-midi, le soleil étant chaud et brillant, on aperçut dans le Berri une grosse boule de feu, accompagnée d'une longue queue aussi enflammée, dont on n'apercevait pas l'extrémité.

Ce météore était placé entre le nord et l'est. Il y resta quelques secondes, suspendu à vingt-cinq pieds environ au-dessus de l'horizon. Bientôt il en sortit une longue trace de fumée blanche et épaisse qui s'éleva dans l'air ; un moment après on entendit deux explosions aussi fortes que deux coups de canon, et le météore disparut. Ce phénomène ne causa aucun dérangement dans l'atmosphère, et le ciel conserva une sérénité parfaite pendant toute la journée.

372. Citons un dernier fait relatif à ces météores. Le 17 juillet 1771, vers dix heures du soir, le ciel étant parfaitement serein, quelques nuages seulement bordant l'horizon dans la partie occidentale, on vit paraître au nord-ouest une masse de feu semblable à une grosse étoile tombante, qui, s'accroissant insensiblement, parut bientôt sous la forme d'un globe qui traînait une queue derrière lui. Après que ce globe eut traversé une partie du ciel, dans la direction du nord-ouest au sud-est, en parcourant avec rapidité une ligne inclinée tant soit peu vers la terre, son mouvement parut se ralentir, et sa forme devint semblable à une larme batavique. Alors des flots de lumière jaillirent du sein de ce météore ; sa blancheur était éblouissante, telle que l'éclat du métal en fusion. La tête du phénomène paraissait environnée de flamèches de feu, dont les unes semblaient inhérentes au globe même, les autres s'en détachaient, et sa queue, bordée de rouge, était parsemée des couleurs de l'arc-en-ciel. Le météore étant devenu comme stationnaire, prit encore une forme moins allongée ; il ressemblait alors assez bien à une poire, et manifestait dans son milieu des espèces de bouil-

lonnemens d'où s'exhalait une matière fumeuse. Enfin, ayant sans doute épuisé la force qui le mettait
en mouvement, il éclata en répandant un grand nombre d'étincelles ou de paillettes lumineuses, semblables aux *brillans* des feux d'artifice. Ces brillans
produisirent une lumière si vive, que la plupart des
spectateurs ne purent en soutenir l'éclat, et s'imaginèrent, l'instant d'après, être plongés dans les ténèbres les plus épaisses. Les observations faites à Paris
sur ce phénomène constatent que sa durée n'excéda
pas quatre secondes ; mais il est probable qu'il n'y fut
pas aperçu dès son origine, puisque des relations
assez précises font présumer qu'il dura environ 10".
Ce globe, au moment de son explosion, paraissait
élevé de 45° au-dessus de l'horizon. Deux minutes
après qu'il eut éclaté, on entendit à Paris un bruit
comparable, soit à un violent coup de tonnerre qui
gronde dans le lointain, soit à une charrette qui
roule rapidement sur le pavé, soit enfin au fracas
d'un bâtiment qui s'écroule. Du côté de Melun, ce
bruit parut plus énergique, et, ce qui est remarquable,
c'est qu'on entendit une seconde explosion après la
première. C'était probablement l'effet de quelque résonnance ; cette dernière explosion fut d'ailleurs
assez faible. Dans le même temps, l'air éprouva une
forte commotion qui fit trembler les vitres et les
meubles dans les parties de la ville situées au sud-
est, particulièrement dans les édifices élevés, tels que
l'Observatoire.

Ce météore parut avoir pris naissance au-dessus
des côtes d'Angleterre ; il se dirigea vers le Havre :
alors ses dimensions étaient énormes ; il traversa, en

s'élevant, la Normandie, parcourut les confins de la Picardie, c'est alors qu'il atteignit son apogée. Continuant sa route, il traversa le ciel presque au zénith, de Paris, mais en déclinant un peu vers l'orient, et finit par éclater dans les environs de Melun, à 10 lieues sud-est de la capitale. Les calculs font présumer qu'il s'éleva jusqu'à 18 lieues dans l'atmosphère, et qu'il n'était plus qu'à 9 lieues d'élévation quand il éclata. Il parcourut une ligne de 60 lieues. Son diamètre était au moins de 500 toises. Les principales villes d'où il fut observé sont Dieppe, Amiens, Tours, Limoges, Lyon, Dijon, Reims, etc.; le bruit de son explosion fut entendu à Rouen, Amiens, Senlis, Compiègne, Melun, Corbeil, etc., dans le même rayon.

Résumé et conclusion des observations relatives aux bolides.

373. Sans multiplier davantage les exemples, qui ne peuvent offrir que des répétitions fatigantes, puisque tous les phénomènes de la même espèce présentent, à quelques accidens près, absolument les mêmes caractères, récapitulons brièvement les circonstances que les observations nous ont fait connaître, et essayons de les expliquer, s'il est possible, par une simple théorie.

Connaissant la légèreté spécifique du gaz hydrogène (V. 15), nous comprenons facilement que ce fluide s'amasse dans les régions élevées de l'atmosphère, où il forme des couches souvent fort étendues, dont l'inflammation est la cause naturelle des aurores boréales. Il s'y joint d'autres matières de diverse nature, composées de molécules volatiles à base

bitumineuse, métallique, sulfureuse, etc., provenant
de la fermentation, de la putréfaction des corps terrestres, de la transpiration des animaux et des plantes,
enfin de l'évaporation continuelle de la terre. Ces
fluides s'agglomèrent, soit par l'effet d'une affinité
chimique, soit que l'humidité ou la fraîcheur les condense et s'oppose à leur expansion ; enfin, s'enflammant après leur combinaison par l'action du fluide
électrique, ou par le frottement, ou même par suite
de la propriété inflammable du gaz hydrogène phosphoré, ils produisent des bolides de diverses grosseurs, et dont les couleurs variées dépendent de la
nature du fluide qui domine dans la combinaison.
En effet, la combustion du nitre, celle du bitume,
donnent une flamme différente de la combustion du
soufre ou du gaz hydrogène.

374. La vitesse de ces météores peut s'expliquer
très-naturellement, si l'on considère avec quelle rapidité le feu parcourt les substances les plus combustibles. Qu'une étincelle tombe sur les premiers grains
d'une traînée de poudre, en un clin d'œil la flamme
atteint l'autre extrémité. Qu'on répande sur la terre
une liqueur extrêmement spiritueuse, ces liquides
sont très-inflammables, et qu'on y porte le feu, la
combustion s'effectuera sur toute l'étendue de la matière avec une étonnante rapidité, et, dans ces deux
circonstances, comme les particules que le feu dévore
les premières disparaissent subitement, et qu'il s'o-
père effectivement une extinction instantanée, il semble que l'étincelle incendiaire parcoure avec vitesse
toute la matière combustible.

Il en est sans doute de même à l'égard des phéno-

mènes dont nous nous occupons, car un effet quelconque peut enflammer une masse de ces fluides
condensés au sein de l'atmosphère; il en résulte un
globe de feu qui, parcourant les matières les plus
propres à l'alimenter, se meut dans l'espace avec
une impétuosité plus ou moins rapide, à peu près
comme certaines pièces d'artifice, telles que les dra-
gons, les fusées volantes, qui sont emportées par la
force que leur imprime l'action du feu.

375. Quant à la queue ou trace de feu qui paraît
quelquefois accompagner les bolides, ce n'est souvent qu'une illusion d'optique, car il est possible que
cette trace soit tout simplement l'impression que la
lumière laisse dans les parties de l'atmosphère que le
corps enflammé abandonne par l'effet de sa course
accélérée. L'air est d'ailleurs d'autant plus lumineux
derrière le météore, qu'il s'y trouve plus raréfié; et
cette disposition, se conservant dans une partie de la
ligne que décrit le phénomène, peut offrir, en certains cas, l'apparence d'une queue brillante. En second lieu, l'organe visuel de l'observateur peut contribuer à cette illusion; l'impression de la lumière y
subsiste; il lui semble voir une matière lumineuse,
où, l'instant précédent, il apercevait un corps ardent
dont l'éclat l'éblouissait.

376. La forme sphérique sous laquelle se présentent les bolides, ne fait naître aucune difficulté; cette
forme est une suite nécessaire de la pression que
l'air exerce en tous les sens sur les substances fluides
qui servent de bases aux météores. Ainsi les bulles
qui s'élèvent sur la surface de l'eau ont une figure
hémi-sphérique, et les bulles de savon prennent tout-

à-fait la forme d'une sphère, à l'extrémité du tube
qui leur donne l'existence. Cependant la dénomination de *boules de feu*, sous laquelle on désigne ordinairement ces météores, énonce simplement quelle
est le plus souvent leur apparence, mais elle n'oblige
pas à conclure que telle est effectivement leur forme;
car des objets enflammés paraissent sphériques dans
l'éloignement; un fanal se présente à quelques lieues
comme une grosse boule de feu; et cette observation
nous fournit l'occasion d'élever quelques doutes sur
la grosseur prodigieuse que les observateurs attribuent à certains bolides. Celui de 1719 avait, dit-on,
mille mètres de diamètre, ce qui lui fait supposer
environ une lieue de circonférence. Quelque confiance
que nous ayons aux calculs des physiciens à qui nous
devons la description de ce phénomène, nous avoue-
rons pourtant qu'une pareille solution nous donne
lieu de soupçonner une petite erreur. Ce serait nous
éloigner de notre sujet que de pousser plus loin cette
critique : nous en laisserons le soin à nos lecteurs.

377. Il nous reste à expliquer le bruit qui accompagne presque toujours la marche de ces météores,
et l'explosion qui les anéantit. L'expérience de Volta,
que nous avons relatée (*V.* 361), suffira sans doute
pour rendre raison de cette circonstance. Les globes
de feu, dans leur course rapide, non-seulement chassent ou repoussent une masse d'air assez considérable, mais ils la décomposent, cette masse, ils la
brûlent, pour ainsi dire; de plus, ils rencontrent
dans l'atmosphère une certaine quantité d'humidité
que le calorique réduit subitement en vapeurs; de là
l'espèce de pétillement que les bolides font entendre

26*

sur leur passage. Mais bientôt les gaz qui composent l'enveloppe de ces météores, dilatés eux-mêmes par l'action du feu, n'offrent plus qu'une résistance trop faible à la force d'expansion des matières qui remplissent le globe igné ; alors cette enveloppe crève, le bolide éclate, et produit dans l'air une commotion qui occasione quelquefois un fracas épouvantable. En général, le jeu de nos canons et certaines pièces d'artifice, imitent assez bien les effets de ces grands météores, qui n'offrent rien que de très-naturel à l'œil du philosophe, mais que l'ignorance a regardés dans tous les temps comme des prodiges qui annonçaient immanquablement quelque catastrophe prochaine. Espérons que le peuple, plus éclairé, n'y cherchera bientôt plus rien de merveilleux, et qu'il se contentera d'y voir ce qui est, c'est-à-dire un résultat conforme aux lois de la nature.

ARTICLE V.

DE L'ÉLECTRICITÉ ATMOSPHÉRIQUE.

378. Nous examinerons dans cet article quelle est l'origine de cette lumière vive et subite que nous connaissons généralement sous le nom d'*éclair* ; la matière de la *foudre*, les causes du *tonnerre*, deviendront aussi le sujet de quelques observations d'autant plus curieuses, qu'elles se rapporteront à la classe des météores les plus intéressans, comme ils sont peut-être les plus redoutés, malgré leur fréquente apparition. Il sera très-important, pour l'intelligence de cet article, de relire la partie du premier chapitre, qui concerne l'électricité en général. (*V.* 84 *et suiv.*)

379. Rappelons-nous qu'une simple évaporation , que l'élévation de la température . suffit pour développer le fluide électrique répandu naturellement, mais dans un état de combinaison , à la surface des corps , et particulièrement à la surface de la terre. Ces deux circonstances se trouvant réunies dans la saison des chaleurs , donnent lieu nécessairement à un dégagement très-abondant d'électricité. Mais dans l'acte de l'évaporation, chaque point du sol n'émettra pas toujours la même électricité : tel. nuage se chargera d'électricité résineuse ; tel autre sera chargé d'électricité vitrée. Les nuages étant d'ailleurs , par leur nature humide, rangés dans la classe des bons conducteurs, ont une disposition reconnue à laisser échapper leur fluide ; mais comme ils se trouvent enveloppés d'air sec, ils sont susceptibles de recevoir une forte accumulation d'électricité. Cela posé , si deux nuages chargés contrairement viennent à se rencontrer dans l'espace, ils s'attireront mutuellement et avec une énergie relative au degré d'accumulation des fluides ; quand ils seront arrivés à quelque distance l'un de l'autre , la combinaison s'opérera subitement ; il jaillira une étincelle, et cette étincelle électrique est le principe de l'éclair.

380. Ce premier effet est suivi d'un bruit qu'on désigne sous le nom de *tonnerre*. Il s'agit d'en rechercher la cause. Plusieurs hypothèses ont été imaginées à ce sujet : les uns ont pensé que l'étincelle électrique enflammait différens gaz accumulés dans les hautes régions de l'atmosphère, et que cette combinaison , que les chimistes ont l'art d'imiter dans leurs laboratoires, donnait lieu à une forte détonation, qui se multiplie ensuite par le moyen des échos ;

d'autres physiciens prétendent que, d ns le moment
de la production de l'éclair, il se fait un vide, et que
l'air, s'y précipitant, occasione ce bruit, dont l'intensité est souvent effrayante. On a supposé aussi
que l'air, renfermé dans l'espace qui sépare deux
nuées, fait effort pour s'étendre et s'échapper à l'instant où les nuages, cédant à l'attraction électrique,
se réunissent en un seul volume; de là ces vents impétueux, ces ouragans épouvantables qui accompagnent toujours les orages.

381. Sans recourir à quelque nouvelle hypothèse
pour expliquer le bruit du tonnerre, nous savons
que, toutes les fois qu'on tire une étincelle d'un
conducteur chargé d'électricité, on entend un pétillement relatif à la force de la décharge. L'action
d'une batterie électrique, d'une bouteille de Leyde,
produit un véritable fracas. L'analogie fait concevoir
quel vacarme doit naître d'une multitude de pétillemens qui, réunis, ne forment qu'une seule explosion,
puisque la décharge de toutes les gouttes d'eau qui
composent les nuages est instantanée. Nous pensons
donc que le bruit du tonnerre provient de la réunion
des pétillemens partiels qui se produisent sur les molécules aqueuses au moment où s'opère la combinaison électrique. Nous ajouterons une observation qui
vient à l'appui de ce système; c'est que le tonnerre
et l'éclair partent effectivement en même temps. Ce
fait est d'ailleurs tellement reconnu, qu'on juge, par
l'intervalle de temps qui sépare la vue de l'éclair de
la perception du coup de tonnerre, de l'éloignement
du nuage où l'effet électrique s'est opéré. En effet,
le tonnerre ne se fait généralement entendre que
plusieurs secondes après l'éclair; cette circonstance

a pour cause la lenteur avec laquelle le son se propage, comparativement à la rapidité de la lumière. (*V*. 34 *et* 162). Ainsi, plus il s'écoule de temps entre l'apparition de l'éclair et le bruit du tonnerre, plus le nuage orageux est éloigné, et moins le danger est imminent. On peut juger de cet éloignement en mesurant le temps écoulé entre l'éclair et le tonnerre; chaque seconde représente une distance de 1038 pieds ou 337 mètres.

382. Si le bruit accompagne immédiatement l'éclair, il est certain que la décharge s'est faite non loin de l'observateur, et dans ce cas, la détonation arrive si subitement et avec tant de force, qu'elle a souvent quelque chose d'effrayant. Toutefois la combinaison des fluides, ou la décharge, ne s'exerce, à chaque coup de tonnerre, que sur des parties de deux nuages; il faut une suite d'effets multipliés pour que les nuées ne manifestent plus d'électricité. Il est probable aussi que le bruit qui provient d'une détonation se trouve réfléchi et répété plusieurs fois par les échos qui se forment, soit dans les nuages, soit dans les montagnes, soit même contre certains édifices. Ainsi la simple détonation d'un fusil retentit avec un fracas terrible dans les vallons, sur les rives d'un fleuve, dans les forêts, les bocages, etc., tant la commotion que l'air éprouve est énergique.

383. S'il est des observations curieuses, ce sont sans doute celles qu'il est possible de faire au sein même de la nuée qui produit le tonnerre. Nous avons en France des montagnes assez élevées, surtout pour arrêter les nuages orageux, qui ne se portent jamais bien haut, et pour laisser aux observateurs des phé-

nomènes de la nature la facilité de les examiner de
près, et le moyen d'en acquérir une connaissance précise. L'abbé Richard rapporte qu'il jouit de ce spectacle sur la montagne de Boyer, à une demi-lieue de
Senecey. Le vent, soufflant du N.-E. au S.-E., avait
arrêté, aux trois-quarts de la hauteur de cette montagne, une petite nuée, dans laquelle on entendit
rouler le tonnerre. « La voiture où j'étais, continue
le voyageur, avança assez vite pour entrer au milieu
du nuage, et arriver en même temps au sommet de
la montagne. J'observai que ce nuage, qui, de la
plaine, m'avait paru obscur et épais, devenait plus
diaphane à mesure que j'en approchais, et que le
bruit du tonnerre, moins sourd et retentissant, était
plus fréquent et plus léger. Au moment que le nuage
enveloppa la voiture, il ne me parut plus que
comme un brouillard épais, mais alors le bruit du
tonnerre, que je n'entendais que par intervalle du
bas de la montagne, devint continuel sans être effrayant. Je ne puis mieux le comparer qu'à celui que
ferait un tas de noix qu'on roulerait sur des planches.
J'entendis ce bruit pendant deux ou trois minutes....
A peine arrivé au sommet de la montagne, je vis que
la direction du vent portait le nuage vers le midi ; on
le remarquait mêlé avec les arbres et les buissons
dont la pente était couverte. Tout-à-coup il se dé-
tacha de la montagne comme une boule de savon
s'échappe de l'extrémité d'un chalumeau, et il s'éloigna avec une très-grande rapidité. Alors il devint
obscur, le bruit du tonnerre fut moins fréquent,
mais plus fort, et comme j'étais plus élevé que le
nuage, je voyais, malgré la lumière du soleil qui

était à son midi, les éclairs paraître et la matière fulminante serpenter à la surface supérieure. Enfin ce nuage était simple, peu épais, les exhalaisons qu'il renfermait n'étaient pas comprimées par un nuage supérieur; cependant il y avait fermentation, éclairs et tonnerre. »

Cette relation, faite par un témoin oculaire, confirme ce que nous avons avancé, qu'un nuage abandonne son électricité partiellement, et non par une seule décharge. Quant à la cause première du bruit ou du pétillement que produit l'étincelle, il est évident qu'elle provient de la dilatation subite de l'air, dilatation nécessairement occasionée par l'action du feu électrique.

De la foudre.

384. Ce qu'on entend par la *foudre*, c'est simplement l'effet que produit l'électricité rassemblée dans les nuages, en se combinant avec l'électricité des corps qui séjournent à la surface du globe. On énonce cet effet en disant que la *foudre est tombée*. Cette expression ne doit point faire considérer la matière fulminante comme une substance gazeuse qui s'enflammerait dans les hauteurs de l'atmosphère, et tomberait sur la terre par suite de sa pesanteur. La théorie des phénomènes électriques se retrouve dans l'action de la foudre, et les expériences du célèbre Franklin ont d'ailleurs prouvé, depuis 1747, que la chute de la foudre est réellement une décharge d'électricité. Cette vérité est palpable pour l'observateur qui sait apprécier les effets d'une batterie électrique, car on doit regarder les nuages comme d'im-

menses réservoirs où le fluide s'accumule avec une abondance relative à l'intensité de la chaleur ou de l'évaporation.

385. Nous devons parler ici d'un phénomène contraire à celui de la chute du tonnerre; les physiciens le désignent sous la dénomination de *choc en retour.* Supposons qu'un homme soit placé dans le voisinage d'une nuée fortement électrisée et d'une forme allongée, l'électricité s'accumule plus énergiquement à l'extrémité des corps ainsi conformés. Dans cet état de choses, le fluide vitreux du nuage attirera le fluide résineux de l'homme et du sol sur lequel il est placé, et repoussera le fluide vitreux. Ces circonstances ne sont pas rares dans l'ordre de la nature. Si, quand elles existent, il arrive que le nuage se décharge par l'une de ses extrémités sur un édifice élevé, sur un arbre, etc., l'influence qu'il exerçait sur l'homme cessera, et le fluide vitré du réservoir commun, n'étant plus repoussé, viendra se réunir au milieu des organes de l'homme, avec le fluide résineux qui les occupait seul auparavant; cette combinaison pourra souvent être accompagnée d'une commotion interne assez violente pour occasioner la mort.

386. Parmi les moyens que Franklin mit en usage pour démontrer l'identité de la matière de la foudre et de l'électricité, il employa surtout un cerf-volant électrique avec lequel il fit, et l'on répéta après lui, des expériences qui avaient quelque chose d'effrayant dans les résultats. Romas, entre autres, en décrit une dont il faillit lui-même être victime; les détails en sont extrêmement curieux.

Le cerf-volant dont se servit l'expérimentateur était

en taffetas, et avait sept pieds et demi de hauteur sur trois de largeur, il était surmonté d'une pointe métallique; sa charpente était en métal; il se trouvait maintenu par une ficelle de chanvre dans laquelle s'entrelaçait un fil de fer. Cette ficelle se terminait par un cordon de soie bien sec, afin d'isoler la personne qui tenait la corde du cerf-volant et de la mettre hors de tout danger.

Le 7 juin 1753, vers une heure après midi, par un temps orageux, il enleva ce cerf-volant à une hauteur de cinq cent cinquante pieds. Ensuite, à l'aide d'un excitateur (*V*. 102), il tira de son conducteur des étincelles de trois pouces de longueur et de trois lignes d'épaisseur, dont le craquement se fit entendre à plus de deux cents pas. En tirant ces étincelles, il sentit comme une espèce de toile d'araignée sur son visage, quoiqu'il fût à plus de trois pieds de la corde du cerf-volant. Il crut prudent de s'éloigner encore de deux pieds; alors il porta son attention sur les nuages qui étaient immédiatement au-dessus du cerf-volant, mais il n'aperçut aucun phénomène. Le vent vint à souffler avec plus d'intensité, et éleva son cerf-volant de cent pieds au moins plus haut qu'auparavant. Mais ce qui se passa autour du tube de ferblanc qui était attaché à la corde du cerf-volant, et à environ trois pieds de terre, attira toute son attention. Il vit trois pailles, dont l'une avait près d'un pied de longueur, se lever toutes droites et former une danse circulaire, comme des marionnettes, sous le tube de ferblanc, et sans se toucher l'une l'autre. Ce spectacle dura près d'un quart-d'heure. Quelques gouttes de pluie commencèrent à tomber; alors

27

M. Romas sentit pour la seconde fois la toile d'araignée sur son visage, et il entendit en même temps un bruit continu semblable à celui d'un soufflet de forge. Dès cet instant, M. de Romas n'osa plus tirer d'étincelles, et il s'éloigna encore davantage. Immédiatement après, la plus longue paille fut attirée par le tube de ferblanc. On entendit au même moment trois explosions semblables au bruit du tonnerre; ces explosions s'accompagnèrent d'étincelles de huit pouces de long et de cinq lignes de diamètre; mais la circonstance la plus étonnante et la plus amusante, ce fut que la paille qui avait occasioné l'explosion suivit la corde du cerf-volant; elle s'éleva jusqu'à cinquante brasses de hauteur, attirée et repoussée alternativement : ces attractions et ces répulsions s'accompagnaient d'éclats de feu et de craquemens, qui n'étaient cependant pas si éclatans que dans le moment de la première explosion. Depuis cette détonation jusqu'à la fin des expériences, on ne vit presque point d'éclairs, et à peine entendit-on le tonnerre. On sentit une odeur sulfureuse analogue à celle qui accompagne les écoulemens électriques, et l'on vit autour de la corde un cylindre lumineux de trois à quatre pouces de diamètre. Le physicien pensa que cette atmosphère électrique aurait paru de quatre à cinq pieds de diamètre si l'on eût expérimenté pendant la nuit. A la fin des expériences, on découvrit dans le terrain un trou d'une grande profondeur et d'un demi-pouce de largeur, qui probablement avait été creusé par les grands éclats qui accompagnèrent les explosions.

Considérations générales sur les effets du tonnerre.

387. Ainsi nous apprenons, par une foule d'expériences, que la région inférieure de l'atmosphère est un immense réservoir où la matière électrique se répand sur les autres substances., et s'accumule principalement au sein des nuages ; que le fluide y devienne surabondant, il s'en échappera, et frappant les corps qui se trouveront sur son passage, il produira les phénomènes les plus singuliers; il s'attachera de préférence aux métaux, qui sont de bons conducteurs, mais sur lesquels il sera retenu, soit par les couches d'air environnantes, soit par toute autre substance moins conductrice. Ajoutons toutefois que les effets de la foudre sont tellement variés, tellement bizarres, qu'il serait impossible d'en donner une raison satisfaisante, si l'on entreprenait de les expliquer en détail. Ainsi, que l'électricité atmosphérique réduise en fusion la lame d'une épée sans endommager le fourreau, ou qu'elle fonde l'or et l'argent qui entre dans la confection des fils dont se servent les passementiers, et cela sans brûler la soie qui en est recouverte, nous en trouvons la cause dans l'espèce d'affinité qui attire le fluide électrique sur les métaux ; mais que la foudre tombe sur un homme et lui enlève les yeux sans blesser le reste du corps ; qu'elle enflamme une pièce de bois et qu'elle disperse un tas de poudre sans l'allumer ; enfin que son action se porte sur les corps les plus éloignés, tandis qu'elle respecte les objets qui paraissent y être exposés immédiatement ; qu'en tombant au milieu d'une réu-

nion d'individus, elle frappe les uns et épargne les
autres, voilà des effets qui ne peuvent s'expliquer naturellement que par la considération de l'état électrique des corps qui se trouvent atteints ou respectés
par la foudre. Rappelons-nous la loi des attractions
et des répulsions électriques. (V. 86). Cette loi n'est
qu'une conclusion tirée de l'observation des phénomènes ; or, si les électricités de même nature se repoussent; réciproquement, quand nous voyons la foudre, c'est-à-dire, l'électricité de l'atmosphère, épar-
gner un corps, il est naturel de déduire cette conséquence, que le corps est chargé d'une électricité analogue à celle qui vient du nuage orageux ; au contraire, les objets chargés d'une électricité différente
seront nécessairement foudroyés. Nous savons, au
reste, comment l'électricité de telle ou telle nature
se développe, à distance, par les influences électriques. (V. 99 et 103). Il n'est donc pas étonnant que
des individus rassemblés, mais sans se toucher, se
couvrent naturellement de fluide de diverse nature :
nous pouvons ajouter aussi que la foudre ne paraît
pas agir également sur toute espèce de matière ; elle
renverse avec violence les corps solides, sans doute
parce qu'ils offrent plus de résistance, tandis qu'elle
traverse, souvent sans laisser de trace, les substances qui ont une certaine souplesse et qui cèdent en
quelque sorte à son action ; bien plus, on l'a vue
produire des effets extrêmement variés, même en
agissant sur le même corps ; ainsi, dans un arbre,
elle laisse les parties les plus molles, tandis qu'elle
pénètre et met en morceaux les parties les plus dures et les plus solides ; elle enlève l'écorce et sépare

les couches intérieures d'un chêne, tandis qu'elle en flétrira seulement les feuilles.

388. On ne peut douter que l'étincelle électrique n'enflamme certains gaz délétères qui sont répandus dans les nuages, ou qui environnent les corps placés dans les régions inférieures de l'atmosphère. L'odeur sulfureuse qui s'exhale des points que la foudre a frappés, l'apparition de globes ignés qui se remarquent fréquemment au milieu des nuées, les taches noires qu'on aperçoit sur les corps, la décomposition de diverses substances animales, telles que le lait, les œufs, etc., toutes ces observations et mille autres du même genre, tendent à prouver qu'il se développe, au moment des orages, certains fluides acides, nitreux, certaines exhalaisons alcalines dont la combinaison avec la matière de la foudre peut produire un composé pestilentiel, un mixte d'une activité quelquefois effrayante.

Les effets du tonnerre sont tellement extraordinaires qu'ils mettent en défaut la meilleure théorie, si elle prétend soumettre tous les phénomènes de cette classe à l'action toute simple de l'électricité. On a vu des animaux frappés de la foudre périr subitement sans offrir sur leur corps aucune marque sensible de l'action du météore ; les uns ont eu la peau totalement brûlée, ou les membres comme fracassés ; d'autres ont paru couverts de plaies et de contusions ; quelques-uns ont vu la foudre tomber sur eux ; ils l'ont sentie agir, et n'en ont conservé que des traces extrêmement légères. On a des exemples fréquens de la préférence que montre la foudre pour les métaux : nous en avons déjà rapporté quelques-uns. Com-

27*

bien d'autres ne pourrions-nous pas citer! Un homme
est foudroyé, la commotion ou la frayeur le renverse
par terre ; bientôt il se rassure, et s'aperçoit qu'il n'a
aucun mal. La foudre avait seulement attaqué sa
bourse et fondu toutes les pièces de monnaie qu'elle
renfermait sans endommager le contenant.

Nos batteries électriques produisent des effets effrayans sans doute ; mais jamais leur action n'a occasioné de phénomènes aussi singuliers ; et certes, la
différence des effets ne provient pas ici de la différence des quantités ; elle paraît dépendre bien plutôt de la nature des fluides, des diverses combinaisons qui modifient l'électricité atmosphérique, combinaisons qui n'ont point lieu ordinairement dans les
cabinets des physiciens. Ces considérations étant ad-
mises, il ne sera pas difficile d'expliquer les faits suivans.

Quelques exemples des phénomènes singuliers pro- duits par la foudre.

389. On lit dans le *Dictionnaire des Merveilles de
la nature*, que le 20 juin 1690, le peuple d'un village étant rassemblé dans l'église, un violent coup de
tonnerre se fit entendre, quoique le ciel parût assez
serein. La plupart des assistans, effrayés, se préci-
pitèrent la face contre terre ; cependant la foudre
était tombée vers l'autel. Les deux chaires du prédicateur, qui étaient de chaque côté du chœur, furent
réduites en mille pièces et converties en petits copeaux extrêmement minces ; aucun de ceux qui étaient
assis dans cette partie de l'église ne fut blessé, malgré les ravages qui s'opéraient au milieu d'eux ; mais

les semelles de quelques souliers furent enlevées : les souliers paraissaient coupés comme si l'on se fût servi d'un instrument tranchant, et les pieds ne furent pas atteints. Les nappes et les couvertures de l'autel furent déchirées ; bien plus, les habits d'un homme qui se trouvait debout près de là, furent criblés de petits trous, et cet homme n'eut pas le moindre mal ; on ajoute qu'une grosse poutre qui traversait l'église, et sur laquelle la croix était placée, fut mise en morceaux. Toutes les pièces de l'horloge furent fondues, et un fil de fer assez gros se trouva tortillé absolument comme un crin qu'on aurait approché d'une flamme. Quelques circonstances de ce récit pourraient paraître exagérées, si l'on n'avait pas vu cent fois des faits analogues.

390. Les anciens avaient observé des particularités non moins curieuses dans l'action de la foudre. Les arbres les plus forts, contournés, fendus, brisés et réduits en morceaux de différentes dimensions, ou même d'égale grosseur, et cela avec une telle précision, qu'ils semblaient avoir été taillés par un ouvrier d'une rare intelligence ; les édifices les plus solides ébranlés quelquefois jusque dans les fondemens, des pierres énormes détachées, soulevées et transportées au loin, des murs divisés et renversés, des oiseaux précipités sans vie du haut des airs sur la terre, tels sont, en partie, les effets recueillis par les écrivains les plus judicieux de l'antiquité. Il est vrai que Lucrèce rapporte que de son temps la foudre dissipa subitement le liquide contenu dans une pièce de vin sans endommager le tonneau. Ce fait n'a véritablement rien de merveilleux ; mais Sénèque nous

conte que le tonneau peut être brûlé et mis en cendre sans que le vin se répande : il entend sans doute que le liquide devrait être mis en bouteille auparavant.

391. L'abbé Richard rapporte qu'il a vu lui-même un homme qui, dans la force de l'âge, avait été frappé de la foudre. L'étincelle fulminante, dit-il, ou la colonne de matière embrasée, agit d'abord sur l'agrafe d'argent qui attachait le col de ce particulier, et la fondit en partie : elle coula ensuite le long de son dos, et se partagea en deux branches qui glissèrent le long des cuisses ; parvenue ainsi aux boucles de jarretière, la foudre les noircit ; de là, passant jusqu'aux talons, elle fit un petit trou aux bas et aux chaussons. La foudre n'avait certainement pas pénétré dans l'intérieur du corps ; elle n'avait enflammé ni la chemise ni les habits de cet homme ; cependant il tomba sans connaissance, sans mouvement, sans respiration, sans pouls, avec toutes les apparences de la mort. Sa femme, près de laquelle il venait d'être frappé, revenue de son premier effroi, ne put se persuader qu'il fût mort. Elle le fit déshabiller sur-le-champ et mettre dans un lit bien bassiné ; on le frotta de liqueurs spiritueuses pendant deux ou trois heures avant de pouvoir espérer aucun succès ; enfin la chaleur se rétablit insensiblement dans les parties extérieures, le mouvement et la connaissance revinrent, et ce même particulier vécut plusieurs années après cet accident ; ainsi il dut sa conservation à la tendresse d'une femme courageuse qui, ne voyant aucun signe apparent de mort sur un homme qu'elle aimait, fut assez heureuse pour le rappeler à la vie par

précautions que tout autre aurait crues inutiles. Il est vrai que cet accident occasiona chez lui un changement total ; la commotion avait été si forte apparemment, qu'elle causa une désorganisation complète dans son système moral. Avant ce terrible événement, c'était un homme aimable, plein de connaissance et de talens ; depuis, toutes ses facultés intellectuelles parurent anéanties. Si l'on réussissait à lui renouveler quelques idées de son premier état, il semblait se les rappeler comme des choses dont on a un souvenir confus et qui se sont passées depuis long-temps. A peine fut-il capable, dans la suite, des affaires les plus communes. Son état habituel paraissait être celui de la rêverie, avec un air tantôt pensif, tantôt étonné. Il n'avait conservé de son premier caractère que beaucoup de douceur et une habitude de politesse qui ne le quitta jamais.

392. L'auteur qui nous fournit cette anecdote, ajoute que les plus fortes expériences des physiciens sur l'électricité présentent toujours un résultat dont l'analogie est frappante, avec l'effet de la foudre que nous venons de rapporter. La commotion fut si violente, dans le premier instant, que l'organisation éprouva un bouleversement total ; mais il ne lui paraît pas moins évident que ce fut la vapeur d'un gaz sulfurique enflammé par l'étincelle, qui arrêta le cours de la respiration, coagula le sang et intercepta subitement les fonctions vitales ; car souvent c'est moins la foudre, ou son action immédiate, qui occasione la mort de ceux qui sont frappés mortellement, que la disposition où se trouve la partie de l'atmosphère qui les environne. Elle change apparemment

d'état, cesse d'être propre à la respiration; de là résulte une asphyxie, c'est-à-dire, un étouffement, et la mort même, ou du moins une suspension des fonctions vitales, qui a toutes les apparences de la mort.

« Pour peu qu'on réfléchisse, dit un autre écrivain, sur la quantité d'air respirable que détruisent les exhalaisons sulfureuses, on verra qu'on peut attribuer à cette cause la mort des animaux frappés de la foudre sans aucune blessure visible; car l'élasticité de l'air qui environne l'animal venant à manquer tout d'un coup, les poumons sont obligés de s'affaisser, ce qui suffit pour causer une mort subite : ceci se trouve confirmé par les observations qu'on a faites sur les animaux tués de la foudre. Les poumons se sont toujours trouvés aplatis, et les vésicules vides et affaissées; d'où l'on doit conclure, si l'on s'en rapporte à cette observation, que les personnes qui périssent foudroyées éprouvent, pour la plupart, le même effet qu'elles éprouveraient, enfermées dans la machine pneumatique où l'on ferait le vide. »

393. Continuons de relater des phénomènes extraordinaires. Le 14 juin 1774, le tonnerre tomba à Poitiers sur une cheminée, qu'il perça et lézarda. Il glissa sur les tuiles, endommagea une mansarde en ardoises, et passant le long des conduits de ferblanc, il s'arrêta sur une maison voisine, et fondit, en différens endroits, les soudures des tuyaux destinés à recevoir les eaux de la pluie. Alors il descendit dans une cour où travaillait un jeune homme de 18 ans; la foudre brûla le quartier du soulier qu'il avait au pied droit, et, passant entre son bas et sa jambe,

elle roussit le bas, seulement à l'intérieur, sans blesser la jambe, brûla la doublure de la culotte sans
blesser la cuisse, enleva l'épiderme du bas-ventre du
même côté, et sortant par le devant de la culote, elle
arracha un bouton de cuivre qui la fermait. Ce bouton fut porté dans le soulier du pied gauche, dont la
foudre déchira le quartier sans même effleurer la
peau. Enfin, ayant abandonné le jeune homme, qui
en fut quitte pour la peur, elle alla casser 5 à 6 carreaux d'une fenêtre voisine, fondit les plombs, passa
dans une allée, fit pirouetter un homme qui s'y trouvait, et lui causa à la jambe une douleur semblable
à celle que fait éprouver l'explosion électrique. Les
circonstances que présentent ce fait sont bizarres;
mais on les rencontre assez souvent pour qu'il ne soit
pas permis de douter de l'exactitude de la relation.
L'observateur n'indique pas le temps qu'employa la
foudre pour exécuter tant de choses. Il est probable
que la présence du météore ne dura guère que plusieurs secondes, tant est rapide l'action du fluide
électrique.

394. Nous pourrions multiplier ces exemples à
l'infini, et nous verrions tous les effets différer par
quelque circonstance particulière. On écrivit de
Troppau, le 2 août 1777, que la foudre venait de
tomber dans un village. On la vit couler sur toute la
longueur de la tour du clocher, se diviser en plusieurs parties, lesquelles, se réunissant bientôt en un
seul faisceau, suivirent un fil d'archal qui descendait
jusqu'au pied du bâtiment. On entendit en même
temps un coup de tonnerre terrible; l'air s'obscurcit
subitement, et tout présageait l'approche d'un orage

affreux. La peur saisit tous les habitans, et chacun se
retira dans sa maison. Un fracas horrible dura environ une minute. Le calme se rétablit; alors les plus
hardis sortent de leur retraite, et voient presque tous
les toits du village découverts, la tour du clocher dé-
tachée de ses fondemens et couchée le long de l'é-
glise, sans avoir été endommagée; un grand tilleul,
qui était dans la cour du presbytère, fut emporté de
sa place et incrusté jusqu'à la moitié de son diamètre
dans l'épaisseur du mur d'une chapelle; des statues
de bois qui décoraient une espèce, de calvaire avaient
disparu; une cheminée, avec la partie du toit auquel
elle tenait, se trouva retournée du midi au couchant.
Un garçon laboureur dormait dans un grenier à foin,
son habit sur ses pieds; la foudre emporta au loin
l'habit, qui ne fut retrouvé qu'au bout de trois jours.
Elle emporta en même temps la couverture du grenier sans que le jeune homme s'éveillât. Personne ne
fut tué, mais le bétail qui campait dans les champs
eut beaucoup à souffrir. On crut même qu'un tremblement de terre s'était joint à cet orage.

395. Rapportons un fait qui semble justifier l'idée
populaire, que des individus frappés de la foudre ont
souvent été réduits en cendres. Le 27 juillet 1769, à
Feltre, dans la Marche Trévisane, en Italie, vers trois
heures et demie de l'après-midi, il s'éleva une tempête horrible; d'épais nuages vinrent obscurcir le
ciel; l'horizon paraissait en feu, par l'effet des éclairs
multipliés qui se succédaient sans interruption; la
pluie tombait par torrens. Plus de six cents personnes se trouvaient alors réunies dans la salle de
spectacle. Tout-à-coup le tonnerre tomba sur le

théâtre par une large ouverture qu'il fit au comble du bâtiment. La foudre parut sous la forme d'un boulet de canon d'une forte dimension. Tous les flambeaux qui éclairaient la salle s'éteignirent subitement. Un morne silence fut le premier effet de la terreur générale; mais bientôt mille cris affreux y succédèrent, lorsqu'on aperçut, au retour de la lumière, l'horrible tableau des ravages que la foudre avait causés. De tout côté, on ne voyait que des hommes, des femmes ou des enfans qui présentaient l'apparence de la mort. Six personnes étaient réduites en cendre, soixante-dix autres avaient été atteintes du tonnerre, et quelques-unes blessées mortellement.

La circonstance particulière qui distingue cet événement, c'est la destruction totale de six individus. On ne peut attribuer cet effet qu'à la disposition où se trouvait leur atmosphère, d'être susceptible d'une violente inflammation. Sans doute les émanations qui les environnaient, les fluides dont ils étaient eux-mêmes pénétrés, se trouvaient de nature à nourrir un feu tellement actif qu'ils en furent dévorés. On voit des effets analogues dans les *incendies spontanés*, dont nous citons un exemple extrait du *Dictionnaire des Merveilles de la Nature.*

La comtesse Cornélia Bandi, de la ville de Cézène, en Italie, âgée de 62 ans, jouissait habituellement d'une santé parfaite, lorsqu'un soir elle éprouva une espèce de pesanteur et d'assoupissement; cependant elle passa quelques heures à causer, et finit par se retirer dans sa chambre à coucher. Le lendemain, comme elle n'appelait pas à l'heure ordinaire, sa

28

femme de chambre, craignant quelque accident, entra dans l'apartement de sa maîtresse. Qu'on juge de l'éffroi que dut éprouver cette fille en voyant le spectacle qui s'offrit devant elle! Le lit de la comtesse était vide, mais elle aperçut au milieu de la chambre un petit tas de cendre dans lequel on distinguait deux jambes entières, une tête à demi brûlée et quelques doigts encore fumans; tout le reste était consumé, et les cendres avaient cette propriété singulière, qu'elles laissaient après les doigts une humidité grasse et puante. On voyait sur le plancher une petite lampe dont l'huile était épuisée, et deux chandeliers qui portaient des mèches de chandelles, car le suif paraissait avoir été fondu. Le lit n'était point endommagé; les couvertures étaient seulement relevées et jetées de côté; toute la garniture se trouvait couverte d'une suie grisâtre et humide, qui avait pénétré jusque dans les tiroirs d'une commode; l'air de la chambre était même chargé d'une suie légère; le plancher était enduit d'une humidité gluante si épaisse, qu'on ne put l'en détacher, et la mauvaise odeur qui s'en exhalait se répandit de plus en plus dans les autres apartemens.

Ce récit est attesté par un savant médecin, homme d'un caractère qui ne permet pas le moindre doute sur sa véracité. L'auteur pense que cette dame fut consumée par un feu intérieur, invisible, qui d'abord concentré dans sa poitrine, lui causait l'espèce de pesanteur qu'elle avait sentie dans la soirée; il soupçonne que ce feu s'étant développé pendant le sommeil, la comtesse en sentant les impréssions, se leva pour prendre l'air, et qu'elle tomba à peu de dis-

tance de son lit, étouffée par le feu intérieur qui la
dévorait. On ajoute que cette personne avait l'habitude. de se frotter le corps avec de l'eau-de-vie cam-
phrée, et que cette drogue fut sans doute la principale cause du phénomène, en agissant comme une espèce de foudre dans le système de l'économie animale.

Les personnes qui font un usage fréquent et habituel de liqueurs spiritueuses, sont exposées à des accidens de cette nature ; on en trouve des exemples
multipliés dans les recueils d'observations médicales.
En effet, l'homme et tous les animaux contiennent
naturellement un principe igné, qui se trouve souvent accumulé dans les uns d'une manière surabondante ; ce principe tend sans cesse à l'inflammation, à l'embrasement des substances. Quelle sera
son énergie, si l'homme en augmente l'activité par
l'usage continuel de matières inflammables !.... Il
est donc probable que les cinq individus dont nous
avons parlé, qui furent consumés totalement par le
feu du ciel, ne durent le genre de mort qu'ils souffrirent qu'à un incendie de cette nature, développé
sans doute par l'action de la foudre.

396. Voici deux autres faits qui prouveront la
force et l'activité de la foudre. Muschenbroeck rapporte que le tonnerre étant tombé sur un troupeau
de moutons, les tua tous sans exception. On trouva
ensuite que leurs os avaient été brisés et réduits en mille
parcelles, qui s'étaient dispersées dans les chairs. On
raconte aussi qu'un homme revenant à cheval de la
campagne à la ville, fut frappé de la foudre ; son
frère, qui le suivait, ne s'en était pas aperçu ; pensant
qu'il s'était endormi, parce qu'il paraissait chanceler

sur sa monture, il s'approcha pour le réveiller, et vit qu'il était mort effectivement. Ses os avaient été comme fondus, sans que les chairs eussent été endommagées.

397. Nous ferions plusieurs volumes si nous voulions consigner toutes les observations qu'on a recueillies relativement aux effets de la foudre. Il faut nous borner sans doute :

> Loin d'épuiser une matière,
> On n'en doit prendre que la fleur.

Nous ajouterons cependant quelques faits nouveaux, en continuant de nous renfermer dans le cercle des observations les plus intéressantes. On verra dans le récit suivant une preuve du danger que l'on court à se réfugier sous un arbre pendant les orages. Des ouvriers, occupés dans un champ, furent surpris par un orage ; leur premier soin fut de chercher un abri. Six d'entre eux se réfugièrent sous un saule, les autres aimèrent mieux rester en plein air, exposés à la pluie. Le tonnerre tomba sur l'arbre, et ceux qui s'étaient mis à couvert dessous furent renversés par terre à demi-morts ; quelques-uns eurent le dos déchiqueté et sillonné, depuis les épaules jusqu'aux cuisses, de plaies qui paraissaient faites avec un instrument tranchant, et généralement profondes d'un travers de doigt. Le tonnerre fit éclater le saule, sortit par une fente du pied de l'arbre, pénétra dans la terre, produisit quelques crevasses à la superficie, et jeta ensuite à sept pas de là les six malheureux qu'il avait d'abord terrassés. Les autres ouvriers vinrent à leur secours, leur firent avaler un peu d'eau fraîche et les portèrent dans leurs maisons. Heureusement cet accident n'eut pas de suite plus fâcheuses : aucun d'eux n'en mourut. Mais on a vu, sous un noyer où des moissonneurs s'étaient retirés pendant un orage, un homme et une femme tués, trois autres blessés, et cinq qui n'eurent aucun mal et qui ne furent pas même oppressés. Dans une autre occasion, un homme seul fut tué et presque réduit en poussière au milieu de plusieurs autres qui, placés sous le même arbre, n'éprouvèrent aucune atteinte.

398. Il peut être dangereux de courir en passant sous un nuage électrique : on a bien des exemples de personnes foudroyées par suite de cette imprudence. Voici, entre autres, un fait rapporté par un observateur véridique. « Au mois de mai 1755, dit l'abbé Richard, j'étais après midi dans la plaine qui s'étend au sud de Dijon, à une lieue environ de cette ville. Tout-à-coup je fus surpris par deux ou trois orages, qui se succédèrent rapidement : des nuages simples et peu étendus vomissaient les éclairs et la foudre, et versaient des torrens de pluie. Je vis plusieurs fois, au milieu des coups d'un tonnerre éclatant, la foudre serpenter dans l'air et rouler jusqu'à terre; bientôt le tonnerre se fit entendre dans un nuage fort noir, qui s'avançait assez vite derrière moi, chassé par le vent du midi : les éclats augmentèrent, la pluie redoubla. Je m'éloignai de quelques arbres élevés qui se trouvaient à la gauche du chemin, et je restai en place, sous un parapluie de soie, jusqu'à ce que le nuage fût passé. Au même instant, j'aperçus un homme à cheval, qui galopait précisément dans un sens opposé à la direction du nuage. Je réfléchis-

sais sur son imprudence, lorsque la foudre éclata et vint le frapper : il fut désarçonné et renversé la face contre terre; le cheval resta immobile, et paraissait foudroyé. Moins d'une minute après, le tonnerre tomba de nouveau à peu de distance du voyageur, et roula sur la terre assez loin. Dans ce trajet, la foudre ne passa guère qu'à dix toises de moi ; son diamètre me parut être d'environ un pied; son mouvement était très-rapide, sa couleur vive et ardente. Au moment de ce second coup, le cheval, apparemment réveillé de son extase, partit au galop. Je m'approchai de son maître, que je trouvai sans mouvement. L'ayant relevé, je lui fis avaler quelques gouttes d'une eau spiritueuse, qui le ranima un peu : toute la partie gauche de son corps était insensible et comme paralysée; cependant il n'avait d'autre apparence de blessure que quelques gouttes d'un sang fort noir qui lui sortaient de l'oreille gauche. Il vécut quinze jours dans un état continuel de souffrance, sans avoir recouvré ni la parole, ni la connaissance, et mourut. »

Hâtons-nous d'ajouter à ce récit une observation propre à rassurer les voyageurs : c'est que des voitures publiques roulent continuellement sur toutes les routes, qu'elles traversent les orages sans aucune précaution, sans suspendre jamais leur service, et cependant nous n'apprenons pas que la foudre tombe plus souvent sur les diligences ou sur les malles-postes, qui sont renommées par leur célérité, que sur tout autre corps immobile.

399. Il paraît aussi que la matière fulminante peut s'accumuler à quelque point de la terre, et faire ex-

plosion vers les nuages, en frappant ce qu'elle rencontre. On cite un effet de cette nature, qui eut lieu,
en 1769, près du village de Rumigny, en Picardie. Il
était six heures du matin; le ciel, nébuleux, paraissait disposé à l'orage. Un jeune cultivateur et sa
femme suivaient, à quelque distance, une voiture
qu'ils avaient fait charger de grains, et qui était
attelée de quatre chevaux, lorsque le charretier, sans
voir d'éclairs, sans entendre aucun bruit de tonnerre, se sentit vivement oppressé, et fut renversé
sur la terre. Revenu de l'effroi que lui avait causé
une chute si violente, dont il ne pouvait imaginer la
cause, il vit ses quatre chevaux étendus par terre,
morts près de la voiture, et un trou fumant, d'où il
présuma que l'exhalaison était sortie. A cent pas de
là, le jeune homme et sa femme, quoique éloignés
l'un de l'autre de vingt pas, furent frappés et tués.
Il s'éleva, dans cette partie de l'atmosphère, un
tourbillon assez violent, qui dispersa un monceau
d'avoine, et renversa, cent pas plus loin, le père u
jeune homme, de la même manière qu'il était renversé le charretier, mais sans les blesser ni l'un ni
l'autre. Le vieillard, un peu rassuré, voulut se rele-
ver, et se trouva incapable de faire mouvoir ses
jambes. Les chirurgiens firent la visite des cadavres,
et n'y remarquèrent aucune blessure extérieure; les
quatre chevaux n'en offraient aussi nulle apparence;
mais on apercevait un gonflement considérable, et
les traits étaient horriblement déformés. Le corps de
la jeune femme était absolument jaune; le chapeau
du mari se trouvait percé de plusieurs trous, et ses
cheveux étaient brûlés; mais il ne portait aucune

contusion à la tête. La mort de ces individus paraît avoir été causée par une violente suffocation.

Moyens préservatifs contre la foudre.

PARATONNERRES.

400. Les expériences de Franklin, répétées depuis par tous les physiciens, ayant prouvé d'une manière évidente l'identité du principe de la foudre avec le fluide électrique, donnèrent l'idée d'armer nos habitations d'instrumens propres à les préserver des atteintes du tonnerre, ou du moins à diminuer les effets de la foudre. La construction de ces instrumens, qu'on a nommés *paratonnerres*, est fondée généralement sur la propriété dont jouissent les pointes, et surtout les pointes métalliques, de soutirer l'électricité : les paragrêles nous ont déjà présenté des constructions analogues. (*V.* 245.)

Le paratonnerre se compose d'une tige de fer haute de sept à neuf mètres, carrée, amincie de sa base à son sommet, en forme de pyramide, qu'on fixe solidement sur le haut d'un édifice ; on lui donne de cinquante-quatre à soixante-trois millimètres d'épaisseur, dans les rapports de sa hauteur : cette tige se termine en pointe. Ordinairement, cette pointe est faite d'une tige conique de cuivre jaune, terminée par une petite aiguille de platine, de cinq centimètres de longueur. Il est nécessaire que cette pointe soit solidement ajustée sur la tige.

A la base de la tige que nous venons de décrire, vient s'ajuster le conducteur, qui, partant du pied de cette tige, va se rendre dans la terre. Le conduc-

tour a de quinze à vingt millimètres de côté, et doit
pénétrer profondément dans le réservoir commun ; il
convient même de le faire descendre dans un puits.
Arrivé au milieu de l'eau, ce conducteur se divisera
en trois ou quatre branches, pour faciliter l'écoulement
de la matière électrique. Si l'on n'a point de terrain
humide à proximité, on devra faire plonger le conducteur jusqu'à une profondeur de dix mètres au
moins. Nous insistons sur cette circonstance, car on
ne saurait prendre trop de précautions pour procurer à la foudre un prompt écoulement dans le sol.
C'est de ce principe bien observé que dépend l'efficacité des paratonnerres.

Nous avons établi les dimensions que doivent avoir
les tiges et le conducteur du paratonnerre. Si ces
parties étaient trop faibles, la foudre pourrait fondre
les lames métalliques, ou se porter sur d'autres parties du bâtiment qu'on ne serait point parvenu à
préserver. Il est une autre précaution aussi importante à prendre, c'est d'avoir soin qu'il n'existe aucune interruption dans tout le système du paratonnerre. En effet, la moindre solution de continuité
donnerait lieu à quelque étincelle qui pourrait produire les mêmes effets, les mêmes désastres que produirait la foudre en tombant directement sur l'édifice. Aussi maintenant, pour se garantir plus sûrement de ces deux inconvéniens, on arme le même
édifice de plusieurs paratonnerres, assez éloignés
toutefois pour qu'ils ne puissent exercer, les uns sur
les autres, une influence dangereuse ; et pour les
conducteurs, on préfère aux barres métalliques les cordes en fil de fer, ou mieux encore en fil de laiton.

401. On a souvent agité la question de savoir quelle est la manière d'agir d'un paratonnerre. Long-temps on a pensé que toute la vertu d'un instrument de cette nature dépendait de la facilité avec laquelle l'électricité des nuages s'écoulait le long du conduc-teur, pour aller se perdre dans le sein de la terre; mais depuis, des physiciens ont imaginé que les para-tonnerres pourraient bien avoir une action différente, dont le résultat est finalement le même. Suivant ces savans, le conducteur métallique ouvre un libre pas-sage au fluide terrestre, qui monte ainsi, et va se combiner avec le fluide dont le nuage est chargé; et puisque ces deux électricités sont contraires, car nous savons que, sans cette condition, celle des nuages serait repoussée, loin d'avoir une tendance à tomber vers le sol, il en résulte une neutralisation qui s'opère dans l'atmosphère, et qui détruit la sura-bondance de l'électricité de la nuée orageuse. Nous ne discuterons pas ici la supériorité de l'une ou de l'autre opinion; il nous suffit de voir qu'elles donnent toutes deux une explication satisfaisante du phéno-mène. Il arrive souvent que l'action de la pointe n'est pas assez active, et que la foudre tombe sur la tige du paratonnerre, mais cet événement n'a rien de dangereux si le conducteur est suffisant. Malgré l'uti-lité reconnue des paratonnerres, bien des gens se déclarent encore aujourd'hui les détracteurs de cette invention; vainement les palais des rois sont armés de ces nouveaux instrumens, quelques esprits cha-grins, qui ne voient qu'avec dépit les perfectionne-mens de leur siècle, s'obstinent sans cesse, aveuglés sans doute par un esprit de parti bien ridicule, à

méconnaître les avantages d'un système aussi simple de défense contre la foudre. Heureusement leurs ignorantes clameurs ne sont guère entendues, et bientôt les édifices particuliers seront généralement couverts de paratonnerres, dont on ne saurait trop encourager l'usage.

402. Les nuages électriques s'attachent, par une espèce de préférence, au sommet des montagnes, à la cîme des arbres, se posent sur les tours les plus élevées, et généralement sur tous les corps terminés en pointe. Il est donc extrêmement dangereux de chercher sous un arbre un abri pendant l'orage : cette retraite a souvent été funeste à ceux qui l'avaient choisie. Nous en avons cité un exemple, mais nous en avions cinquante semblables à rapporter. Une seconde raison doit engager les voyageurs à rester en pleine campagne, et même à se laisser mouiller, traverser, loin de craindre la pluie : c'est que le fluide électrique se laisse conduire si rapidement par l'eau, qu'il ne fait qu'effleurer les corps mouillés. Franklin, dans ses expériences sur l'électricité, foudroyait avec la bouteille (*V.* 100) un rat sec, qui périssait aussitôt, tandis qu'un rat couvert d'eau, et soumis à la même épreuve, en sortait sain et sauf. Ainsi, non seulement la foudre atteindra bien rarement dans une plaine, les individus éloignés des objets élevés, mais encore si ces mêmes individus sont mouillés, la foudre pourra très-souvent glisser sur eux sans leur faire de mal. C'est aussi pourquoi les coups de tonnerre sont moins à craindre quand il fait une averse abondante. Au reste, en supposant que ce n'est point l'élévation ni la forme conique des

arbres qui les exposent aux attaques de la foudre, leur voisinage serait toujours fort dangereux, vu l'extrême humidité qu'ils exhalent : humidité qui ouvre sans doute un passage facile au fluide électrique, puisque l'eau, comme on l'a fait observer, est un bon conducteur de l'électricité. Cette raison doit engager surtout à fuir le voisinage des peupliers, des noyers, des saules, et généralement des arbres qui renferment et émanent des vapeurs humides. On pourrait, au contraire, se réfugier avec moins de danger sous des lauriers, des oliviers et des pins, parce que ces arbres étant d'une nature résineuse, se chargent d'une électricité propre à repousser celle de l'atmosphère. (*V*. 87.) Par une conséquence de la raison précédente, le feu doit ajouter à l'attraction électrique, non pas directement, mais indirectement, en développant les parties aqueuses des combustibles, qui s'élèvent et forment une colonne de fumée, qui sert ensuite de conducteur à l'électricité. Il est donc prudent de s'éloigner, pendant les orages, des cheminées dans lesquelles on entretient du feu. La sympathie que la foudre nous a montrée pour les métaux, nous avertit aussi d'éviter soigneusement la proximité des corps métalliques. Enfin, il serait dangereux de laisser ouvertes, au moment de l'orage, les fenêtres de l'apartement dans lequel on se trouve : c'est le moyen d'exciter un courant d'air qui pourrait attirer le tonnerre. Nous indiquons ces précautions, parce que nous les croyons prudentes, mais sans prétendre que l'inobservation de nos préceptes doive être aussitôt funeste.

403. Des personnes timorées se croient perdues

aussitôt qu'elles entendent le tonnerre; l'approche du moindre orage les fait trembler. On a vu de ces gens timides se renfermer dans les profondeurs d'une cave, se cacher sous une vaste cloche de verre. Auguste, si l'on en croit Suétone, redoutait le tonnerre et les éclairs avec une faiblesse qu'on pardonnerait à peine à une femme. Il portait toujours autour de son corps une peau de veau marin, pour se garantir de la foudre. A la moindre apparence d'un orage, il allait se cacher sous des voûtes profondes, où le bruit du tonnerre et la lueur des éclairs ne pouvaient pénétrer. L'empereur Caligula portait aussi la crainte du tonnerre jusqu'au point de pleurer comme un enfant dès qu'un éclair frappait ses yeux ; il s'enveloppait la tête, pensant apparemment, quand il avait pris cette précaution, qu'il n'était plus exposé aux coups de la foudre. Cette crainte est bien pusillanime, et dénote une lâcheté vraiment indigne d'un homme. Il est un moyen efficace de ne point redouter le tonnerre, c'est de s'attacher à la vertu : l'homme dont la conscience est pure, vit nécessairement au-dessus de pareilles terreurs.

Des préjugés dont le tonnerre est la source.

404. On a cru long-temps que le mouvement des cloches détournait les orages : l'impulsion que l'air éprouve alors, était censée se communiquer aux nuées, qu'on supposait se dissiper de cette manière. Il a fallu des siècles pour déraciner ce préjugé, qui paraît se perpétuer encore dans quelques campagnes. Ici des exemples extrêmement funestes, des malheurs très-fréquens, sont venus appuyer les efforts de la

raison, en démontrant aux sonneurs la nécessité de rester chez eux quand il tonne. En effet, les églises, les clochers, par leur élévation, sont naturellement exposés aux coups de la foudre. D'un autre côté, le mouvement produit dans l'air par l'agitation des cloches, ne peut avoir d'influence que sur un nuage très-rapproché, et cette influence est évidemment contraire à celle qu'on attend, car l'oscillation détermine un courant qui attire la foudre au lieu de l'écarter; ensuite, les cordes ayant une vertu assez conductrice, communiquent le fluide aux imprudens sonneurs, qui périssent ainsi fort souvent victimes de leur ignorance. Nous ne parlons pas des vibrations occasionées par le son même : le mouvement qui en résulte est trop faible pour avoir aucune action sur des masses aussi pesantes et aussi épaisses que le sont généralement les nuées orageuses. D'ailleurs, les gens qui s'avisaient de sonner les cloches, et ceux qui maintiennent encore cet usage, possédaient-ils ou possèdent-ils bien la théorie des sons ? Quelle que soit la source d'un tel préjugé, aujourd'hui l'autorité administrative intervient sagement pour en arrêter les effets.

405. Mais est-il vrai que la foudre tombe à chaque coup de tonnerre ? Non sans doute. Le plus souvent les explosions s'opèrent dans les nuages mêmes. Il faut une circonstance assez rare pour que la décharge ait lieu sur la terre; il faut que le nuage électrique passe à proximité d'un corps placé à la surface du sol. On voit donc que la chute de la foudre n'est pas aussi commune qu'on pourrait le penser; et cette observation devrait rassurer un peu les esprits timo-

rés , si la raison était capable d'exercer sur eux la moindre influence.

Au moment que deux nuages électrisés se réunissent, les molécules aqueuses se trouvant en quelque sorte doublées, deviennent trop pesantes pour se soutenir dans l'air, et tombent aussitôt précipitamment. Aussi voyons-nous fréquemment de larges gouttes de pluie tomber immédiatement après un violent coup de tonnerre.

406. On éprouve ordinairement, à l'approche d'un orage, une espèce d'anxiété et de fatigue dans tous les membres. Long-temps on a pensé que la cause de ce malaise provenait de l'augmentation de la chaleur ; mais on a remarqué depuis que la chaleur n'augmente pas toujours dans cette circonstance : souvent le thermomètre a baissé à l'instant même où les corps étaient le plus désagréablement affectés. Il paraît donc que cette sensation doit être attribuée à la surabondance du fluide électrique qui est alors répandu dans l'air, et particulièrement dans les régions inférieures de l'atmosphère. En effet, des exemples frappans nous prouvent que telle est l'influence de l'électricité sur les êtres animés. Muschenbroeck raconte qu'il eut la fièvre à deux fois différentes après avoir fait un grand nombre d'expériences électriques. Plusieurs physiciens ont éprouvé, dans des cas analogues, des anxiétés, un état de fatigue extraordinaire, des attaques de nerfs, etc.

Il est très-probable cependant que la diminution de l'élasticité de l'air qui séjourne dans les parties basses de l'atmosphère, contribue pour beaucoup à l'effet dont nous parlons. Cette diminution d'élasticité est produite par les exhalaisons méphitiques qui s'amassent près du sol quelque temps avant que l'orage ne se forme, soit parce que l'air supérieur s'en trouve déjà saturé, soit plutôt que ces vapeurs se composent de particules tellement grossières, qu'il leur est impossible de s'élever au-dessus de la terre. On observe effectivement que les marais, les cloaques et les autres lieux qui émanent beaucoup d'exhalaisons fétides, répandent une odeur assez forte au moment d'un orage : les animaux eux-mêmes semblent le prévoir ; déjà le coq marque son inquiétude par un chant plus fréquent ; l'hirondelle rase la terre ; les chevaux en frappant du pied, les bœufs par leur beuglement, témoignent le désir de regagner leur gîte. Les animaux sauvages s'empressent aussi de chercher un abri, car il semble que toute la nature pressente alors une crise énergique, un bouleversement universel. On peut affirmer en voyant ces indices, qu'il éclatera incessamment un orage.

407. Nous avons parlé des éclairs qui précèdent les coups de tonnerre (*V*. 379) ; on en remarque souvent aussi pendant les belles soirées d'été, lorsque le ciel est serein et que la chaleur de la journée a été violente : on les nomme communément *éclairs de chaleur*. Ils ne sont pas suivis de tonnerre, mais ils se succèdent rapidement.

Ces éclairs proviennent ordinairement d'un orage fort éloigné, car la lueur d'un éclair qui naît à la hauteur d'une demi-lieue dans l'atmosphère, peut s'apercevoir à la distance de quarante-cinq lieues ; le bruit du tonnerre, au contraire, ne se propage que suivant un rayon de cinq à six lieues au plus. On pourrait objecter contre cette explication, qu'on ne voit pas de ces éclairs pendant le jour : la raison en est simple. Si le ciel est couvert, ces phénomènes ne sont pas visibles; mais si le ciel est pur, la vivacité de la lumière du soleil efface la lueur, toujours assez faible, des éclairs de chaleur.

Cette théorie est simple; cependant quelques physiciens ont pensé que ces météores pouvaient être aussi un effet des exhalaisons électriques et inflammables qui s'élèvent pendant la journée. L'inflammation de ces vapeurs, disent-ils, est sans doute produite par l'action de l'électricité; mais comme la combustion se fait librement, c'est-à-dire qu'elle n'est point contrainte par la présence des nuages, l'air se dilate avec facilité et sans produire ni commotion ni tonnerre.

408. On doit convenir que les effets de la foudre, les éclairs, les coups simples ou redoublés du tonnerre, sont des phénomènes majestueux et vraiment imposans. De même, il est certain que les orages ont une utilité bien réelle. Non seulement ils rafraîchissent l'air, mais ils le purgent de toutes les exhalaisons nuisibles que l'action de la chaleur avait développées; ces vapeurs retombant avec la pluie, pénètrent dans le sein de la terre, d'où elles étaient primitivement sorties, et la fertilisent. Sans doute le fluide électrique, qui se répand avec tant d'abondance sur la terre au moment d'un orage, contribue aussi d'une manière puissante aux progrès de la végétation. (*V.* 216.) En effet, des expériences réitérées ont prouvé que des graines ou des plantes soumises à l'état électrique plusieurs jours de suite pendant dix

29*

ou douze heures, germaient deux ou trois jours plus tôt que d'autres graines qu'on n'avait pas électrisées, et qu'au bout de huit jours, les premières avaient crû le double des autres.

Ici devrait se terminer l'histoire des météores, mais il est encore une classe de phénomènes qui sont liés trop intimement, du moins par leurs causes, avec les autres phénomènes météorologiques, pour que nous puissions nous dispenser d'en donner une idée dans un traité de cette nature. Les *volcans* et les *tremblemens de terre* formeront donc le sujet du chapitre suivant, qui complètera tout l'ouvrage.

CHAPITRE SIXIÈME.

LES VOLCANS ET LES TREMBLEMENS DE TERRE.

ARTICLE PREMIER.

DES VOLCANS.

409. Personne n'ignore que les volcans sont des montagnes qui vomissent des matières enflammées, des cendres, du soufre fondu, des pierres, etc. Le nom caractéristique de ces montagnes paraît l'indiquer : *volca* dérive du mot latin *vulcanus*, Vulcain, qu'on regarde dans la mythologie comme le dieu du feu. Cependant il existe en Amérique, près de Guatimala (Nouvelle-Espagne), une montagne qui vomit de l'eau, et qu'on appelle pour cette raison *volcan d'eau*. Nous donnerons aussi la description d'un volcan d'air qui se trouve à Maccaluba, en Sicile ; nous en avons déjà parlé. (*V.* 136, 6°.)

410. Les volcans n'agissent pas toujours ; ils ont des intervalles de repos, des espèces d'intermittences, et leur action, qu'on désigne particulièrement sous le nom d'*éruption*, est d'autant plus énergique, que leur repos a été plus long. On en trouve

aussi un grand nombre qui sont éteints ; l'Italie en
est couverte. En France, nous avons ceux d'Auver-
gne, du Languedoc, de la Provence, qui ne brûlent
plus depuis des siècles. Le mont Ararat, en Arménie,
sur lequel la tradition suppose que s'est arrêtée l'ar-
che de Noé, est un volcan éteint. Une partie de la
Syrie, suivant le témoignage de Volney, et surtout
la vallée du Jourdain, fut jadis le théâtre de nombreux volcans. En général, quoique nous comptions
plusieurs centaines de montagnes ignivomes en activité aujourd'hui, et d'une énergie extraordinaire,
cependant les volcans éteints sont infiniment plus
multipliés, et la raison en est palpable : ceux qui
s'éteignent dans la suite des siècles, s'ajoutent à la
somme des volcans déjà classés dans cette catégorie.
L'observation qu'on a faite ici est donc conforme à
la marche de la nature.

411. Quant aux volcans animés, ils se montrent
aux observateurs dans les quatre parties du monde.
Les plus célèbres que nous ayons en Europe sont
l'Etna, qui s'élève en Sicile ; le Vésuve, dans le
royaume de Naples, et le mont Hécla, en Islande.
Nous les décrirons plus bas.

En Asie, surtout dans les îles de l'Océan indien,
on voit beaucoup de volcans. L'un des plus fameux
est le mont Albours près du mont Taurus ; son sommet fume continuellement, et jette fréquemment des
flammes et d'autres matières avec une telle abondance, que toute la campagne aux environs est couverte de cendres. Dans l'île Ternat, on voit aussi un
volcan qui rejette beaucoup de matières semblables
à la pierre ponce. Une des îles Maurice, à 70 lieues

des Moluques, est la proie d'un volcan dont les effets
sont remarquables. On raconte que l'île de Sorca,
l'une des Moluques qui n'existe plus, était autrefois
habitée, et qu'elle renfermait dans son centre un
volcan dont le sommet s'élevait considérablement.
En 1693, ce volcan vomit du bitume et des matières
enflammées en si grande quantité, qu'il se forma un
lac ardent qui s'étendit peu à peu, et toute l'île fut
abîmée et disparut. Les volcans du Japon et ceux
des îles Philippines sont connus; mais un des volcans les plus fameux de l'Asie, et en même temps
un des plus nouveaux, c'est celui qui s'est ouvert dans
l'île de Java, en 1586. Personne ne se rappelait de
l'avoir vu brûler auparavant, et à la première éruption, il poussa une énorme quantité de soufre, de bitume et de pierres. La même année, le mont Gon-
napis, dans l'île de Banda, qui s'ouvrait seulement
depuis dix-sept ans, vomit, avec un bruit affreux,
des quartiers de rochers et des matières de toute espèce.

En Afrique, on trouve, dans une des îles du cap
Vert, une montagne dont l'inflammation est continuelle. Le fameux pic de Ténériffe, aux Canaries,
jette des cendres, du feu et de grosses pierres; on
voit couler du sommet de ce volcan des ruisseaux de
soufre fondu, qui traversent les neiges; ce soufre se
coagule bientôt et forme dans la neige des veines
qui se distinguent de fort loin. D'ailleurs, les contrées voisines du cap de Bonne-Espérance sont toutes
volcanisées. Mais les volcans abondent surtout dans
les îles environnantes : l'île de Madagascar, celle de
Socotora, sont la patrie de volcans très-anciens.

En Amérique, les volcans sont très-nombreux, surtout dans les montagnes du Pérou et du Mexique. Le Chimborazo, l'Antisana, le Cotopaxi, se distinguent au Pérou par leur élévation. Celui d'Arequipa, dans le voisinage de Quito, est un des plus fameux; ses convulsions répandent souvent la terreur dans cette partie du Nouveau-Monde; en général, les Cordillières en sont parsemées. On trouve aussi fréquemment dans ces montagnes, des précipices, de véritables abîmes; ce sont de larges ouvertures dont les parois sont noires et brûlées; on regarde ces abîmes comme les bouches d'anciens volcans qui se sont éteints. On voit encore des volcans dans les îles Antilles, à la Guadeloupe, à la Martinique, et dans une foule d'autres îles de l'Amérique.

Du mont Etna.

412. Les éruptions de l'Etna datent des temps les plus reculés; Diodore de Sicile parle d'un embrasement qui s'opéra 500 ans avant la guerre de Troie, plus de 3500 ans avant nous; cependant la première éruption dont il soit fait mention d'une manière précise, eut lieu sous Jules César. L'historien que nous venons de citer rapporte que des vaisseaux furent consumés au milieu de la mer. L'an 40 de l'ère vulgaire, sous Caligula, un autre embrasement répandit la terreur dans toute la Sicile; l'empereur, épouvanté, se hâta de quitter cette île, craignant à chaque instant de la voir s'abîmer. Dans la suite, ce même volcan éprouva bien d'autres convulsions. En 1650, la partie septentrionale de la montagne s'enflamma; des torrens de matière embrasée inondé

es vallons et causèrent d'affreux ravages : la ville de Catane fut en partie détruite. Des monumens de marbre, qui furent découverts par des gens qui cherchaient des pierres ponces dans les environs, font présumer que cette cité se trouvait anciennement bâtie dans un vallon, et que des fleuves de feu, en comblant le pays de leurs dépôts successifs, auront élevé le sol sur lequel Catane se voit aujourd'hui relevée de ses propres ruines.

L'un des plus terribles embrasemens de l'Etna est celui de 1669 ; la terre s'ouvrit alors sur la base de la montagne ; il en sortit un torrent de *lave*, c'est-à-dire de matières fondues, qui continua de couler jusqu'à la mer sur un espace de 4 à 5 lieues. Là il forma, près de Catane, un promontoire assez remarquable. A ce fleuve, succéda l'éruption d'un sable noirâtre, qui dura trois mois avec tant d'abondance, qu'il se forma une montagne considérable de ces éjections volcaniques. C'est le *Monte Rosso*, couvert aujourd'hui d'habitations charmantes.

Enfin, la dernière éruption qu'on ait remarquée, date de 1787. A cette époque, la lave, en débordant par dessus les lèvres du *cratère* (*V. le Glossaire*), formait une nappe de feu de 400 toises de large ; ce courant se développa sur une longueur de trois lieues au moins. La lave recommença même à couler un mois après le plus fort accès de l'éruption ; bien plus, au bout de treize mois, la matière était encore brûlante. Des fissures s'étaient formées, et laissaient voir l'intérieur, qui paraissait encore rouge.

Ajoutons quelques détails sur les dimensions du mont Etna. Le sommet de ce volcan est élevé de toises, ou environ 3300 mètres, au-dessus du niveau de la mer; la circonférence, mesurée à la base de la montagne, porte au moins 50 lieues, en y comprenant les différens monticules qui se sont formés successivement des éjections de ce volcan. Le cratère varie à chaque éruption; cependant il a ordinairement une lieue de tour. Il n'est donc pas étonnant qu'une masse aussi énorme ait vomi quelquefois des torrens de lave de trois à quatre lieues de large sur dix de longueur. Aussi toute la montagne est-elle couverte d'une croûte extrêmement épaisse de matières volcaniques, formées d'une succession de couches superposées l'une après l'autre à l'époque de chaque catastrophe, et durcies ensuite par la main du temps.

Du mont Vésuve.

413. Cette montagne est située au bord de la mer, à 3 lieues de Naples; un espace de 80 lieues la sépare du mont Etna. Le Vésuve offre généralement des dimensions moins imposantes que ce dernier volcan; il ne s'élève que de 1200 mètres au-dessus de l'Océan; sa circonférence, mesurée à la base, est d'environ trois lieues; le cratère, dont les dimensions varient en raison des matières qui s'écoulent à chaque embrasement, n'a guère plus de 400 toises de circonférence. Nous trouverons plus bas des données particulières et différentes sur cette partie du volcan.

Les premières éruptions du Vésuve se perdent vraisemblablement dans la nuit de l'antiquité, puisqu'il paraît que la montagne est formée en totalité de matières volcaniques qui se sont amassées dans la suite des siècles. L'éruption la plus ancienne, sur laquelle les historiens nous fournissent quelques détails, eut lieu l'an 63 de l'ère chrétienne. Les campagnes voisines éprouvèrent d'affreux tremblemens ; la ville de Pompéïa fut engloutie sous des monceaux de cendres ; elle était à 2 lieues de la bouche du volcan ; une partie d'Herculanum fut renversée par l'effet des secousses violentes que les convulsions de la montagne produisaient aux environs. Naples même trembla pour son existence : quelques-uns de ses édifices furent extrêmement endommagés ; mais ce désastreux phénomène ne fut que le prélude du fameux embrasement de l'année 79, qui engloutit la ville d'Herculanum. Pline le jeune, neveu de Pline le naturaliste qui périt au milieu de cette catastrophe, étouffé par la fumée et victime de sa curiosité ou de son amour pour les sciences, nous a laissé une éloquente relation des circonstances de cet événement. Mais il ne parle point de cette matière ardente qui, après avoir coulé, semblable à du cristal fondu, se durcit comme la pierre en se réfroidissant. Son silence fait présumer qu'il ne sortit effectivement que des pierres et des cendres dans ces premières convulsions. Ce soupçon s'est changé en certitude depuis l'examen qu'on a fait des matières qui ont couvert Herculanum et Pompéïa pendant 17 siècles.

Depuis cette époque jusqu'à nos jours, le Vésuve éprouva 34 éruptions plus ou moins notables. Celle de l'an 1037 produisit, pour la première fois, cette lave de feu qu'on n'avait pas encore vue sortir du volcan. Les matières fondues se répandirent alors sur les monceaux de cendre que la montagne avait déjà vomis depuis les siècles les plus reculés, et formèrent comme une croûte métallique d'une impénétrable dureté. Le château royal de Portici fut élevé sur cette croûte de lave. Le plus souvent la matière qui compose ces courans enflammés ne prend pas son écoulement par le cratère, mais elle se fait jour à travers les flancs de la montagne.

414. Une des éruptions les plus terribles de ces temps modernes, est celle de l'an 1779; nous en insérerons ici la description, tirée du voyage en Italie de de Lalande, qui paraît l'avoir extraite lui-même du Journal de Physique, année 1780.

Dès le 29 juillet, on aperçut quelques jets ordinaires de flammes, et de faibles courans de lave qui sortaient par le sommet du cône que forme la montagne. Le 6 août, les effets redoublèrent d'intensité; une gerbe de feu extrêmement brillante s'élevait d'environ deux cents toises, d'un mouvement continu, et dura près de 40 minutes. La matière n'avait ni la forme ni le mouvement des laves; elle jaillissait comme un jet d'eau, et allait se perdre dans les vallons. Le vent dispersait les cendres et les poussait jusque sur le chemin de Salerne. Le 7 août, à onze heures du soir, le phénomène reparut sans aucun bouillonnement sensible; mais au lieu de cette espèce de fontaine continue, on vit des jets multipliés d'une abondance et d'une élévation encore plus considérables, qui formaient une colonne de feu d'au moins deux cents pieds de circonférence. Cette flamme, enveloppée et masquée par la fumée et les vapeurs, ressemblait à ces aurores boréales qui dardent des rayons avec vivacité. Des peintres célèbres, bravant les dangers de l'entreprise, dessinèrent les effets extraordinaires de cette colonne flamboyante.

Enfin le 8 août, ce n'était plus un spectacle agréable, mais un mouvement terrible, avec des signes effrayans de destruction et de mort. La colonne parut augmenter en grosseur, et s'élevait à la hauteur de neuf cents toises au moins; la pluie de feu devint si considérable, qu'il semblait que tout le sommet de la montagne eût été lancé dans les airs, et que la terre eût vomi une partie de ses entrailles embrasées. La colonne de feu était si large, que la crête d'une montagne voisine paraissait enflammée. Pendant une demi-heure que dura ce terrible phénomène, les spectateurs, effrayés, se croyaient arrivés à la fin du monde. Les matières qui retombaient tout autour en forme de pluie, augmentaient singulièrement le volume et l'éclat de cette gerbe de feu. La mer même réfléchissait de loin la lueur de cette flamme, et paraissait comme un gouffre ardent. La lumière était si vive, qu'on pouvait lire, de Naples, toutes sortes de caractères. Des éclairs tels que ceux des orages, mais d'un éclat assez pâle, sillonnaient dans tous les sens la masse de fumée et la colonne de feu; un gros nuage en vomissait sans interruption; ces éclairs étaient d'un bleu céleste, et contrastaient parfaitement avec le rouge assez vif des feux du volcan. On eût dit qu'ils partaient, tantôt du sein de la terre, tantôt des hauteurs de l'atmosphère; d'où la pluie de feu retombait sur un espace très-étendu.

Cependant le Vésuve lançait des pierres grosses comme des tonneaux, à deux cents toises de hauteur.

La masse de fumée grossissait continuellement, et s'élevait à un tel point, qu'elle paraissait couvrir la ville de Naples. D'ailleurs, ceux qui la voyaient de différens côtés, croyaient également qu'elle menaçait leur tête. Aussi, dans tous les environs du volcan, s'attendait-on généralement à être enseveli sous une pluie de cendres et de pierres : la plaine fut entièrement dévastée ; heureusement les habitans, avertis par le fracas des deux nuits précédentes, s'étaient retirés dans les villes : il périt donc peu de monde. Les ravages auraient été plus désastreux, si la bouche du volcan, au lieu d'être tournée vers le nord, l'eût été vers le midi. Les pierres et les cendres auraient ruiné et enseveli les belles habitations qui décorent le penchant des collines ; des pierres furent poussées jusqu'à Bénévent, et des cendres brûlantes allèrent tomber jusqu'à 20 lieues. Les cendres étaient d'abord dirigées par un vent sud-est vers la ville de Naples ; des globes de fumée y répandaient une épaisse obscurité ; dans certains quartiers, l'odeur du bitume était insupportable ; un brouillard étouffant enveloppait la partie basse de la ville, et l'on se croyait menacé d'un embrasement général : on n'entendait que cris et hurlemens de toutes parts. La confusion commençait à se répandre parmi le peuple ; on enfonçait les portes des églises ; on demandait impérativement le sang de saint Janvier ; on menaçait l'archevêque de brûler son palais, s'il n'ordonnait pas de suite une procession. Mais un vent sud-ouest, qui survint heureusement, transporta ces colonnes menaçantes du côté opposé, et le calme se rétablit enfin. Cependant on voyait des milliers de malheu-

reux se traîner avec leurs femmes et leurs enfans sur
les chemins qui conduisaient à Naples ; ils avaient
tout perdu, leurs habitations, leurs récoltes, et venaient implorer des secours du moins contre la faim.
Ce spectacle avait lieu pendant la nuit ; et autant la
première partie du drame, l'éruption du volcan,
avait reçu d'éclat de cette circonstance, autant la
seconde partie, le tableau de la misère, paraissait
se rembrunir.

Les jours suivans il y eut encore des explosions
accompagnées de mugissemens et de secousses violentes ; mais le 21 août, l'éruption se termina par
l'écoulement d'un peu de lave, le seul de cette espèce
qui ait suivi cette terrible convulsion. A la même
époque, un observateur détermina, d'après des mesures exactes, la circonférence du cratère à 900 toises, sa profondeur à 200 pieds, et par approxima-
tion, le point où se trouve le foyer à 90 toises :
c'est au P. de la Torre que l'on doit ces données.
Pour s'assurer de cette dernière mesure, il s'avisa de
lancer dans la bouche du volcan un quartier de rocher auquel il avait attaché une corde ; la pierre
roule, et quelques secondes après un bruit extraordinaire se fait entendre dans les entrailles de la montagne ; bientôt une flamme violente sortit de l'ouverture et menaçait de consumer ou d'étouffer l'impru-
dent observateur, s'il ne se fût précipité subitement
de la couronne du cratère dans un vallon. Il jugea
de la position du foyer par le temps que sa pierre
avait mis pour l'atteindre.

415. Enfin, la dernière éruption du Vésuve est du
21 janvier 1799. Alors les effets du volcan se ren-

30*

fermèrent dans des bornes assez resserrées, et n'
firent rien de bien désastreux; d'ailleurs, le plus
fort accès du phénomène se passa pendant le jour.
Ainsi l'effroi qu'aurait pu causer une nouvelle convulsion, fut singulièrement adouci, l'obscurité, et
par suite l'imagination, n'augmentant pas les sources
naturelles de la terreur; et certes, la crainte qui naît
aux premières apparences d'une éruption prochaine,
n'est pas sans quelque fondement, quand on considère les affreux désastres dont les volcans sont la
cause immédiate : des habitations ruinées, des campagnes ravagées, des villes même ensevelies tout
entières ou renversées de fond en comble, Herculanum et Pompéia sortant de leurs tombeaux (1); voilà
les effets affligeans de l'embrasement d'un volcan.

Volcans vaseux.

416. Mais tous les volcans n'ont pas des caractères
également propres à répandre la terreur et la désolation; il en est d'une nature pacifique : tels sont les
volcans d'air, et ceux qui ne vomissent que de l'eau,
ou du moins de la vase. Le 18 septembre 1781, Dolomieu vit pour la première fois, à Maccaluba ou

---

(1) Ces deux cités, que l'indifférence avait laissées dans l'oubli
pendant tant de siècles, ont dû leur résurrection à la bêche d'un
paysan; c'était en 1750. Cet homme, creusant par hasard pour
planter des arbres, sentit son instrument arrêté par une énorme
pierre : c'était le sommet d'un édifice; mais les fouilles ne furent
commencées qu'en 1765, et poussées avec assez de lenteur; on les
continue encore aujourd'hui. On remarqua, dès le commencement,
que la ville d'Herculanum avait été couverte d'une masse de
70 pieds, et de 100 pieds vers la mer. Elle est située à deux lieues
et demie de la bouche du volcan.

Macalouba, sur la côte méridionale de la Sicile, un phénomène de cette espèce. D'autres savans en ont observé de semblables en différentes contrées.

417. Dolomieu décrit ainsi le volcan de Macalouba : « Sur une montagne argileuse, entre Arragona et Girgenti, je vis une autre montagne d'argile, dont la base n'annonçait rien de particulier; mais la plaine qui la termine m'offrit le plus singulier phénomène que la nature m'eût encore présenté. Cette montagne, à base circulaire, représente un cône tronqué; elle est terminée par une plaine qui a 400 toises de tour. On voit sur le sommet un grand nombre de monticules d'une forme semblable; le plus grand peut avoir deux pieds et demi d'élévation. Ils portent tous sur le sommet de petits cratères en forme d'entonnoir, proportionnés à leur dimension. Le sol sur lequel ils reposent est une argile grise desséchée, qui recouvre un vaste gouffre de vase, dans lequel on court le risque d'être englouti. L'intérieur de chaque petit cratère est toujours humecté. Il s'élève à chaque instant, du fond de l'entonnoir, une argile grise délayée, à surface convexe. Cette bulle, en crevant avec bruit, rejette hors du cratère l'argile qui coule à la manière des laves sur les flancs du monticule; l'intermittence est de deux ou trois minutes. »

« Sur la surface de quelques-unes de ces cavités, continue Dolomieu, je trouvai une pellicule d'huile bitumineuse d'une odeur assez forte, que l'on confond souvent avec celle du soufre. Cette montagne a ses momens de grande fermentation; elle présente alors des phénomènes qui ressemblent à ceux qui annoncent les éruptions dans les volcans ordinaires. On éprouve, à une distance de deux ou trois lieues, des secousses de tremblement de terre, souvent assez violentes; alors des éruptions élèvent perpendiculairement, quelquefois à plus de 200 pieds, une gerbe d'argile détrempée : les explosions se répètent trois ou quatre fois dans l'espace de vingt-quatre heures; elles sont accompagnées d'une odeur fétide de foie de soufre et de fumée. Dans les environs, on trouve plusieurs monticules qui présentent les mêmes effets.»

Aux environs de Modène, en Italie, Spallanzani en a remarqué fréquemment : on les nomme *salses*, parce qu'ils contiennent beaucoup de sel marin. En effet, Dolomieu fait observer qu'au milieu de la montagne de Macalouba, il existe une source d'eau salée, et que ces mêmes sources se rencontrent fréquemment dans le canton, où les mines de sel gemme sont très-communes.

418. Un autre observateur, Pallas, a vu en Crimée un pareil phénomène, qui fit éruption en 1794. L'explosion s'est faite avec un fracas semblable à celui du tonnerre, et avec l'apparition d'une gerbe de feu qui dura environ trente minutes, accompagnée d'une épaisse fumée. L'ébullition dura même jusqu'au lendemain; après quoi la vase liquide continua de déborder lentement, et forma six coulées qui se répandirent du sommet de la colline vers la plaine. La masse de vase qui formait ces coulées, était épaisse de huit à dix pieds, et fut évaluée à cent mille toises cubes.

419. Enfin il existe de nombreux volcans d'où s'échappent simplement des pierres, de l'eau pure

des gaz inflammables. Les localités qui exhalent de ces fluides combustibles sont communes en Italie, et généralement dans les contrées de la zône torride, dont le sol est bitumineux, comme en Syrie, dans la Palestine, etc. Le Mexique et le Pérou, en Amérique, sont coupés par des montagnes qui présentent fréquemment le même phénomène. Nous terminerons ce tableau des effets volcaniques par la description des feux de la *Pietra-Mala*, dans la partie la plus élevée des Apennins, entre Florence et Bologne.

« Le plus beau spectacle que la physique offre dans ces montagnes, dit encore de Lalande à ce sujet, est sans contredit le feu de Pietra-Mala. Le terrain d'où cette flamme s'exhale, a dix ou douze pieds en tout sens ; il est sur le penchant d'une montagne, sans aucune fente ni crevasse. Cette flamme est bleue en certains endroits, rouge dans quelques parties, et si vive, surtout quand le temps est pluvieux et la nuit obscure, qu'elle éclaire toutes les montagnes voisines. Lorsque je la vis en 1765, par une nuit froide et humide, il sortait de deux endroits des tourbillons d'une flamme très-vive, d'environ un pied de diamètre et un pied de haut. Dans le reste du terrain ; il y avait de petits flocons d'une flamme bleue et légère, semblable à celle de l'esprit-de-vin ; l'odeur de cette flamme approchait de celle du soufre, ou plutôt de l'huile de pétrole. » D'autres observateurs ont trouvé qu'elle ressemblait à l'odeur du gaz hydrogène.

Causes des volcans.

420. Les spectacles imposans que donnent au monde les montagnes ignivomes, les catastrophes désastreuses dont les opérations des volcans sont fréquemment la cause, ont dû porter les physiciens naturalistes à rechercher l'origine de ces crises effrayantes. Plus les effets sont terribles, plus il devient curieux d'en déterminer les causes. Sans relater ici les diverses opinions des anciens sur ce sujet, nous essaierons de trouver, dans les systèmes des savans modernes, une explication satisfaisante de ces grands phénomènes. Le savant Patrin est celui qui s'est occupé de cette question avec le plus d'étendue; sa théorie, quoique susceptible de légères critiques auxquelles les systèmes les plus probables ne sont jamais sûrs d'échapper, puisqu'enfin ce sont toujours des spéculations; sa théorie, disons-nous, est la plus complète que nous connaissions. Elle est fondée généralement sur le résultat des opérations de la chimie.

421. Déjà M. Lémeri avait cru donner une idée sensible des volcans, en trouvant l'art d'en composer un artificiel. Ayant fait un mélange de limaille de fer et de soufre pulvérisé réduit en pâte, il enfouit dans la terre, à un pied de profondeur, environ 50 livres de cette composition. Au bout de quelques heures, la terre se gonfla et s'entrouvrit en plusieurs endroits; il en sortit des vapeurs sulfureuses et chaudes, et ensuite des flammes. Cette expérience est devenue triviale à force d'être répétée; elle suffit sans doute pour donner une idée générale de la marche que peut suivre la nature. Il est facile de compren-

dre en effet qu'une plus grande quantité de fer et de soufre mélangés, et mis à une plus grande profondeur en terre, est tout ce qui manque pour produire un véritable volcan ; on a même observé que cette pâte, rendue plus compacte et mise, quoique sous un volume assez faible, à plusieurs centaines de pieds en terre, s'enflamme encore, fait éruption avec des effets plus marqués, et jette au loin toute la terre dont elle est couverte. Plus l'obstacle est énergique, plus l'action du feu est violente dès qu'elle parvient à le surmonter. Tout cela se conçoit ; mais cette expérience n'explique pas d'où peut provenir ces masses immenses de matières que certains volcans, le Vésuve et l'Etna, par exemple, rejettent de leur sein depuis tant de siècles ; il semble que les mines de la montagne devraient être épuisées, et qu'un jour, très-prochainement peut-être, elle doive s'engloutir au fond des cavités prodigieuses qui se sont probablement formées dans son sein. Ici, la théorie de Patrin vient nous rassurer contre une pareille catastrophe.

422. Suivant cet habile physicien, les volcans ont généralement leur base baignée par les eaux des mers, parce que c'est du sein de l'Océan qu'ils tirent les matières propres à alimenter leurs feux. Nous voyons les volcans s'éteindre, soit quand les communications souterraines qu'ils ont avec la mer viennent à s'obstruer accidentellement, soit quand le bassin des mers, par l'effet de son déplacement progressif, s'éloigne des contrées où reposent ces montagnes ignivomes. Nous trouvons la preuve de cette assertion dans les volcans éteints des parties méridionales

de la France, que la mer a cessé de couvrir depuis quelques siècles. Une autre observation peut encore soutenir cette opinion ; c'est que les plus fameux volcans actuellement en action, se trouvent précisément dans les îles ou dans le voisinage de l'Océan. Nous en avons rapporté des preuves multipliées ; nous pourrions y joindre quelques considérations sur l'Islande, où l'on trouve une vingtaine de volcans, sans compter l'Hécla, dont les éruptions ne sont pas moins énergiques que celles des autres montagnes de l'Europe qui se font le plus remarquer par leurs embrasemens. Les îles Canaries nous offriraient aussi leurs pointes ignivomes, et nous trouverions les mêmes phénomènes dans des milliers d'îles éparses sur l'immense étendue de l'Océan. Ainsi, cet ingénieux système s'appuie sur des faits nombreux et sur une série d'observations irrécusables.

423. Il paraît donc certain qu'il existe dans le sein des montagnes volcaniques, des dépôts de matières salines et bitumineuses, des substances métalliques, des mines de soufre, produits et entretenus par la décomposition des eaux de la mer. Des gaz de diverse nature, tels que l'hydrogène, l'oxygène, l'acide sulfurique, circulent sans cesse dans les entrailles du globe. On ne peut douter que le fluide électrique ne vienne aussi, par son action rapide, contribuer à la combinaison et surtout à l'inflammation des principes qui font la base des feux souterrains. Toutes ces matières, en s'enflammant, produisent de l'air et des vapeurs qui, cherchant à s'échapper du sein de la terre, se font jour par les endroits qui présentent le moins de résistance. On conçoit maintenant que les

éjections des volcans se composeront d'eau, de soufre, de minéraux, etc., suivant les différens fluides
qui domineront au moment de l'inflammation, fluides dont la combinaison donne naissance à des substances de toute espèce, comme les procédés de là
chimie nous le démontrent; de là, des volcans va-
seux, des volcans d'air, enfin des volcans purement
ignivomes. Aussitôt que les amas qui s'étaient formés
se trouvent consumés entièrement ou même en partie, l'éruption cesse; mais de nouveaux dépôts s'or-
ganisent plus ou moins promptement, et une nouvelle combustion ouvre un libre cours à d'autres
éjections.

Il est aisé de voir, d'après cet aperçu, que les cavités des montagnes volcaniques ne sont jamais bien
profondes, puisqu'elles se remplissent à mesure que
les éruptions les ont ouvertes.

Telle est, en substance, la belle théorie de Patrin sur les volcans. On en peut voir les développemens dans les écrits de ce savant; nous avons dû
n'en donner qu'une idée succincte, telle que le com-
portait la nature de notre ouvrage. D'ailleurs la
théorie des *tremblemens de terre*, dont nous allons
nous occuper, reposera sur les mêmes principes; ce
qui nous fournira l'occasion d'entrer encore dans
quelques détails relatifs au même système.

ARTICLE II.

Des tremblemens de terre.

424. Les tremblemens de terre sont incontestablement les phénomènes les plus désastreux de la na-

ture. Aucune circonstance intéressante, aucun effet curieux ne vient adoucir ce que ces catastrophes ont de déplorable. Ici, là médaille n'a pas de côté qui ne soit repoussant ; tous les caractères, tous les traits de ces phénomènes, ont quelque chose d'effrayant. D'abord un bruit sourd et prolongé se fait entendre ; il représente assez bien l'effet d'une bataille lorsque le feu est continuel ; peu à peu il redouble d'intensité et commence à répandre la terreur dans tous les cœurs : les animaux eux-mêmes n'en sont pas exempts ; on voit les uns se traîner péniblement, la tête baissée, en paraissant prévoir la convulsion qui se prépare ; d'autres témoignent leur inquiétude par des cris redoublés ; les oiseaux se cachent dans leurs nids, les bêtes sauvages s'empressent de gagner leurs repaires ; la mer s'agite horriblement et jette sur le rivage les habitans des eaux ; enfin toute la nature est dans l'attente du terrible phénomène. Le Gentil, dans son Voyage autour du monde, atteste que des circonstances absolument analogues se remarquent également sur mer à l'approche d'un tremblement.

« J'ai observé, dit-il, qu'une demi-heure avant que la terre s'agite, tous les animaux paraissent saisis de frayeur, les chevaux hennissent, rompent leurs licous et fuient de l'écurie ; les chiens aboient ; les oiseaux, épouvantés et presque étourdis, entrent dans les maisons, les rats et les souris sortent de leurs trous.... ; les vaisseaux qui sont à l'ancre sont agités si violemment, qu'il semble que toutes les parties dont ils sont composés vont se désunir ; les canons sautent sur leurs affûts, et les mâts, par cette agitation, rompent leurs *haubans* (1). C'est ce que j'aurais eu peine à croire, si plusieurs témoignages unanimes ne m'en avaient convaincu. Je conçois bien, *ajoute le voyageur,* que le fond de la mer est une continuation de la terre, et que si cette terre est agitée, elle communique son agitation aux eaux qu'elle porte; mais ce que je ne conçois pas, c'est ce mouvement irrégulier du vaisseau dont toutes les parties, prises séparément, participent à cette agitation comme s'il ne nageait pas dans une matière fluide, et qu'il fît partie de la terre. »

425. Les historiens et les voyageurs rapportent un grand nombre de tremblemens de terre dont les effets ont été désastreux; les auteurs les plus anciens en font mention, car ces phénomènes eurent lieu dans tous les siècles. C'est surtout dans le voisinage des volcans, à l'approche d'une éruption, que les tremblemens sont fréquens et remarquables; cependant on en cite dont les détails sont terribles, et qui se manifestèrent dans des contrées où l'on ne remarque aucune trace de volcans. Nous donnerons pour exemple le tremblement de terre de Lisbonne, en 1755.

Le 1er novembre, à neuf heures du matin, on entendit tout-à-coup un grand bruit semblable à un roulement continuel du tonnerre. Des secousses violentes se firent bientôt sentir; la terre s'entrouvrit, si l'on en croit quelques relations, et des édifices furent engloutis. La secousse la plus forte dura cinq minutes, avec une énergie vraiment effrayante. Plus

---

(1) Grosses cordes qui servent à affermir les mâts (*h* aspiré).

de la moitié de la ville n'offrait plus qu'un amas de ruines et de décombres; trente mille ames furent ensevelies et écrasées sous ces débris. Le Tage s'étant gonflé, se répandit hors de son lit, et la mer fut poussée au loin sur le rivage; les villes peu distantes de Lisbonne furent aussi violemment agitées et renversées en partie. L'inondation détruisit ce que le tremblement avait épargné; le feu même vint augmenter le désastre, et l'incendie menaçait de dévorer les tristes restes de la ville. On a dit que des flammes étaient sorties de terre sur plusieurs points; mais il paraît plus probable que cet incendie fut produit simplement par les matières combustibles qui tombèrent sur les feux allumés dans les divers apartemens.

Les mêmes secousses furent senties dans toute l'étendue du Portugal et dans la plupart des villes d'Espagne. Séville, qu'un espace de soixante-dix lieues sépare de Lisbonne, éprouva les effets du phénomène d'une manière assez marquée. A Cadix, la mer s'élevant au-dessus de la chaussée, entraîna tout ce qui se trouva sur le chemin, et menaçait d'engloutir la ville. Le même tremblement se fit sentir presque au même instant jusqu'en Danemarck et sur les côtes d'Afrique, où il renversa plusieurs villes des royaumes de Fez et de Maroc. On raconte aussi que la terre s'ouvrit près de cette dernière ville, et qu'une peuplade entière d'Arabes fut ensevelie dans des abîmes. Enfin, la terre continua d'éprouver des commotions pendant soixante jours, sur un espace de quatre mille lieues de l'est à l'ouest, et de deux mille du sud au nord.

Déjà deux siècles auparavant, en 1532, Lisbonne
s'était trouvée le centre et le foyer d'une semblable
catastrophe; les effets n'en furent ni moins nombreux ni moins désolans. A ces deux époques, on
observa que les eaux des sources coulèrent avec plus
d'abondance, et qu'elles étaient chargées de particules terreuses qui en troublaient fortement la lim-
pidité.

426. En général, ces terribles phénomènes se renouvellent assez fréquemment. Il ne se passe peut-être
pas d'année sans qu'une contrée en soit le théâtre.
Le Nouveau-Monde n'est pas mieux favorisé, sous ce
rapport, que l'Europe, l'Asie ou l'Afrique. A la vérité, toutes les catastrophes de cette nature n'ont pas
des résultats aussi funestes; souvent les commotions
n'ont pas de suites réellement affligeantes. Ainsi, les
annales d'Angleterre rapportent qu'on éprouva dans
ce pays, de 1750 à 1756, douze tremblemens de
terre peu désastreux. En France, le 25 janvier 1799,
on ressentit d'assez fortes secousses au Mans, à An-
gers et à Nantes. Cependant, les dommages qui en
résultèrent ne furent pas essentiellement notables.
Mais les désastres du Pérou, en 1746, désastres qui
se renouvelèrent en 1797, et ceux qui désolèrent la
Syrie en 1759, attestent la violence de certains
tremblemens, et justifient les craintes que ces tristes
phénomènes inspirent.

427. En effet, pendant le tremblement de terre
qui détruisit une partie de la capitale du Pérou, en
1746, il n'y resta pas trente maisons sur pied; la
ville de Callao, située sur le bord de la mer, à deux
lieues de Lima, fut renversée de fond en comble, et

31*

couverte de sable par les oscillations de l'Océan, tellement qu'il restait à peine quelque vestige des ruines de cette malheureuse cité. Tous les habitans périrent écrasés par la chute des édifices, où ensevelis sous les eaux. De vingt-cinq vaisseaux qui se trouvaient dans le port, quatre furent transportés à une lieue dans les terres, et le reste fut englouti. En 1797, comme nous l'avons dit, les mêmes contrées furent encore ravagées par un nouveau tremblement, qui s'étendit à quarante lieues du nord au sud, et jusqu'à vingt lieues de l'est à l'ouest. Les secousses avaient commencé le 4 février, et durèrent jusqu'au mois de mai; les plus violentes eurent lieu le 5 avril : seize mille personnes furent victimes de cette catastrophe. Au reste, ces phénomènes sont si fréquens dans les environs des Cordillières, que les habitans n'y construisent les étages supérieurs de leurs maisons qu'avec des roseaux et du bois léger, afin de ne pas courir le risque d'être écrasés sous les décombres.

428. En 1759, la Syrie éprouva un désastre encore plus affreux que celui de Lisbonne ou de Lima. Le 30 octobre, à 3 h. 45' du matin, la terre trembla à Tripoli d'une manière horrible : trente mille hommes périrent à la première secousse, et la plupart des villes de cette contrée et de la Palestine furent détruites; Tripoli vit ses édifices ébranlés jusqu'aux fondemens et rendus inhabitables. Les malheureux habitans de ces contrées qui avaient échappé aux premières secousses, espéraient n'avoir plus rien à craindre; mais les commotions durèrent plus de six semaines : tous les jours on ressentait

plusieurs secousses, ou plutôt la terre était dans un mouvement continuel. Le 25 novembre surtout, on ressentit des secousses si effrayantes, qu'il semblait que toute la terre dût s'abîmer. Les habitans furent contraints de camper pendant une partie de l'hiver, au milieu des glaces et des neiges.

429. Tout récemment, le 23 février 1828, à 8 h. 20' du matin, une secousse assez violente s'est fait sentir en même temps à Bruxelles, à Liége et dans quelques autres villes de la Belgique. Le ciel paraissait calme, mais couvert et vaporeux; le baromètre marquait 27 pouces 3 lignes 1/2 (*V*. 12), et le thermomètre 4° 375, ou 4 degrés 3/8es (*V*. 60), et l'hygromètre de Saussure 80 degrés. On éprouva plusieurs secousses d'abord légères, ensuite beaucoup plus fortes, qui se prolongèrent l'espace de sept à huit secondes : la commotion était accompagnée d'un bruit sourd et tellement violent, que toutes les maisons en furent ébranlées, beaucoup de cheminées abattues et plusieurs murailles lézardées. A Tongres, la croix placée sur une tour fut si fortement agitée, que l'arc d'oscillation décrit par son extrémité, avait au moins quatre pieds de développement. En général, le mouvement se fit sentir avec une grande énergie dans les parties élevées des maisons; il parut aussi très-sensible dans l'intérieur de la terre : des ouvriers l'ont ressenti jusqu'au fond des mines de houille, à cinquante-deux toises de profondeur; plusieurs même quittèrent les travaux, effrayés du roulement continuel qu'ils entendaient. Dans une église, le mouvement fut si violent, qu'il semblait qu'on secouait avec force les colonnes de

l'édifice ; en cet instant, on y célébrait une cérémo-
nie funèbre. Tout-à-coup une neige abondante parut,
tomber sur les assistans : c'étaient des parcelles de
chaux qui se détachaient de la voûte. Tout le monde
s'enfuit; mais il ne paraît pas que la basilique ait
éprouvé d'autre accident. A Maëstricht, la secousse
fut assez forte pour déplacer les meubles dans plusieurs maisons. Déjà la frayeur se répandait parmi
les habitans de la campagne : heureusement ce phénomène ne dura guère plus d'une minute, et n'occasiona
aucun désastre notable. On observa encore que le baromètre s'était tenu fort bas depuis quelques jours, et
surtout la veille du tremblement, et que la commotion
avait paru se diriger du midi au nord.

Théorie des tremblemens de terre.

430. Si nous observons que les contrées qui sont
ébranlées par les tremblemens de terre, se trouvent
précisément dans le voisinage ou à peu de distance
des mers, il sera naturel de conclure que ces grands
phénomènes dérivent des mêmes causes que nous
avons vu concourir à l'organisation des volcans. En
effet, il est reconnu qu'il circule sans cesse dans
l'intérieur du globe, des fluides gazeux de diverse
nature, provenant de la décomposition des matières
salines ou bitumineuses que les eaux de l'Océan
déposent, à des profondeurs plus ou moins considérables, au milieu des entrailles de la terre. Ces fluides
s'animent par l'action du gaz électrique qui remplit
à l'égard de la terre, suivant l'idée de Patrin, la
même fonction que le fluide nerveux dans les animaux. Nous savons d'ailleurs que ces divers principes

en se combinant, produisent des composés de toute
espèce, de l'eau, du soufre, de l'air par conséquent,
comme nous voyons qu'il en résulte de la combinaison du salpêtre et du soufre allumés dans nos bouches à feu, dans nos tubes meurtriers. Cet air se
dilate prodigieusement à l'instant de sa formation,
et cherche à s'ouvrir un passage à travers les couches
de la terre. Il existe sans doute au sein du globe des
cavités souterraines, d'immenses cavernes, par où
cet air peut s'échapper : s'il éprouve de grandes difficultés, des obstacles insurmontables, il cause ces
agitations, ces secousses, dont nous avons vu les dé-
plorables effets.

Cependant, quand on considère avec quelle rapidité les tremblemens de terre se propagent sur une
étendue de plusieurs centaines de lieues, on a lieu
de penser que l'électricité y joue le premier rôle,
car rien ne ressemble autant aux commotions électriques, que ces secousses subites et précipitées.
Aussi, quelques physiciens ont-ils avancé hardiment
que les tremblemens sont causés par la seule action
du fluide électrique, qui cherche à se mettre en
équilibre en se répandant uniformément dans toutes
les parties du globe.

Mais on a remarqué dans des circonstances semblables, que la terre s'entr'ouvrait à différens points,
et qu'il s'échappait par les ouvertures des flammes
ardentes, des sources d'eau vive ou des vapeurs assez
intenses. Ces phénomènes prouvent évidemment la
présence de principes hétérogènes dans les matières
qui servent de base aux tremblemens. Sans doute le
fluide électrique y joue un rôle important, mais seul

il ne pourrait produire tous les effets que nous avons eu occasion de signaler.

Concluons enfin que le globe terrestre éprouve, comme le corps humain, par l'effet de sa constitution physique, des malaises, des mouvemens convulsifs, des maladies, si l'on peut s'exprimer ainsi, dont les causes dépendent de l'inégale répartition des fluides qui circulent dans l'un ou dans l'autre corps. D'ailleurs la nature a des modes d'action, des procédés infiniment variés, dont il nous est permis sans doute de concevoir l'idée par les expériences de nos laboratoires, mais que nous ne devons pas prétendre renfermer dans des limites précises. Si les explications que nous avons données dans cet abrégé, si les théories qui s'y trouvent exposées, contribuent, en appelant les méditations sur des sujets vraiment dignes d'éveiller la curiosité, à prouver que la marche de l'univers est soumise à des lois constantes, établies par un principe éternel, par un être créateur qui mérite tous nos hommages, alors nous aurons atteint notre but, et nous n'aurons qu'à nous louer du succès de notre ouvrage.

FIN.

TABLE

DES MATIÈRES.

_____

(1) C'est par erreur que cet article est intitulé dans l'ouvrage
CHAPITRE V.

* *

Explication de la planche ci-contre.

JUIN 1837.

N. B. *Comme il existe à Paris deux libraires du nom de* RORET, *l'on est prié de bien indiquer l'adresse.*

COLLECTION DE MANUELS

FORMANT UNE

ENCYCLOPÉDIE

DES

Sciences et Arts,

FORMAT IN-18;

PAR UNE RÉUNION DE SAVANS ET DE PRATICIENS;

MM. Amoros, Arsenne, Biret, Biston, Boisduval, Boitard, Bosc, Boyard, Cahen, Chaussier, Choron, Paulin Désormeaux, Janvier, Julia-Fontenelle, Julien, Lacroix, Landrin, Launay, Sébastien Lenormand, Lesson, Loriol, Natter, Noël, Rang, Richard, Riffault, Scribe, Tarbé, Teroux, Thillaye, Toussaint, Trambay, Vauquelin, Vergnaud, etc., etc.

Depuis que les Sciences exactes ont, par leur application à l'Agriculture et aux Arts, contribué si puissamment au développement de l'industrie agricole et de l'industrie manufacturière, leur étude est devenue un besoin pour toutes les classes de la société. Les Mathématiques, la Physique, la Chimie, sont des sciences qu'il n'est plus permis d'ignorer; aussi les traités de ce genre sont-ils aujourd'hui dans les mains des artisans et dans celles des gens du monde. Mais on a généralement reconnu que la cherté de ces sortes de livres est un grand empêchement à leur propagation, et que la rédaction n'a pas toujours la clarté et la simplicité nécessaires pour faire pénétrer promptement dans l'esprit les principes qu'ils exposent. C'est pour remédier à ces deux inconvéniens que nous avons entrepris de publier, sous le titre de *Manuels*, des Traités vraiment élémentaires, dont la réunion formera une Encyclopédie portative des Sciences et des Arts, dans laquelle les agriculteurs, les fabricans, les manufacturiers et les ouvriers en tout genre trouveront tout ce qui les concerne, et par là seront à même d'acquérir à peu de frais toutes les connaissances qu'ils doivent avoir pour exercer avec fruit leur profession.

1

Les professeurs, les élèves, les amateurs et les gens du monde pourront puiser des connaissances aussi solides qu'instructives.

Plusieurs de nos manuels sont arrivés en peu de temps à plusieurs éditions, un si grand succès est une preuve évidente de leur utilité ; aussi sommes-nous décidés à en continuer la publication avec toute la célérité possible. La rédaction des volumes à faire paraître est fort avancée et nous croyons pouvoir promettre que cette intéressante Collection sera terminée avant peu.

La meilleure preuve que nous puissions donner de l'utilité et de la bonté de cette Encyclopédie populaire, c'est le succès prodigieux des divers Traités parus.

Cette entreprise étant toute philantropique, les personnes qui auraient quelque chose à faire parvenir, dans l'intérêt des sciences et des arts, sont priées de l'envoyer *franco* à *M. le Directeur de l'Encyclopédie in-18*, chez Roret, libraire, rue Hautefeuille, n. 10 *bis*, au coin de la rue du Battoir, à Paris.

Tous les Traités se vendent séparément. Un grand nombre est en vente ; les autres paraîtront successivement. Pour les recevoir franc de port, on ajoute 50 centimes par volume in-18.

LIBRAIRIE ENCYCLOPÉDIQUE

DE RORET,

RUE HAUTEFEUILLE, N° 10 *bis*, AU COIN DE LA RUE DU BATTOIR.

N. B. *Comme il existe à Paris deux libraires du nom de* RORET, *l'on est prié de bien indiquer l'adresse.*

MANUEL D'ALGÈBRE, ou Exposition élémentaire des principes de cette science à l'usage des personnes privées des secours d'un maître, par M. TERQUEM, docteur ès-sciences, officier de l'Université, professeur aux Ecoles royales, etc. *Deuxième édition.* Un gros volume. 5 fr. 50 c.

— **DE L'AMIDONNIER ET DU VERMICELLIER**, auquel on a joint tout ce qui est relatif à la fabrication des produits obtenus avec la pomme de terre, les marrons d'Inde, les châtaignes, et toutes les autres plantes connues pour contenir quelque substance alimacée ou féculente; par M. MORIN. Un vol orné de figures. 3 fr.

— **D'ARCHITECTURE**, ou Traité général de l'art de bâtir; par M. TOUSSAINT, architecte. *Seconde édition.* Deux gros volumes ornés d'un grand nombre de planches. 7 fr.

— **DE L'ARMURIER, DU FOURBISSEUR ET DE L'ARQUEBUSIER** ou Traité complet et simplifié de ces arts; par M. PAULIN DÉSORMEAUX. Un vol. orné de planches. 3 fr.

— **D'ARPENTAGE**, ou Instruction sur cet art et sur celui de lever les plans; par M. LACROIX, membre de l'Institut. *Cinquième édition.* Un vol. orné de planches. 2 fr. 50 c.

— **SUPPLÉMENTAIRE D'ARPENTAGE**, ou Recueil d'exemples pratiques pour les différentes opérations d'arpentage et de levé des plans; par MM. HOCQUART père et fils. Un vol. orné de *Modèles de topographie* et de beaucoup de figures.

— **D'ARITHMÉTIQUE DÉMONTRÉE**, à l'usage des jeunes gens qui se destinent au commerce et de tous ceux qui désirent se bien pénétrer de cette science; par M. COLLIN et revu par M. B.... ancien élève de l'Ecole Polytechnique. Un vol. *Neuvième édition.* 2 fr. 50 c.

— **COMPLÉMENTAIRE D'ARITHMÉTIQUE**, ou Recueil de problèmes et de solutions, par M. TREMEY, professeur. Un vol.

— **DE L'ARTIFICIER**, ou l'Art de faire toutes sortes de feux d'artifice à peu de frais et d'après les meilleurs procédés, contenant les Eléments de la Pyrotechnie civile et militaire, leur application pratique à tous les artifices connus jusqu'à ce jour, et à de nouvelles combinaisons fulminantes; par M. VERGNAUD, capitaine d'artillerie. *Deuxième édition.* Un vol. orné de pl. 3 fr.

— **D'ASTRONOMIE**, ou Traité élémentaire de cette science, d'après l'état actuel de nos connaissances, contenant l'Exposé complet du système du monde, basé sur les travaux les plus récents et les résultats qui dérivent de recherches de M. Pouillet sur la température du soleil, et de celles de M. Arago sur la densité de la partie extérieure de cet astre, par M. BAILLY, membre de plusieurs sociétés savantes, *Treizième édition.* Un vol. orné de pl. 2 fr. 10

MANUEL DE L'ACCORDEUR, ou l'Art d'accorder le Piano, mis à la portée de tout le monde; par M. Giorgio di Roma.   1 fr. 25 c.

— **DU BANQUIER, DE L'AGENT DE CHANGE ET DU COURTIER**, contenant les lois et règlemens qui s'y rapportent, les diverses opérations de change, courtage et négociation des effets à la Bourse; par M. Prudent. Un vol.   1 fr. 50 c.

— **DU BIJOUTIER, DU JOAILLIER ET DE L'ORFÈVRE**, ou Traité complet et simplifié de ces arts; par M. JULIA DE FONTANELLE. Deux vol. ornés de pl.   7 fr.

MANUEL DU BONNETIER ET DU FABRICANT DE BAS, ou Traité complet et simplifié de ces arts; par MM. V. LEBLANC et PRÉAUX-CALTOT. Un vol. orné de pl.   5 fr.

— **DE BOTANIQUE**, contenant les principes élémentaires de cette science, la Glossologie, l'Organographie et la Physiologie végétale, la Phytothérosie, Analyse de tous les systèmes, tant naturels qu'artificiels, faits sur la distribution des plantes, depuis Aristote jusqu'à ce jour; et le développement du système des familles naturelles; par M. BOITARD. *Troisième édition.* Un vol. orné de planches.   3 fr. 50 c.

— **DE BOTANIQUE**, deuxième partie. **FLORE FRANÇAISE**, ou Description synoptique de toutes les plantes phanérogames et cryptogames qui croissent naturellement sur le sol français, avec les caractères des genres des agames et l'indication des principales espèces; par M. BOISDUVAL. Trois gros   10 fr. 50 c.

ATLAS DE BOTANIQUE, composé de 120 planches, représentant la plupart des planches décrites dans les ouvrages ci-dessus.
Figures noires,   18 fr.   Figures coloriées,   36 fr.

MANUEL DU BOTTIER ET DU CORDONNIER, ou Traité complet de ces arts, par M. MORIN. Un vol. orné de pl.   5 fr.

— **DE BIOGRAPHIE**, ou Dictionnaire historique abrégé des grands hommes; par M. JACQUELIN et par M. NOEL, inspecteur général des études. Deux vol. *Deuxième édition.*   6 fr.

— **DU BOULANGER, DU NÉGOCIANT EN GRAINS, DU MEUNIER ET DU CONSTRUCTEUR DE MOULINS.** *Troisième édition*, entièrement refondue, par MM. JULIA FONTENELLE et BENOIST. 2 gros vol. ornés de pl.   5 fr.

— **DU BOURRELIER ET DU SELLIER**, contenant la description de tous les procédés usuels, perfectionnés ou nouvellement inventés, pour garnir toutes sortes de voitures, et préparer les attelages; par M. LEBRUN. Un vol. orné de fig.   5 fr.

— **COMPLET DU BLANCHIMENT ET DU BLANCHISSAGE, NETTOYAGE ET DÉGRAISSAGE DES FILS ET ÉTOFFES DE CHANVRE, LIN, COTON, LAINE, SOIE,** ainsi que de la Cire, des Eponges, de la Laque, du Papier, de la Paille, etc., offrant l'Exposé de toutes les découvertes, perfectionnemens et pratiques nouvelles dont les arts se sont enrichis, tant en France que dans l'étranger; par M. JULIA DE FONTENELLE. Deux vol. ornés de pl. 5 fr.

— **DU BRASSEUR**, ou l'Art de faire toutes sortes de bières, contenant tous les procédés de cet art; traduit de l'anglais de ACCUM, par M. RIFFAULT. *Deuxième édition,* revue, corrigée et augmentée. Un vol.   2 fr. 50 c.

— **DE CALLIGRAPHIE**, méthode complète de CARSTAIRS, dite Américaine, ou l'Art d'écrire en peu de leçons, par des moyens prompts et faciles; traduit de l'anglais par M. TREMBLAY, accompagné d'un Atlas renfermant un grand nombre de modèles mis en français. *Nouvelle édition.*   3 fr.

— **DU CARTONNIER, DU CARTIER ET DU FABRICANT DE CARTONNAGE**, ou l'Art de faire toutes sortes de cartons, de cartonnages et de cartes à jouer, contenant les meilleurs procédés pour gauffrer, colorier, vernir, dorer, couvrir en paille, en soie, etc., les ouvrages en carton; par M. LEBRUN, membre de plusieurs sociétés savantes. Un vol. orné d'un grand nombre de fig.   3 fr.

— **DU CHARPENTIER**, ou Traité complet et simplifié de cet art; par

M. HANUS et BISTON (VALENTIN). *Treizième édition*. Un vol. orné de 12 planches. 3 fr. 50 c.

MANUEL DU CHAMOISEUR, MAROQUINIER, PEAUSSIER ET PARCHEMINIER, contenant les procédés les plus nouveaux, toutes les découvertes faites jusqu'à ce jour, et toutes les connaissances nécessaires à ceux qui veulent pratiquer ces arts; par M. DESSABLES. Un vol. orné de pl. 3 fr.

— **DU CHANDELIER ET DU CIRIER,** suivi de l'Art du fabricant de cire à cacheter: par M. SÉBASTIEN LENORMAND, professeur de technologie, etc. Un gros vol. orné de pl. 3 fr.

— **DU CHARCUTIER,** ou l'Art de préparer et de conserver les différentes parties du cochon, d'après les plus nouveaux procédés, précédé de l'art d'élever les porcs, de les engraisser et de les guérir; par une réunion de Charcutiers, et rédigé par madame GELNARD. Un vol. 2 fr. 50 c.

— **DU CHASSEUR,** contenant un Traité sur toutes les chasses; un vocabulaire des termes de vénerie, de fauconnerie et de chasse; les lois, ordonnances de police, etc., sur le port d'armes, la chasse, la pêche, la louveterie. *Cinquième édition*. Un vol. avec fig et musique. 3 fr.

— **DU CHAUFOURNIER,** contenant l'art de calciner la pierre à chaux, à plâtre, de composer toutes sortes de mortiers ordinaires et hydrauliques, ciments, pouzzolanes artificielles, bétons, mastics, briques crues, pierres et stucs, ou marbres factices propres aux constructions; par M. BISTON. Un gros vol. 3 fr.

— **DE CHIMIE,** ou Précis élémentaire de cette science, dans l'état actuel de nos connaissances; *Quatrième édition*, revue, corrigée, et très augmentée, par M. VERGNAUD. Un gros vol. orné de fig. 3 fr. 50 c.

— **DE CHIMIE AMUSANTE,** ou nouvelles Récréations chimiques, contenant une suite d'expériences curieuses et instructives en chimie, d'une exécution facile, et ne présentant aucun danger: par FRÉDÉRIC ACCUM, suivi de notes intéressantes sur la Physique, la Chimie, la Minéralogie, etc. par SAMUEL PARKES. *Quatrième édition*, revue par M. VERGNAUD. Un vol. orné de fig. 3 fr.

—**DU COLORISTE,** ou Instruction complète et élémentaire pour l'enluminure, le lavis et la retouche des gravures, images, lithographies, planches d'histoire naturelle, cartes géographiques et plans topographiques, contenant la description des instrumens et ustensiles propres au Coloriste, la composition, les qualités, le mélange, l'emploi des couleurs, et les différens travaux d'enluminure: par M. A. M. PERROT, revu et augmenté par M. E. BLANCHANO, peintre d'histoire naturelle, un vol. orné de pl. 2 fr. 50 c.

ART DE SE COIFFER SOI-MÊME, enseigné aux dames, suivi du MANUEL DU COIFFEUR, précédé de préceptes sur l'entretien, la beauté et la conservation de la chevelure, etc., etc.; par M. VILLARET. Un joli vol. 2 fr. 50 c.

MANUEL DE LA BONNE COMPAGNIE, ou Guide de la politesse des égards, du bon ton et de la bienséance. *Septième édition*. Un vol. 2 fr. 50 c.

— **DU CHARRON ET DU CARROSSIER,** ou l'Art de fabriquer toutes sortes de voitures; par M. NOSBAN. Deux vol. ornés de pl. 6 fr.

— **DU CONSTRUCTEUR DES MACHINES A VAPEUR,** par M. JANVIER, officier au corps royal de la marine. Un vol. orné de pl. 2 fr. 50 c.

—**DU CONSTRUCTEUR DES CHEMINS DE FER,** ou essai sur les principes généraux de l'art de construire les chemins de fer par M. ED. BIOT. un vol. 3 f.

— **POUR LA CONSTRUCTION ET LE DESSIN DES CARTES GÉOGRAPHIQUES,** contenant des considérations générales sur l'étude de la géographie, l'usage des cartes et les principes de leur rédaction, le tracé linéaire des projections, les instrumens qui servent aux différentes opérations, et la manière de dessiner toutes espèces de cartes; par A. M. PERROT, ouvrage orné d'un grand nombre de pl. Un vol. 5 fr.

2.

MANUEL PRATIQUE DES CONTRE-POISONS, ou Traitement des individus empoisonnés, asphyxiés, noyés ou mordus par des animaux enragés et des serpens, ou piqués par des insectes venimeux, suivi des moyens à employer dans le cas de mort apparente, par M. le doct. CHAUSSIER. Un vol. orné de fig. 2 fr. 50 c.

— DES CONTRIBUTIONS DIRECTES, à l'usage des contribuables, des receveurs, des employés des contributions et du cadastre, suivi du mode des réclamations, et la marche à suivre pour obtenir une juste et prompte décision, etc. ; par M. DELONCLE, ex contrôleur. Un vol. 2 fr. 50 c.

— DU COUTELIER, ou Traité théorique et pratique de l'art de faire tous les ouvrages de coutellerie ; par M. Landrin. Un gros vol. orné de planches. 3 fr. 50 c.

— DE L'HISTOIRE NATURELLE DES CRUSTACÉS, contenant leur description et leurs mœurs, avec figures dessinées d'après nature, par feu M. Bosc, de l'Institut ; édition mise au niveau des connaissances actuelles, par M. DESMARETS, correspondant de l'Académie royale des Sciences. Deux vol. 6 fr.

— DU CUISINIER ET DE LA CUISINIÈRE, à l'usage de la ville et de la campagne, contenant toutes les recettes les plus simples pour faire bonne chère avec économie, ainsi que les meilleurs procédés pour la pâtisserie et l'office, précédé d'un Traité sur la dissection des viandes, suivi de la manière de conserver les substances alimentaires, et d'un traité sur les vins ; par M. CARDELLI, ancien chef d'office. Dixième édition. Un gros vol. orné de fig. 2 fr. 50 c.

— DU CULTIVATEUR-FORESTIER, contenant l'art de cultiver en forêts tous les arbres indigènes et exotiques, propres à l'aménagement des bois, l'explication des termes techniques employés dans le langage forestier et en botanique dendrologique ; un extrait des lois concernant les propriétés particulières soumises au régime forestier et les fonctions des gardes ; enfin une Flore dendrologique de la France ; par M. BOITARD, membre de plusieurs sociétés savantes nationales et étrangères. Deux vol. 5 fr.

— DU CULTIVATEUR FRANÇAIS, ou l'art de bien cultiver les terres, de soigner les bestiaux et de retirer des unes et des autres le plus de bénéfices possible ; par M. THIÉBAUT DE BERNAUD. Deux vol. 5 fr.

— DE LA CORRESPONDANCE COMMERCIALE, contenant : un Dictionnaire des termes du Commerce des modèles et des formules épistolaires et de comptabilité, pour tous les cas qui se présentent dans les opérations commerciales, avec des notions générales et particulières sur leur emploi ; par M. C. F....s-LESTIFANE. Deuxième édition revue, corrigée et augmentée d'un nouveau mode pour dresser les comptes d'intérêts, de plus, d'un traité sur les lettres de change, billets et autres effets de commerce, ainsi que de toutes les formules qui y sont relatives, etc. Un vol. 2 fr. 50 c.

— DES DAMES, ou l'Art de l'Élégance ; par mad. CELNART. Deuxième édition. Un vol. orné de fig. 3 fr.

— DE LA DANSE, comprenant la théorie, la pratique et l'histoire de cet art, depuis les temps les plus reculés jusqu'à nos jours ; à l'usage des amateurs et des professeurs, par M. BLASIS ; traduit de l'anglais par M. P. VERGNAUD, et revu par M. GARDEL. Un gros vol. orné de planches et musique. 3 fr. 50 c.

— DES DEMOISELLES, ou Arts et Métiers qui leur conviennent tels que la couture, la broderie, le tricot, la dentelle, la tapisserie, le bourses, les ouvrages en filets, en chenille, en gaze, en perles, en cheveux, etc., etc. ; enfin tous les arts dont les demoiselles peuvent s'occuper avec agrément ; par mad. ELISABETH CELNART. Quatrième édition. Un vol. orné de planches. 3 fr.

— DU DESSINATEUR, ou Traité complet de cet art, contenant le dessin géométrique, le dessin d'après nature et le dessin topographique ; par M. PASSOT, etc. Troisième édit., augmentée par M. VERGNAUD. Un vol. orné de planches. 3 fr.

MANUEL DU DESSINATEUR ET DE L'IMPRIMEUR LITHOGRA-PHE, par M. Bégerit, lithographe breveté. *Troisième édit.* Un vol. orné de lithographies.

— **DU DESTRUCTEUR DES ANIMAUX NUISIBLES**, ou l'Art e prendre et de détruire tous les animaux nuisibles à l'agriculture, au jardinage, à l'économie domestique, à la conservation des chasses, des étangs, etc., etc.; par M. Vérardi. *Deuxième édition.* Un vol. orné de pl. 3 fr.

— **DU DISTILLATEUR LIQUORISTE**, ou Traité de la distillation en général, suivi de l'Art de fabriquer des liqueurs à peu de frais et d'après les meilleurs procédés : par M. Lebead. *Quatrième édit.* En vol. 3 fr. 50 c.

— **DES DOMESTIQUES**, ou l'Art de former de bons serviteurs ; savoir : maîtres-d'hôtels, cuisiniers, cuisinières, femmes et valets de chambre, frotteurs, portiers, bonnes d'enfans, cochers, etc. par madame Celnart. Un vol. 2 fr. 50 c.

— **D'ÉCONOMIE DOMESTIQUE**, contenant toutes les recettes les plus simples et les plus efficaces sur l'économie rurale et domestique, à l'usage de la ville et de la campagne ; par mad. Celnart. *Deuxième édit.* Un vol. orné de figures. 2 fr. 50 c.

— **D'ÉCONOMIE POLITIQUE**, par M. J. Partet. Un volume. 2 fr. 50 c.

— **DES ÉCOLES PRIMAIRES MOYENNES ET NORMALES**, ou Guide complet des instituteurs et des institutrices, contenant, 1° l'exposé des principes et des méthodes d'instruction et d'éducation populaire de tous les degrés ; 2° des Catalogues pour la composition de bibliothèques populaires ; 3° des Lois, Circulaires et Réglemens de l'autorité sur l'enseignement primaire ; 4° des Plans pour la construction de maisons, d'écoles, et la distribution des salles de classes ; par un membre de l'Université, et revu par M. Mattr, inspecteur général des études. Un vol. orné de planches. 2 fr. 50 c.

— **D'ENTOMOLOGIE**, ou Histoire naturelle des Insectes, contenant la synonymie et la description de la plus grande partie des espèces d'Europe et des espèces exotiques les plus remarquables; par M. Boizard. Deux gros vol. 7 fr.

ATLAS D'ENTOMOLOGIE, composé de 110 planches représentant les insectes décrits dans l'ouvrage ci-dessus.

Figures noires, 17 fr. Figures coloriées, 34 fr.

MANUEL D'ÉLECTRICITÉ ATMOSPHÉRIQUE, par M. Riffault. Un vol. orné de planches. 2 fr. 50 c.

— **D'ÉQUITATION**, à l'usage des deux sexes, contenant le manège civil et militaire : le manège pour les dames, la conduite des voitures ; les soins et l'entretien du cheval en santé : les soins à donner au cheval en voyage ; les notions de médecine vétérinaire indispensables pour attendre les secours régulier. de l'art ; l'achat, le signalement et l'éducation des chevaux, orné de vingt-quatre jolies figures lithographiées par V. Adam. Par M. A. D. Vergnaud. Un vol. 3 fr.

— **DU STYLE ÉPISTOLAIRE**, ou Choix de lettres puisées dans nos meilleurs auteurs, précédé d'instructions sur l'Art épistolaire, et de notices biographiques ; par M. Biscarrat, professeur. Un gros vol. *Deuxième édition.* 2 fr. 50 c.

— **DE L'ESSAYEUR**, par M. Vauquelin; suivi de l'instruction de M. Gay-Lussac sur l'essai des matières d'or et d'argent par la voie humide, et des dispositions du laboratoire de la monnaie de Paris, par M. Darcet ; édition publiée par M. Vergnaud, ancien élève de l'École polytechnique. Un vol. orné de planch. 3 fr.

— **DU FABRICANT D'ÉTOFFES IMPRIMÉES ET DU FABRICANT DE PAPIERS PEINTS**, contenant les procédés les plus nouveaux pour imprimer les étoffes de coton, de lin, de laine et de soie, et pour colorer la surface de toutes sortes de papiers; par M. Sébastien Lenormand. Un vol. orné de pl. 3 fr.

— **DU FABRICANT D'INDIENNES**, renfermant les impressions des laines, des châles et des soies, précédé de la description botanique et chimique des matières colorantes. Ouvrage orné de planches, et destiné à faire suite au Ma-

(8)

uel du fabricant d'effets imprimées et de papiers peints, par M. L.-J.-S. Thillaye, professeur de chimie appliquée aux arts et à la teinture. Un vol. 3 fr. 50 c.

MANUEL DU FABRICANT DE DRAPS, ou Traité général de la fabrication des draps; par M. Bonnet. Un vol. 3 L.

— **DU FABRICANT ET DE L'ÉPURATEUR D'HUILE**, suivi d'un Aperçu sur l'éclairage par le gaz; par M. Julia Fontenelle. Un vol. orné de pl. 3 fr.

— **DU FABRICANT DE CHAPEAUX EN TOUS GENRES**, tels que feutres divers, schakos, chapeaux de soie, de coton, et autres étoffes filamenteuses; chapeaux de plumes, de cuir, de paille, de bois, d'osier, etc., et enrichi de tous les brevets d'invention; par MM. Clug et F., fabricans, Julia Fontenelle professeur de chimie Un vol. orné de pl. 3 fr.

— **DU FABRICANT DE GANTS**, considéré dans ses rapports avec la mégisserie, la chamoiserie et les diverses opérations qui s'y rattachent, par M. Vallat d'Artois, ancien fabricant. Un vol. orné de planch. 3 fr. 50 c.

— **DU FABRICANT DE PAPIERS**, ou Traité complet de cet art; par M. Sébastien Lenormand Deux vol. ornés d'un grand nombre de pl. 10 fr. 50 c.

— **DU FABRICANT DE PRODUITS CHIMIQUES**, ou Formules et Procédés usuels relatifs aux matières que la chimie fournit aux arts industriels, à la médecine et à la pharmacie, renfermant la description des opérations et des principaux ustensiles en usage dans les laboratoires; par M. Thillaye, professeur de chimie, chef des travaux chimiques de l'ancienne fabrique de M. Vauquelin. Deux vol. ornés de pl. 7 fr.

— **DU FABRICANT ET DU RAFFINEUR DU SUCRE**, ou Essai sur les différens moyens d'extraire le sucre et de le raffiner; par MM. Blacheire et Zobel. Seconde édition, revue par M. Julia Fontenelle. Un vol. orné de pl. 3 fr. 50 c.

— **THÉORIQUE ET PRATIQUE DU FABRICANT DE CIDRE ET DE POIRÉ**, avec les moyens d'imiter avec le suc des pommes ou des poires, le vin de raisin, l'eau-de-vie et le vinaigre de in; suivi de l'art de faire les vins de fruits et les vins de liqueurs artificiels, de composer des aromes ou bouquets des vins, et de faire avec les raisins de tous les vignobles, soit les vins de Basse-Bourgogne, du Cher, de Touraine, de Saint-Gilles, de Roussillon, de Bordeaux et autres. Ouvrage indispensable aux marchands de vins, fabricans de cidre, cultivateurs, et aux amis de l'économi domestique, avec figures, par M. L.-F. Dubief. Un vol. 2 fr. 50 c.

— **DU FERBLANTIER ET DU LAMPISTE**, ou l'Art de confectionner en ferblanc tous les ustensiles possibles, l'étamage, le travail du zinc, l'art de fabriquer les lampes d'après tous les systèmes anciens et nouveaux; orné d'un grand nombre de figures et de modèles pris dans les meilleurs ateliers; par M. Lebrun. Un vol. in-18. 3 fr.

— **DU FLEURISTE ARTIFICIEL**, ou l'Art d'imiter d'après nature toute espèce de fleurs, en papier, batiste, mousseline et autres étoffes de coton; en gaze, taffetas, satin, velours; de faire des fleurs en or, argent, chenille, plumes, paille, baleine cire, coquillages, les autres fleurs de fantaisie; les fruits artificiels; et contenant tout ce qui est relatif au commerce des fleurs; suivi de L'ART DU PLUMASSIER, par madame Celnart: Un vol. de fig. 2 fr. 50 c.

— **DU FONDEUR SUR TOUS MÉTAUX**, ou Traité de toutes les opérations de la fonderie, contenant tout ce qui a rapport à la fonte et au moulage du cuivre, à la fabrication des pompes à incendie et des machines hydrauliques, etc., etc.; par M. Launey, fondeur de la colonne de la place Vendôme, etc. Deux vol. ornés d'un grand nombre de pl. 7 fr.

— **THÉORIQUE ET PRATIQUE DU MAITRE DE FORGES**, ou l'Art de travailler le fer; par M. Landrin, ingénieur civil. Deux vol. ornés de pl. 6 fr.

MANUEL-FORMULAIRE DE TOUS LES ACTES OUS SIGNATURES RIVÉES, par M. Biret, jurisconsulte, Un vol. 2 fr. 50 c.

MANUEL DES GARDES CHAMPÊTRES, FORESTIERS, GARDES PÊCHES, contenant l'exposé méthodique des lois, etc.; sur leurs attributions, fonctions, droits et devoirs, avec les formules et modèles des rapports et des procès-verbaux; par M. BOYARD. *Nouvelle édition.* Un vol. 1 fr. 50 c.

—**DES GARDES MALADES,** et des personnes qui veulent se soigner elles-mêmes; ou l'Ami de la santé, contenant un exposé clair et précis des soins à donner aux malades de tout genre; par M. MORIN, docteur en médecine. Un vol. *Troisième édition.* fr. 50 c.

— **DES GARDES NATIONAUX DE FRANCE,** contenant l'école du soldat et de peloton, d'après l'ordonnance du 4 mars 1831, l'entretien des armes, etc., précédé de la nouvelle loi de 1831 sur la garde nationale l'état-major, le modèle du drapeau, l'ordre du jour sur l'uniforme en général, et celui pour les communes rurales: adopté par le général en chef; par M. R. L. *Trente-deuxième édition,* ornée d'un grand nombre de figures représentant les divers uniformes de la garde nationale, et toutes celles nécessaires pour l'exercice et les manœuvres. Un gros vol. in-18, 1 fr. 25 c., et 1 fr. 75 c. par la poste. L'on ajoutera 50 c. pour recevoir le même ouvrage avec tous les uniformes coloriés.

— **GÉOGRAPHIQUE,** ou le nouveau Géographe-manuel, contenant la description statistique et historique de toutes les parties du monde; la Concordance des calendriers; une Notice sur les lettres de change, bons au porteur, billets à ordre, etc.; le Système métrique, la Concordance des mesures anciennes et nouvelles; les Changes et Monnaies étrangères évaluées en francs et centimes; par ALEXANDRE DEVILLIERS. Un gros vol. orné de pl. *Quatrième édition.* 3 fr. 50 c.

— **DE GÉOGRAPHIE PHYSIQUE, HISTORIQUE ET TOPOGRAPHIQUE DE LA FRANCE,** divisée par Bassins; par M. V. A. LORIOL, chef d'institution, membre de la société de géographie. *Deuxième édition,* revue, corrigée et considérablement augmentée. Un vol. 2 fr. 50 c.

— **DE GÉOMÉTRIE,** ou Exposition élémentaire des principes de cette science, comprenant les deux trigonométries, la théorie des projections, et les principales propriétés des lignes et surfaces du second degré, à l'usage des personnes privées des secours d'un maître; par M. TARQUOY. *Deuxième édition.* Un gros vol. orné de pl. 3 fr. 50 c.

— **DE GYMNASTIQUE,** par M. le colonel AMOROS. Deux gros vol. et Atlas composé de 50 pl. 10 fr. 50 c.

— **DU GRAVEUR,** ou Traité complet de l'Art de la gravure en tous genres, d'après les renseignemens fournis par plusieurs artistes, et rédigé par M. PERROT. Un vol. 3 fr.

— **DES HABITANS DE LA CAMPAGNE ET DE LA BONNE FERMIÈRE,** ou Guide pratique des travaux à faire à la campagne; par mesdames GACON-DUFOUR et CELNART. *Deuxième édition.* En vol. 2 fr. 50 c.

— **DE L'HERBORISTE, DE L'ÉPICIER-DROGUISTE ET DU GRAINIER PÉPINIÉRISTE,** contenant la description des végétaux, les lieux de leur naissance, leur analyse chimique et leurs propriétés médicales; par MM. JULIA FONTENELLE et TOLLARD. Deux gros vol. 7 fr.

— **D'HISTOIRE NATURELLE,** comprenant les trois règnes de la Nature, ou *Genera* complet des animaux, des végétaux et des minéraux; par M. BOITARD. Deux gros vol. 7 fr.

Atlas des différentes parties de l'Histoire naturelle, et qui se vendent séparément.

ATLAS POUR LA BOTANIQUE, composé de 120 pl., fig. noires. 18 fr. Fig. coloriées. 36 fr.

— **POUR LES MOLLUSQUES,** représentant les mollusques nus et les coquilles, 51 pl., fig. noires, 7 fr. Fig. coloriées. 14 fr.

— **POUR LES CRUSTACÉS,** 19 pl., fig. noires, 3 fr. Fig. coloriées. 6 fr.

TLAS POUR LES INSECTES, 110 pl., fig. noires, 17 fr. Fig. coloriées.
46 fr.

— POUR LES MAMMIFÈRES, 80 pl., fig. noires, 12 fr. Fig. coloriées, 24 fr.

— POUR LES MINÉRAUX, 40 pl., fig. noires, 6 fr. Fig. coloriées. 11 fr.

— POUR LES OISEAUX, 129 pl., fig. noires, 20 fr. Fig. coloriées. 40 fr.

— POUR LES POISSONS, 155 pl., fig. noires, 24 fr. Fig. coloriées. 48 fr.

— POUR LES REPTILES, 54 pl., fig. noires, 9 fr. Fig. coloriées. 18 fr.

POUR LES ZOOPHYTES, représentant la plupart des vers et des animaux plantes, 25 pl., fig. noires, 6 fr. Fig. coloriées. 11 fr.

MANUEL DE L'HORLOGER ou Guide des ouvriers qui s'occupent de la construction des machines propres à mesurer le temps; par M. SÉBASTIEN LENORMAND. Un gros vol. orné de pl. 3 fr. 50 c.

— D'HYGIÈNE, ou l'Art de conserver sa santé; par M. MORIN, docteur médecin. Un vol. 3 fr.

— DU JARDINIER, ou l'Art de cultiver et de composer toutes sortes de jardins; ouvrage divisé en deux parties: la première contient la culture des jardins potagers et fruitiers; la seconde, la culture des fleurs, et tout ce qui a rapport aux jardins d'agrément; dédié à M. THOUIN, ex-professeur de culture au Muséum d'histoire naturelle, membre de l'Institut, etc.; par M. BAILLY, son élève. *Sixième édition*, revue, corrigée et considérablement augmentée. Deux gros vol. ornés de pl. 5 fr.

MANUEL DU JARDINIER DES PRIMEURS, ou l'Art de forcer la nature à donner ses productions en tout temps; par MM. NOISETTE et BOITARD. Un vol. orné de pl. 3 fr.

— DE L'ARCHITECTE DES JARDINS, ou l'Art de les composer et de les décorer; par M. Boitard, ouvrage orné de 120 pl. gravées sur acier. 15 fr.

— DU JAUGEAGE ET DES DÉBITANS DE BOISSONS, contenant les tarifs très simplifiés en anciennes et nouvelles mesures, relatifs à l'art de jauger; toutes les lois, ordonnances, réglemens sur les boissons, etc., etc., par M. LAROCHE, membre de la Légion-d'Honneur, et par M. D..., avocat à la Cour royale de Paris. Un vol. orné de fig. 3 fr.

— DES JEUNES GENS, ou Sciences, arts et récréations qui leur conviennent, et dont ils peuvent s'occuper avec agrément et utilité, tels que jeux de billes, etc.; la gymnastique, l'escrime, la natation, etc.; les amusemens d'arithmétique, d'optique, aérostatiques, chimiques, etc.; tours de magie de cartes, feux d'artifice, jeux de dames d'échecs, etc.; traduit de l'anglais par PAUL VERGNAUD. Ouvrage orné d'un grand nombre de vignettes gravées sur bois par GONARD. Deux vol. 6 fr.

— DES JEUX DE CALCUL ET DE HASARD, ou nouvelle Académie des jeux, contenant tous les jeux préparés simples, tels que les jeux de l'Oie, de Loto, de Domino, les jeux préparés composés comme Dames, Trictrac, Echecs, Billard, etc.; 1° tous les jeux de Cartes, soit simples, soit composés, 2° les jeux d'enfans, les jeux communs, tels que la Bête, la Mouche, la Triomphe, etc.; 3° les jeux de salon, comme le Boston, le Reversis, le Whiste; les jeux d'application, le Piquet, etc.; 4° les jeux de distraction, comme le Commerce, le Vingt-et-Un, etc.; 5° enfin les jeux spécialement dits de Hasard, tels que le Pharaon, le Trente et Quarante, la Roulette, etc. *Seconde édition*; par M. LEBRUN. Un vol. 3 fr.

— DES JEUX DE SOCIÉTÉ, renfermant tous les jeux qui conviennent aux jeunes gens des deux sexes, tels que Jeux de jardin, Rondes, Jeux-Rondes, Jeux publics, Montagnes russes et autres: Jeux de salon, Jeux préparés: Jeux-Gages, Jeux d'Attrape, d'Action, Charades en action: Jeux de Mémoire, Jeux d'Esprit, Jeux de Mots, Jeux-Proverbes, Jeux-Pénitences, etc.; par madame CELNART. *Deuxième édition*. Un gros vol. 3 fr.

— DES CLASSES ÉLÉMENTAIRES DE LATIN, ou Cours de thème pour les huitième et septième, par M. SERRES, instituteur. Un vol. 2 fr. 50 c.

MANUEL DU LIMONADIER ET DU CONFISEUR, contenant les meilleurs procédés pour préparer le café, le chocolat, le punch, les glaces, boissons rafraîchissantes, liqueurs, fruits à l'eau-de-vie, confitures, pâtes, esprits, essences, vins artificiels, pâtisserie légère, bière, cidre, eaux, pommades et poudres cosmétiques, vinaigres de ménage et de toilette, etc., etc.; par M. Cardelli. Un gros vol. *Sixième édition.*   1 fr. 50 c.

DE LITTÉRATURE A L'USAGE DES DEUX SEXES, contenant un précis de rhétorique, un traité de la versification française, la définition de tous les différens genres de compositions en prose et en vers, avec des exemples tirés des prosateurs et des poètes les plus célèbres, et des préceptes sur l'art de lire à haute voix, par M. Viger. *Troisième édition*, revue par madame d'Hautpoul. Un vol. in 18.   1 fr. 75 c.

— DU LUTHIER, contenant, 1° la construction intérieure et extérieure des instrumens à archets, tels que Violons, Alto, Basses et Contre-Basses; 2° la construction de la Guitare; 3° la confection de l'Archet, par M. J. C. Maugin. Un vol., orné de planches.   1 fr. 50 c.

— DU MAÇON-PLÂTRIER, DU CARRELEUR, DU COUVREUR ET DU PAVEUR; par Toussaint. Un vol. orné de planches.   3 fr.

— DE LA MAÎTRESSE DE MAISON ET DE LA PARFAITE MÉNAGÈRE, ou Guide pratique pour la gestion d'une maison à la ville et à la campagne, contenant les moyens d'y maintenir le bon ordre et d'y établir l'abondance, de soigner les enfans, de conserver les substances alimentaires, etc.; *Troisième édition*, revue par madame Celnart. Un vol.   2 fr. 50 c.

— DE MAMMALOGIE, ou l'Histoire naturelle des Mammifères; par M. Lesson, membre de plusieurs Sociétés savantes. 1 gros vol. 3 fr. 50 c.

ATLAS DE MAMMALOGIE, composé de 80 planches représentant la plupart des animaux décrits dans l'ouvrage ci-dessus. Figures noires. 12 fr. Figures coloriées.   24 fr.

MANUEL COMPLET DES MARCHANDS DE BOIS ET DE CHARBONS, ou Traité de ce commerce en général, contenant tout ce qu'il est utile de savoir depuis l'ouverture des adjudications des coupes jusques et compris l'arrivée et le débit des bois et charbons, ainsi que le précis des lois, ordonnances, réglemens, etc., sur cette matière; suivi de Nouveaux Tarifs pour le cubage et le mesurage des bois de toute espèce, en anciennes et nouvelles mesures; par M. Marié de l'Isle, ancien agent du flottage des bois. *Seconde édition.* Un vol.   3 fr.

— DU MÉCANICIEN-FONTAINIER, POMPIER, PLOMBIER, contenant la théorie des pompes ordinaires, des machines hydrauliques les plus usitées, et celle des pompes rotatives, leur application à la navigation sous marine, à un mode de nouveau réfrigérant; l'Art du Plombier, et la description des appareils les plus nouveaux relatifs à cette branche d'industrie; par MM. Janvier et Biston. *Deuxième édition.* Un vol., orné de planches. 3 fr.

— D'APPLICATIONS MATHÉMATIQUES USUELLES ET AMUSANTES, contenant des problèmes de Statique, de Dynamique, d'Hydrostatique et d'Hydrodynamique, de Pneumatique, d'Acoustique, d'Optique, etc., avec leurs solutions, des notions de Chronologie, de Gnomonique, de Levée des Plans, de Nivellement, de Géométrie pratique, etc., avec les formules y relatives; plus, un grand nombre de tables usuelles, et terminé par un Vocabulaire renfermant la substance d'un Cours de Mathématiques élémentaires; par M. Richard. *Deuxième édition.* Un gros vol.   3 fr.

— SIMPLIFIÉ DE MUSIQUE, ou Nouvelle Grammaire contenant les principes de cet art; par M. Le Duoy. Un vol.   1 fr. 50 c.

— DE MÉCANIQUE, ou Exposition élémentaire des lois de l'équilibre et du mouvement des corps solides, à l'usage des personnes privées des secours d'un maître; par M. Traques. *Deuxième édition.* Un gros vol., orné de planches.   3 fr. 50 c.

— DE MÉDECINE ET CHIRURGIE DOMESTIQUES, contenant un choix des remèdes les plus simples et les plus efficaces pour la guérison de toutes les maladies internes et externes qui affligent le corps humain, tion, entièrement refondue et considérablement augmentée; par docteur-médecin. Un vol.

MANUEL DU MENUISIER EN MEUBLES ET EN BATIMENS, l'Art de l'ébéniste, contenant tous les détails utiles sur la nature des bois indigènes et exotiques, la manière de les teindre, de les travailler, d'en faire toutes les espèces d'ouvrages et de meubles, de les polir et vernir, d'exécuter toutes sortes de planches et de marqueterie; par M. Nosban, menuisier-ébéniste. *Quatrième édition*, Deux vol., ornés de planches. 6 fr.

— **DE LA JEUNE MÈRE,** ou Guide pour l'éducation physique et morale des enfans; par madame Campan, surintendante d'Ecouen. Un vol. 3 fr.

— **DE MÉTÉOROLOGIE,** ou Explication théorique et démonstrative des phénomènes connus sous le nom de météores; par M. Fellens. Un vol., orné de planches. 3 fr. 50 c.

— **DE MINERALOGIE** ou Traité élémentaire de cette science, d'après l'état actuel de nos connaissances; par M. Blondeau *Troisième édition*, revue par M. Julia Fontenelle. Un gros vol. 3 fr. 50 c.

ATLAS DE MINÉRALOGIE, composé de 40 planches représentant la plupart des minéraux décrits dans l'ouvrage ci dessus:

Figures noires. 6 fr.   Figures coloriées. 12 fr.

— **DE MINIATURE ET DE GOUACHE,** par M. Constant Viguier; suivi du Manuel du Lavis a la seppia et de l'Aquarelle, par M. Langlois de Longueville. *Troisième édition.* Un gros vol., orné de planches. 3 fr.

— **D'HISTOIRE NATURELLE MÉDICALE ET DE PHARMACOGRAPHIE,** ou Tableau synoptique, méthodique et descriptif des produits que la médecine et les arts empruntent à l'histoire naturelle; res non verba, par M. R. P. Lesson, pharmacien en chef de la marine et professeur de chimie à l'école de médecine de Rochefort. Deux vol. 5 fr.

— **DE L'HISTOIRE NATURELLE DES MOLLUSQUES ET DE LEURS COQUILLES,** ayant pour base de classification celle de M. Cuvier. par M. Rang. Un gros vol, orné de planches. 3 fr. 50 c.

ATLAS POUR LES MOLLUSQUES, représentant les Mollusques nus et les coquilles 51 planches Figures noires. 7 fr.

Figures coloriées. 14 fr.

MANUEL DU MOULEUR, ou l'Art de mouler en plâtre, carton, carton pierre, carton cuir, cire, plomb argile, bois, écaille, corne, etc, etc. tenant tout ce qui est relatif au moulage sur nature morte et vivante, au lage de l'argile, etc.; par M Lebrun Un vol., orné de figures. 2 fr.

— **DU MOULEUR EN MÉDAILLES,** ou l'Art de les mouler en plâ, en soufre, en cire à la mie de pain et en gélatine, ou à la colle-forte; suivi l'art de clicher ou de frapper les creux et les reliefs en métaux par M. F. l. Robert, membre de la société d'émulation du Jura. Un vol 1 fr. 50 c.

— **DU NATURALISTE PRÉPARATEUR,** ou l'Art d'empailler les animaux, de conserver les végétaux et les minéraux; par M. Boitard. Un vol. *Troisième édition* 3 f.

— **DU NÉGOCIANT ET DU MANUFACTURIER,** contenant les Lois et Règlemens relatifs au commerce aux fabriques et à l'industrie; la connaissance des marchandises; les usages dans les ventes et achats; les poids, mesures, monnaies étrangères: les douanes et les tarifs des droits; par M. Peuchet. Un vol 2 fr. 50 c.

— **DES OFFICIERS MUNICIPAUX,** Nouveau guide des maires adjoints et conseillers municipaux, dans leurs rapports avec l'ordre administratif et l'ordre judiciaire, les collèges électoraux, la garde nationale, l'armée, l'administration forestière, l'instruction publique et le clergé, selon la législation nouvelle; suivi d'un formulaire de tous les actes d'administration et de police administrative et judiciaire; par M. Boyard. *Deuxième édit.* Un gros vol. 3 fr.

— **SIMPLIFIÉ DE L'ORGANISTE,** ou nouvelle méthode pour exécuter sur l'orgue tous les offices de l'année, selon les rituels parisien et romain, sans qu'il soit nécessaire de connaître la musique, par M. Miné, organiste de Saint-Roch ; suivi des leçons d'orgue de Kegel. Un vol. in-8 oblong. 3 fr. 50 c.

MANUEL D'OPTIQUE, par MM. David Brewster, membre et correspondant de l'Institut de France, et Vergnaud. Deux vol. ornés de pl. 6 fr.

— D'ORNITHOLOGIE DOMESTIQUE, ou Guide de l'amateur des oiseaux de volière, histoire générale et particulière des oiseaux de chambre, avec les préceptes que réclament leur éducation, leurs maladies, leur nourriture, etc., etc. ; ouvrage entièrement refondu par M. R. P. Lesson. Un vol. 2 fr. 50 c.

— D'ORNITHOLOGIE, ou Description des genres et des principales espèces d'oiseaux ; par M. Lesson. Deux gros vol. 7 fr.

ATLAS D'ORNITHOLOGIE, composé de 129 planches représentant les oiseaux décrits dans l'ouvrage ci-dessus. Figures noires. 30 fr.
Figures coloriées. 40 fr.

MANUEL DE L'ORTHOGRAPHISTE, ou Cours théorique et pratique d'orthographe, contenant des règles neuves ou peu connues sur le redoublement des consonnes, sur les diverses manières de représenter les sons ressemblans de la langue française, suivi d'un recueil d'exercice, d'un traité de ponctuation, etc., par T. Trébert. Un vol. 2 fr. 50 c.

— DU PARFUMEUR, contenant les moyens de perfectionner les pâtes odorantes, les poudres de diverses sortes, les pommades, les savons de toilette les eaux de senteur, les vinaigres, élixirs, etc., etc., et où se trouve indiqué un grand nombre de compositions nouvelles ; par madame Celnart. Deuxième édition. Un vol. 2 fr. 50 c.

— DU MARCHAND PAPETIER ET DU RÉGLEUR, contenant la connaissance des papiers divers, la fabrication des crayons naturels et factices gris, noirs et colorés ; la préparation des plumes ; des pains et de la cire à cacheter, de la colle à bouche, des sables, etc. ; par M. Julia-Fontenelle et M. Poisson. Un gros vol. orné de planches. 3 fr.

— DU PATISSIER ET DE LA PATISSIÈRE, à l'usage de la ville et de la campagne, contenant les moyens de composer toutes sortes de pâtisseries ; par M. Leblanc. Deuxième édition. Un vol. 2 fr. 50 c.

— DE PHARMACIE POPULAIRE, simplifiée et mise à la portée de toutes les classes de la société, contenant les formules et les pratiques nouvelles publiées dans les meilleurs dispensaires, les cosmétiques et les médicamens par brevet d'invention, les secours à donner aux malades dans les cas urgens avant l'arrivée du médecin, etc., par M. Julia Fontenelle. Deux vol. 6 fr.

— DU PÊCHEUR FRANÇAIS, ou Traité général de toutes sortes des pêches ; l'Art de fabriquer les filets ; un traité sur les étangs ; un Précis des lois, ordonnances et règlemens sur la pêche, etc., etc. ; par M. Pesson-Maisonneuve. Deuxième édition. Un vol., orné de figures. 3 fr.

— DU PEINTRE EN BATIMENS, DU DOREUR ET DU VERNISSEUR, ouvrage utile tant à ceux qui exercent ces arts qu'aux fabricans de couleur et à toutes les personnes qui voudraient décorer elles-mêmes leurs habitations, leurs appartemens, etc. ; par M. Vergnaud. Sixième édition, revue et augmentée. Un vol. 2 fr. 50 c.

— DU PEINTRE D'HISTOIRE ET DU SCULPTEUR, par M. Arsenne. Deux vol. 6 fr.

— DE PERSPECTIVE, DU DESSINATEUR ET DU PEINTRE, contenant les Élémens de géométrie indispensables au tracé de la perspective, la perspective linéaire et aérienne, et l'étude du dessin et de la peinture, spécialement appliquée au paysage ; par M. Vergnaud, ancien élève de l'École Polytechnique. Quatrième édition. Un vol., orné d'un grand nombre de pl. 3 fr.

— DE PHILOSOPHIE EXPÉRIMENTALE, ou Recueil de dissertations sur les questions fondamentales de métaphysique, extraites de Locke, Condillac, Destutt Tracy, Degérando, La Remiguière, Jouffroy, Reid, Du-

........, Kant, Courier, etc.; ouvrage conçu sur le plan des leçons de ....; par M. Auror, régent de rhétorique à l'Académie de Paris. Un gros
                                                                                    3 fr. 50 c.

NUEL DE PHYSIOLOGIE VÉGÉTALE, DE PHYSIQUE, DE ... MIE ET DE MINÉRALOGIE, APPLIQUÉES A LA CULTURE; par M. Buitrau. Un vol. orné de pl.   3 fr.

— **DE PHYSIQUE**, ou Élemens abrégés de cette science, mis à la portée des gens du monde et des étudians, contenant l'exposé complet et méthodique des propriétés générales des corps solides, liquides et aériformes, ainsi que les phénomènes du son; suivi de la nouvelle Théorie de la lumière dans le système des ondulations, et de celles de l'électricité et du magnétisme réunis; par M. Bailly, élève de MM. Arago et Biot. *Sixième* édition. Un vol. orné de pl.   2 fr. 50 c.

— **DE PHYSIQUE AMUSANTE**, ou nouvelles Récréations physiques, contenant une suite d'expériences curieuses, instructives, et d'une exécution facile; ainsi que diverses applications aux arts et à l'industrie; suivi d'un Vocabulaire de physique; par M. Julia Fontenelle. *Quatrième* édition. Un vol. orné de pl.   3 fr.

— **DU POÊLIER-FUMISTE**, ou Traité complet de cet art, indiquant les moyens d'empêcher les cheminées de fumer, l'art de chauffer économiquement et d'aérer les habitations, les manufactures, les ateliers, etc.; par M. Ardenni et Julia Fontenelle. *Deuxième* édition. Un vol. orné de pl.   3 fr.

— **DES POIDS ET MESURES**, des Monnaies et du Calcul décimal; par M. Tarbé. *Quinzième* édition. Un vol.   3 fr.

— **DU PORCELAINIER, DU FAÏENCIER ET DU POTIER DE TERRE**, suivi de l'Art de fabriquer les terres anglaises et de pipe, ainsi que les poêles, les pipes, les carreaux, les briques et les tuiles; par M. Boyer, ancien fabricant et pensionnaire du Roi. Deux vol.   6 fr.

— **DU PRATICIEN**, ou Traité complet de la science du Droit mise à la portée de tout le monde, où sont présentées les instructions sur la manière de conduire toutes les affaires, tant civiles que judiciaires, commerciales et criminelles, qui peuvent se rencontrer dans le cours de la vie, avec les formules de tous les actes, et suivi d'un Dictionnaire administratif abrégé; par MM. D*** et Rondonneau. *Troisième* édition. Un gros vol.   3 fr. 50 c.

— **DES PROPRIÉTAIRES D'ABEILLES**, contenant: 1° la ruche villageoise et lombarde, et les ruches à bausses, perfectionnées au moyen de petits grillages en bois, très faciles à exécuter; 2° des procédés pour réunir ensemble plusieurs ruches faibles, afin d'être dispensé de les nourrir; 3° une méthode très avantageuse de gouverner les abeilles, de quelque forme que soient leurs ruches, pour en tirer de grands profits; par J. Radouan. *Troisième* édition corrigée, et suivie de L'Art d'élever les vers à soie et de cultiver le mûrier par M. Morin. Un gros vol. orné de pl.   3 fr.

— **DU PROPRIÉTAIRE ET DU LOCATAIRE OU SOUS-LOCATAIRE**, tant de biens de ville que de biens ruraux; par M. Sragani. *Troisième* édition. Un volume.   2 fr. 50 c.

— **DE LA PURETÉ DU LANGAGE**, ou Dictionnaire des difficultés de la langue française, relativement à la prononciation, au genre des substantifs, à l'orthographe, à la syntaxe et à l'emploi des mots, où sont signalées et corrigées les expressions et les locutions vicieuses usitées dans la conversation; par MM. Biscarrat et Boniface. 1 vol.   2 fr. 50 c.

— **DU RELIEUR DANS TOUTES SES PARTIES**, précédé des Arts de l'assembleur, du brocheur, du marbreur, du d... et du satin... eurs par M. Sébastien Lenormand. *Seconde* édition. Un gros vol. orné de pl.   3 fr.

— **DU SAPEUR-POMPIER**, contenant la description des machines en usage contre les incendies, l'ordre du service, les exercices pour la manœuvre des pompes, etc.; par M. Joly, capitaine; suivi de la description du tonneau hydraulique et de la pompe aspirante et foulante; par M. Launay. Un vol. avec pl. *Troisième* édition.   2 fr. 50 c.

MANUEL DU SAVONNIER, ou l'Art de faire toutes sortes de savons; par une réunion de fabricans, et rédigé par mad. Gacon-Dufour et un professeur de chimie. Un vol. 3 fr.

— **DU SERRURIER**, ou Traité complet et simplifié de cet art, d'après les notes fournies par plusieurs Serruriers distingués de la capitale, et rédigé par M. le comte de Grandpré, *Seconde édition*. Un vol. orné de pl. 3 fr.

— **DU SOMMELIER**, ou Instruction pratique sur la manière de soigner les vins, contenant la dégustation, la clarification, le collage et la fermentation secondaire des vins, les moyens de prévenir leur altération et de les rétablir lorsqu'ils sont dégénérés, de distinguer les vins purs des vins mélangés, frelatés ou artificiels, etc., etc., dédié à M. le comte Chaptal par M. Julien; quatrième édition, 1 vol. in 12, orné d'un grand nombre de figures. 4 fr.

— **DE STÉNOGRAPHIE**, ou l'Art de suivre la parole en écrivant par M. Hip. Prévost. Un volume, orné de planches. 1 fr. 75 c.

— **DU TAILLEUR D'HABITS**, ou Traité complet et simplifié de cet art, contenant la manière de tracer, couper, confectionner les vêtemens; précédé d'une Notice sur les outils du tailleur, sur les étoffes à employer pour les vêtemens d'homme, etc., ainsi que les uniformes de tous les corps de l'armée; par M. Vandael, tailleur au Palais-Royal. Un vol. orné d'un grand nombre de fig. 1 fr. 50 c.

— **COMPLET DES SORCIERS**, ou la Magie blanche dévoilée par les découvertes de la chimie, de la physique et de la mécanique; les scènes de ventriloquie, etc., exécutées et communiquées par M. Comte, physicien du Roi, et par M. J. Fontenelle. *Deuxième édition*. Un gros vol. orné de pl. 3 fr.

— **DU TANNEUR, DU CORROYEUR, DE L'HONGROYEUR ET DU BOYAUDIER**, contenant les procédés les plus nouveaux, toutes les découvertes faites jusqu'à ce jour relativement à la préparation et à l'amélioration des cuirs, et généralement toutes les connaissances nécessaires à ceux qui veulent pratiquer ces arts. *Seconde édition*, revue par M. Julia de Fontenelle. Un vol. orné de pl. 3 fr. 50 c.

— **DU TAPISSIER, DÉCORATEUR ET MARCHAND DE MEUBLES**, contenant les principes de l'Art du tapissier, les instructions nécessaires pour choisir et employer les matières premières, décorer et meubler les appartemens, etc.; par M. Gannier Audiger. Un vol. orné de fig. 1 fr. 50 c.

— **COMPLET DU TENEUR DE LIVRES**, ou l'Art de tenir les livres en peu de leçons, par des moyens prompts et faciles; les diverses manières d'établir les comptes courans avec ou sans nombres rouges; de calculer les époques communes, les intérêts, les escomptes, etc., etc.; ouvrage à l'aide duquel on peut apprendre sans maître; par M. Tanmary, professeur. *Deuxième édition*. Un gros vol. 3 fr.

— **DU TEINTURIER**, comprenant l'Art de teindre la laine, le coton, la soie, le fil, etc., ainsi que tout ce qui concerne l'Art du teinturier dégraisseur, etc., etc.; par M. Véronaud. *Troisième édition*. Un gros vol. orné de figures. 3 fr.

— **DU TOISEUR EN BATIMENS**, ou Traité complet de l'art de toiser tous les ouvrages de bâtiment, mise à la portée de tout le monde: ouvrage indispensable aux architectes, ingénieurs, experts, vérificateurs, propriétaires, etc., à l'usage de toutes les personnes qui s'occupent de la construction ou qui font bâtir; par M. Lebrun, Première partie, *Terrasse et Maçonnerie*. Un vol. orné de fig. 1 fr. 50 c.

— Deuxième partie, contenant la menuiserie, sa peinture, la teinture, la vitrerie, la dorure, la charpente, la serrurerie, la couverture, la plomberie, la marbrerie, le carrelage, le pavage, la poêlerie, la fumisterie, le grillage et le treillage. Un vol. 1 fr. 50 c.

— **DU TRAVAIL DES MÉTAUX**, fer et acier manufacturés; traduit de l'anglais par M. Vergnaud, capitaine d'artillerie. 2 vol. ornés de planches. 6 fr.

— **DU TOURNEUR**, ou Traité complet et simplifié de cet art, d'après les

fournis par plusieurs Tourneurs de la capitale ; rédigé par M. Des-
Deuxième édition. Deux vol. ornés de pl. 6 fr.

EL DE TYPOGRAPHIE, IMPRIMERIE, contenant les principes
théoriques et pratiques de l'imprimeur-typographe ; par M. Fart. 2 vol. ornés
d'un grand nombre de planches. 5 fr.

— DU VERRIER ET DU FABRICANT DE GLACES , cristaux, pierres
précieuses, factices, verres colorés, yeux artificiels, etc. ; par M. Julia
Fontenelle. Un gros vol. orné de pl. 5 fr.

— DU VÉTÉRINAIRE, contenant la connaissance générale des chevaux ,
la manière de les élever, de les dresser et de les conduire, la description de
leurs maladies , et les meilleurs modes de traitement, des préceptes sur la fer-
rure, suivi de L'Art de l'équitation ; par M. Lebkaud. *Troisième édition.* Un
vol. 3 fr.

— DU VIGNERON FRANÇAIS, ou l'Art de cultiver la vigne , de faire
les vins, eaux-de-vie et vinaigres, contenant les différentes espèces et variétés
de la vigne, ses maladies et les moyens de les prévenir ; les meilleurs procédés
pour gouverner perfectionner et conserver les vins , les eaux-de-vie et vinaigres,
ainsi que la manière de faire avec ces substances toutes les liqueurs , de gouverner une cave, mettre en bouteilles, etc. , etc. ; enfin de profiter avec avantage
de tout ce qui nous vient de la vigne ; suivi d'un coup d'œil sur les maladies particulières aux vignerons ; par M. Thibaud de Bernaud. Un gros vol. orné de
pl. *Quatrième édition.* 3 fr.

— DU VINAIGRIER ET DU MOUTARDIER, suivi de nouvelles Recherches sur la fermentation vineuse, présenté à l'Académie royale des sciences ; par M. Julia Fontenelle. Un vol. 3 fr.

—DU VOYAGEUR DANS PARIS, ou Nouveau Guide de l'étranger dans
cette capitale, soit pour la visiter ou s'y établir ; contenant la description historique, géographique et statistique ce Paris, son tableau politique, sa description intérieure, tout ce qui concerne Paris, les besoins, les habitudes de la
vie, les amusemens, etc. ; etc., orné de plans et de planches représentant ses
monumens : par M. Lebaun. Un gros vol. 3 fr. 50 c.

— DU ZOOPHILE, ou l'Art d'élever et de soigner les animaux domestiques ; par un propriétaire cultivateur, et rédigé par madame Celnart. Un
vol. 2 fr. 50 c.

OUVRAGES SOUS PRESSE :

MANUEL DU BIBLIOPHILE ET DE L'AMATEUR DE LIVRES,
par M. F. Denis

— DE CHRONOLOGIE.
— DU FABRICANT DE SOIE.
— DU FACTEUR D'ORGUES.
— DU FILATEUR EN GÉNÉRAL ET DU TISSERAND, 2 vol.
— DE GÉOLOGIE.
— DE MYTHOLOGIE.
— DU LAYETIER ET DE L'EMBALLEUR.
— DE MUSIQUE VOCALE ET INSTRUMENTALE, par M. Choron.
— DU TONNELIER BOISSELIER.
— DE L'AMATEUR DES ROSES.
— D'HISTOIRE UNIVERSELLE.
— DU NOTARIAT.
— DE L'INGÉNIEUR EN INSTRUMENS DE PHYSIQUE, chimie,
optique et mathématique.
— DU FABRICANT D'INSTRUMENS DE CHIRURGIE.
— DU TREILLAGEUR.
— DE LA COUPE DES PIERRES.

Belle Edition, format in - 8°.

SUITES A BUFFON,

Formant, avec les Œuvres de cet auteur, un Cours complet
d'Histoire naturelle embrassant les trois règnes de la
nature.

Les noms des auteurs indiqués ci-après seront pour le public une garanti
certaine de la conscience et du talent apportés à la rédaction des différens
tra tés

MESSIEURS,

AUDINET-SERVILLE, ex-président de la société entomologique, membre de
plusieurs sociétés savantes, nationales et étrangères, un des collaborateurs de
l'Encyclopédie, auteur de plusieurs mémoires sur l'entomologie, etc.(Orthoptères,
Névroptères et Hémiptères.)

AUDOUIN, professeur-administrateur du Muséum, membre de plusieurs sociétés savantes, nationales et étrangères. (Annélides.)

BIBRON, aide-naturaliste au Muséum. (Collaborateur de M. Duméril, pour les
Reptiles.)

BOISDUVAL, membre de plusieurs sociétés savantes nationales et étrangères,
collaborateur de M. le comte Dejean, auteur de l'Entomologie de l'Astrolabe,
de l'Icones des Lépidoptères d'Europe, de la Faune de Madagascar, etc., etc.
(Lépidoptères.)

DE BLAINVILLE, membre de l'Institut, professeur-administrateur du Muséum d'histoire naturelle, professeur à la faculté des Sciences, etc. (Mollusques.)

DE BREBISSON, membre de plusieurs sociétés savantes, auteur des Mousses
et de la Flore de Normandie. (Plantes Cryptogames).

A. DE CANDOLLE, de Genève. (Botanique.)

CUVIER (Fr.), membre de l'Institut. (Cétards.)

M. DEJEAN (comte), lieutenant-général, pair de France. (Coléoptères).

DESMAREST, membre correspondant de l'Institut, professeur de Zoologie à
l'école vétérinaire d'Alfort. (Poissons.)

DUMERIL, membre de l'Institut, professeur-administrateur du Muséum d'His
toire naturelle, professeur à l'Ecole de Médecine, etc. (Reptiles.)

LACORDAIRE, naturaliste-voyageur, membre de la société Entomologique,
auteur de divers mémoires sur l'entomologie, etc. (Introduction à l'Entomologie.)

LESSON, membre correspondant de l'Institut, professeur à Rochefort, naturaliste de l'expédition de la Coquille, auteur d'une foule d'ouvrages sur la
Zoologie, etc., etc. (Zoophytes et vers.)

MACQUART, directeur du Muséum de Lille, auteur des Diptères du nord de la
France, etc., etc. (Diptères.)

MILNE-EDWARS, professeur d'Histoire naturelle, membre de diverses Sociétés savantes, auteur de plusieurs travaux sur les crustacés, les insectes,
etc., etc. (Crustacés.)

LE PELETIER DE SAINT-FARGEAU, président de la Société entomologique,
un des collaborateurs de l'Encyclopédie, auteur de la Monographie des Ten-
thrédines, etc., etc. (Hyménoptères.)

2*

SPACH, aide-naturaliste au Muséum. (*Plantes phanérogames.*)
WALCKENAER, membre de l'Institut, auteur de plusieurs travaux sur les arachnides, etc., etc. (*Arachnides et Insectes aptères*).

CONDITIONS DE LA SOUSCRIPTION.

Les *Suites à Buffon* formeront 45 volumes in-8, environ, imprimés avec le plus grand soin et sur beau papier : ce nombre paraît suffisant peut donner à cet ensemble toute l'étendue convenable ; ainsi qu'il a été dit précédemment, chaque auteur s'occupant depuis long-temps de la partie qui lui est confiée, l'éditeur sera à même de publier en peu de temps la totalité des traités dont se compose cette utile collection.

À partir de janvier 1834, il paraîtra au moins tous les mois un volume in-8, accompagné de livraisons d'environ 10 planches noires ou coloriées.

Prix du texte, chaque volume (1)   5 fr. 50 c.

Prix de chaque livraison { noire   5
{ coloriée   6

Nota. *Les personnes qui souscriront pour des parties séparées paieront chaque volume 6 fr. 50 c.*

Cette collection rendra un très grand service en remplissant la lacune immense que Buffon à laissé dans les sciences naturelles, car les noms des collaborateurs des *Suites à Buffon* en garantissent d'avance le succès. En effet, il suffit de nommer MM. de Blainville, de Candolle, Fr. Cuvier, le comte Déjean, Desmarest, Duméril, Lesson, Walckenaer, etc., pour être certain de travaux extraordinaires et consciencieux dont sera dotée cette collection unique, qui sera indispensable à tous les possesseurs des œuvres de Buffon, quelle qu'en soit l'édition.

Ouvrages complets déjà parus.

INTRODUCTION A LA BOTANIQUE, ou Traité élémentaire de cette science ; contenant l'Organographie, la Physiologie, la Méthodologie, la Géographie des plantes, un aperçu des fossiles végétaux, de la Botanique médicale et de l'Histoire de la Botanique, par M. Alph. de Candolle, professeur à l'académie de Genève, 2 vol. in-8° et atlas. (Ouvrage terminé) Prix : 18 fr.

HISTOIRE NATURELLE DES INSECTES DIPTÈRES, par M. Macquart, directeur du muséum de Lille, membre d'un grand nombre de Sociétés savantes, avec deux livraisons de planches, 2 gros volumes, prix : 19 fr. figures noires, et 25 fr., figures coloriées.

Ouvrages en publication.

HISTOIRE NATURELLE DES VÉGÉTAUX PHANÉROGAMES, par M. F. Spach, aide naturaliste au muséum, membre de ●●●●● des sciences naturelles de France, et correspondant de la société de ●●●●●●● médicale de Londres ; tomes 1 à 4, avec six livraisons de planches. Prix de chaque volume, 6 f. 50 c.

HISTOIRE NATURELLE DES CRUSTACÉS, comprenant l'anatomie, la physiologie et la classification de ces animaux, par M. Milne Edwars, professeur d'histoire naturelle : tome premier, avec une livraison de planches. Prix du volume, 6 fr. 50. L'ouvrage sera complété par le second volume, qui paraîtra bientôt.

HISTOIRE NATURELLE DES RÉPTILES, par M. Duméril, membre de l'Institut, professeur à la Faculté de médecine, professeur-administrateur au muséum d'histoire naturelle, et M. Bibron, aide naturaliste au muséum d'histoire naturelle ; tome 1 et 2, avec deux livraisons de planches. Prix de chaque volume ; 6 f. 50 c.

HISTOIRE NATURELLE DES INSECTES, introduction à l'Entomolo-

(1) L'Éditeur ayant à payer pour cette collection des honoraires aux auteurs, le prix des volumes ne peut être comparé à celui des réimpressions d'ouvrages appartenant au domaine public et exempts de droits d'auteur, tels que Buffon, Voltaire, etc., etc.

gie, comprenant les principes généraux de l'anatomie et de la physiologie des insectes, des détails sur leurs mœurs, et un résumé des principaux systèmes de classification proposés jusqu'à ce jour pour ces animaux ; par Lacordaire, membre de la société entomologique de France, etc. Tome premier, avec une livraison de planches. Prix du volume, 6 fr. 50 c. Le tome second et dernier de cet ouvrage paraîtra bientôt.

Volumes sous presse et qui paraîtront sous peu.

Tome premier des Lépidoptères, par M. Boisduval.
Cétacés, 1 volume, par M. F. Cuvier.

SUITES A BUFFON,

FORMAT IN-18,

Formant, avec les Œuvres de cet auteur, un Cours complet d'Histoire naturelle, contenant les trois règnes de la nature ; par MM. Bosc, Brongniart, Bloch, Castel, Guérin, de Lamarck, Latreille, de Mirbel, Patrin, Sonnini et de Tigny, la plupart Membres de l'Institut et Professeurs au Jardin du Roi.

Cette collection, primitivement publiée par les soins de M. Détérville, et qui est devenue la propriété de M. Boret, ne peut être donnée par d'autres éditeurs, n'étant pas, comme les Œuvres de Buffon, dans le domaine public.

Les personnes qui auraient les suites de Lacépède, contenant seulement les Poissons et les Reptiles, auront la liberté de ne pas les prendre dans cette Collection.

Cette Collection forme 54 volumes, ornés d'environ 600 planches dessinées d'après nature par Desève, et précieusement terminées au burin. Elle se compose des ouvrages suivans :

HISTOIRE NATURELLE DES INSECTES, composée d'après Réaumur, Geoffroy, Degeer, Roesel, Linnée, Fabricius, et les meilleurs ouvrages qui ont paru sur cette partie, rédigée suivant les méthodes d'Olivier et de Latreille, avec des notes, plusieurs observations nouvelles et des figures dessinées d'après nature ; par F.-M.-G. de Tigny et Brongniart, pour les généralités. Edition ornée de beaucoup de figures, augmentée et mise au niveau des connaissances actuelles, par M. Guérin, 10 vol. ornés de planches, figures noires.
23 fr. 40 c.

Le même ouvrage, figures coloriées. 39 fr.

— NATURELLE DES VÉGÉTAUX, classés par familles, avec la citation de la classe et de l'ordre de Linnée, et l'indication de l'usage qu'on peut faire des plantes dans les arts, le commerce, l'agriculture, le jardinage, la médecine, etc. des figures dessinées d'après nature, et un *Genera* complet selon le système de Linnée, avec des renvois aux familles naturelles de Jussieu ; par J.-B Lamarck membre de l'Institut, professeur au Muséum d'Histoire naturelle, et par C.-F. B. Mirbel, membre de l'Académie des Sciences, professeur de botanique. Edition ornée de 120 planches représentant plus de 1600 sujets. 15 vol., ornés de planches, figures noires. 30 fr. 90 c.

Le même ouvrage, figures coloriées 46 fr. 50 c.

HISTOIRE NATURELLE DES COQUILLES, contenant leur description, leurs mœurs et leurs usages ; par M. Bosc, membre de l'Institut. 5 vol. ornés de planches figures noires. 10 fr 65

Le même ouvrage, figures colorié 16 fr. 50 c

— NATURELLE DES VERS, prenant leur description, leurs mœurs

leurs usages; par M. Bosc. 5 vol., ornés de planches, figures noires 8 fr. 60 c.
Le même ouvrage, figures coloriées. 10 fr. 50 c.
HISTOIRE NATURELLE DES CRUSTACÉS, contenant leur descrip-
tion, leurs mœurs et leurs usages ; par M. Bosc. 2 vol., ornés de planches, fig.
noires. 4 fr. 75 c.
Le même ouvrage, figures coloriées. 8 fr.
— NATURELLE DES MINÉRAUX, par M. E.-M. Patrin, membre
de l'Institut. Ouvrage orné de 40 planches, représentant un grand nombre
de sujets dessinés d'après nature. 5 vol. ornés de planches, figures noires.
10 fr. 50 c.
Le même ouvrage, figures coloriées. 15 fr 50 c.
— NATURELLE DES POISSONS, avec des fig. dessinées d'après nature,
par Bloch; ouvrage classé par ordres, genres et espèces, d'après le système de
Linnée, avec les caractères génériques, par René-Richard Castel. Edition ornée de 160 planches représentant 600 espèces de poissons (10 vol.). 30 fr
Avec fig. coloriées. 45 fr.
— NATURELLE DES REPTILES, avec figures dessinées d'après nature ; par Sonnini, homme-de-lettres et naturaliste, et Latreille, membre de
l'Institut. Edition ornée de 54 planches, représentant environ 150 espèces différentes de serpens, vipères, couleuvres, lézards, grenouilles, tortues, etc. 4 vol.
ornés de planches, figures noires. 9 fr. 85 c.
Le même ouvrage, figures coloriées. 17 fr.
Cette collection de 54 vol. a été annoncée en 108 demi vol., on les envei a
brochés de cette manière aux personnes qui en feront la demande.

Tous les ouvrages ci-dessus sont en vente.

SOUSCRIPTIONS.

Troisième série.

NOUVELLES ANNALES
DU MUSÉUM D'HISTOIRE NATURELLE.

RECUEIL DE MÉMOIRES de MM. les professeurs-administrateurs de cet
établissement et autres naturalistes célèbres, sur les branches des sciences naturelles et chimiques qui y sont enseignées.
L'année 1832, première de la troisième série, forme un vol. in-4° du prix de
30 francs.
MM. les Souscripteurs sont invités à renouveler promptement leur abonn-
ment pour 1835, *le premier cahier devant bientôt paraître.*
Le prix est toujours de 30 fr. pour Paris, et de 33 fr., franc de port, pour l
départemens.
Quatre cahiers composent l'année ; ils paraissent régulièrement tous les trois
mois, et forment à la fin de l'année un vol. in-4° d'environ 60 feuilles, orné d
20 planches au moins. L'on souscrit chez Roret, rue Hautefeuille, n° 10 bis.
Ce recueil sera plus particulièrement consacré à la description des objets
inédits ou peu connus, conservés dans ce Musée : il intéressera ainsi, par la
variété des Mémoires ou des observations qu'il offrira, les personnes qui font
une étude spéciale des diverses productions de la nature, soit vivantes, soit
fossiles : l'anatomie comparée, la physiologie animale et végétale, et la chimie,
compléteront ces connaissances par le secours de leurs lumières.
REVUE ENTOMOLOGIQUE; par M. Gustave Silbermann, journal pa

raissant tous les mois par cahier d'au moins trois feuilles, formant avec les planches deux volumes à la fin de l'année

Prix de l'abonnement pour l'année, *france.* 36 fr.

ÉNUMÉRATION DES ENTOMOLOGISTES VIVANS, suivie de notes sur les collections entomologistes des musées d'Europe, etc., avec une table des résidences des entomologistes, par Silbermann, in-8. 3 fr.

JOURNAL D'AGRICULTURE PRATIQUE ET D'ÉDUCATION AGRICOLE, Troisième année. 6 fr.

Les précédentes années, à 6 fr.

ICONOGRAPHIE ET HISTOIRE DES LÉPIDOPTÈRES ET DES CHENILLES DE L'AMÉRIQUE SEPTENTRIONALE; par le docteur BOISDUVAL et par le major JOHN LECONTE de New-York.

Cet ouvrage, dont il n'avait paru que huit livraisons, et interrompu par suite de la révolution de 1830, va être continué avec rapidité. Les livraisons 1 à 22 sont en vente, et les suivantes paraîtront à des intervalles très rapprochés.

L'ouvrage comprendra environ quarante livraisons. Chaque livraison contient trois planches coloriées, et le texte correspondant. Prix pour les souscripteurs, francs la livraison.

ICONES HISTORIQUE
DES LÉPIDOPTRÉÈS

NOUVEAUX OU PEU CONNUS.

Collection, avec figures coloriées, des Papillons d'Europe nouvellement découverts; ouvrage formant le complément de tous les auteurs iconographes, par le docteur BOISDUVAL.

Cet ouvrage se composera d'environ 40 *livraisons* grand in-8°, comprenant chacune deux planches coloriées et le texte correspondant. Prix : 3 fr. *la livraison* sur papier vélin, et franche de port, 3 fr. 25 c.

Comme il est probable que l'on découvrira encore des espèces nouvelles dans les contrées de l'Europe qui n'ont pas été bien explorées, l'on aura soin de publier chaque année *une* ou *deux* livraisons, pour tenir les souscripteurs au courant des nouvelles découvertes. Ce sera en même temps un moyen très avantageux et très prompt pour MM. les entomologistes qui auront trouvé un Lépidoptère nouveau, de pouvoir le publier les premiers. C'est-à-dire que, si après avoir subi un examen nécessaire, leur espèce est réellement nouvelle, leur description sera imprimée textuellement; ils pourront même en faire tirer quelques exemplaires à part. — *Trente-quatre livraisons ont déjà paru.*

COLLECTION

ICONOGRAPHIQUE ET HISTORIQUE

DES CHENILLES,

Ou Description et Figures des Chenilles d'Europe, avec l'histoire de leurs métamorphoses, et des applications à l'agriculture, par MM. BOISDUVAL, RAMBUR et GRASLIN.

Cette collection se composera d'environ 60 livraisons format grand in-8°, et chaque livraison comprendra *trois planches coloriées* et le texte correspondant.

Le prix de chaque livraison sera de 3 fr. sur papier vélin, et franche de port 3 fr. 25 c. — *Trente-quatre livraisons ont déjà paru.*

Les dessins des espèces qui habitent les environs de Paris, comme aussi ceux des chenilles que l'on a envoyées vivantes à l'auteur, ont été exécutés par M. Dumesnil, avec autant de précision que de talent. Il continuera à dessiner

...pelles que l'on pourra se procurer en nature. Quant aux espèces propres
à l'Allemagne, la Russie, la Hongrie, etc., elles seront peintes par les artistes
les plus distingués de ces pays, et M. Dumesnil en dirigera la gravure et le colo-
ris avec le même soin que pour l'*Iconès*.

Le texte sera imprimé sans pagination; chaque espèce aura une page séparée,
afin l'on pourra classer comme on voudra. Au commencement de chaque
page se trouvera le même numéro qu'à la figure qui s'y rapportera, et en tête
le nom de la tribu, comme en tête de la planche.

Ces deux ouvrages, de beaucoup supérieurs à tout ce qui a paru jusqu'à présent, formeront un supplément et une suite indispensables aux ouvrages des
Hubner, de Godard, etc. Tout ce que nous pouvons dire en faveur de ces deux
ouvrages remarquables peut se réduire à cette expression employée par M. D
rand dans le cinquième volume de son *Species* : M. Boisduval est de tous o
entomologistes celui qui connaît le mieux les Lépidoptères.

FAUNE DE L'OCÉANIE; par le docteur Boisduval. Un gros vol in 8.
imprimé sur grand papier vélin   14 fr.

ENTOMOLOGIE de Madagascar, Bourbon et Maurice. — *Lépidoptères*
par le docteur Boisduval; avec des notes sur les métamorphoses, par
M. Sganzin.

Huit livraisons, renfermant chacune 2 pl. coloriées, avec le texte correspondant, sur papier vélin.   32 r.

CATALOGUE DES LÉPIDOPTÈRES DU DÉPARTEMENT DU VAR,
par M. Cantener.   2 fi.

SYNONYMIA INSECTORUM. — CURCULIONIDES; ouvrage com
prenant la synonymie et la description de tous les Curculionites connus; par
M. Schœnherr. 4 vol in-8. (Ouvrage latin.) Chaque partie,   9 fr.

Le premier et le second volume, contenant deux parties chaque, sont en
vente.

En attendant que l'éditeur satisfasse l'impatience des naturalistes en leur li-
vrant le grand ouvrage du célèbre entomologiste Schœnherr qui renferm ra
la synonymie et la description méthodique de près de trois mille espèces de
Charançons et dont l'impression n'est pas encore achevée, il vient de recevoir
de Suède et de mettre en vente le petit nombre d'exemplaires restant de la
Synonymia insectorum du même auteur. Chacun des trois volumes qui composent
ce dernier ouvrage est accompagné de planches coloriées, dans lesquelles
l'auteur a fait représenter des espèces nouvelles. Un demi volume, consacré à
des descriptions d'espèces inédites, est annexé au troisième tome sous forme
d'*Appendix*. Le prix de ces trois volumes et demi est de 30 fr. pris à Paris.

HERBARII TIMORENSIS DESCRIPTIO, cum tabulis 6 æneis auctore
. Decaisne, in-4.   15 fr.

INSECTA SUECICA, par M. Gyllenhal. Tomes 1 à 3.   33 fr.

FAUNA INSECTORUM LAPPONICA, par M. Zetterstedt, tomes 1 et 2.

VOYAGE

DE DÉCOUVERTES

AUTOUR DU MONDE,

Et à la recherche de La Peyrouse, par M. J. Dumont d'Urville, capitaine de
vaisseau, exécuté sous son commandement et par ordre du gouvernement,
sur la corvette *l'Astrolabe*, pendant les années 1826, 1827, 1828 et 1829.
— Histoire du Voyage, 5 gros volumes in-8°, avec des vignettes en bois,
dessinées par MM. de Sainson et Tony Johannot, gravées par Porret, accompagnés d'un atlas contenant planches ou cartes grand in folio.   60 fr.

Ce Voyage, exécuté par ordre du gouvernement en 1826, 1827, 1828 et
1829, sous le commandement de M. Dumont d'Urville et rédigé par lui, [...]

rien de commun avec le VOYAGE PITTORESQUE qui se publie sous sa direction.

Approuvé D'Ougler.

L'ART DE CRÉER LES JARDINS, contenant, les préceptes généraux de cet art : leur application développée sur des vues perspectives, coupe et élévations, par des exemples choisis dans les jardins les plus célèbres de France et d'Angleterre : et le tracé pratique de toutes espèces de jardins. Par M. N. Vergnaud, architecte, à Paris.

L'ouvrage, imprimé sur format in-fol., est orné de lithographies dessinées par nos meilleurs artistes et imprimées par MM. Thierry frères.

Il forme 6 livraisons de 4 planches chacune avec plusieurs feuilles de texte. Chaque livraison est du prix de 12 francs sur papier blanc.

   —   15 id.   id.   Chine.

      24 id. coloriée.

NOUVEL ATLAS NATIONAL

DE LA FRANCE,

Par départemens, divisés en arrondissemens et cantons, avec le tracé des routes royales et départementales ; des canaux, rivières, cours d'eau navigables ; des chemins de fer construits et projetés : indiquant par des signes particuliers les relais de poste aux chevaux et aux lettres, et donnant un precis statistique sur chaque département, dressé à l'échelle de un trois cent cinquante millièmes ; par CHARLE, géographe, attaché au dépôt général de la guerre, membre de la Société de géographie : avec des augmentations, par DARMET, chargé des travaux topographiques au ministère des affaires étrangères et GRANBER, au dépôt des ponts-et-chaussées, chargé des dernières rectifications et des cartes particulières des Colonies françaises qui devront paraître en 1835 ; imprimé sur format in-folio, grand raisin des Vosges, de 25 pouces en largeur, et de 17 pouces en hauteur.

Chaque département se vend séparément.

Le Nouvel Atlas national se compose de 80 planches (à cause de l'uniformité des échelles, sept feuilles contiennent deux départemens).

PRIX :

Chaque carte séparée, en noir.	1 fr.	40 c.
Idem, coloriée.	»	60
L'Atlas complet, avec titre et table, noir, .	32	»
Idem, colorié	48	»
Idem, cartonné, en plus.	6	»

FAUNA JAPONICA, sive descriptio animalium, quæ in itinere per Japoniam, jussu et auspiciis superiorum, qui summum in India Batava imperium tenent, suscepto, annis 1825-1830, collegit, notis, observationibus et adumbrationibus illustravit ; Ph. Fr. de Siebold. Prix de chaque livraison, 16 francs. L'ouvrage aura 25 livraisons.

OUVRAGES DIVERS.

ABUS (des) EN MATIÈRE ECCLÉSIASTIQUE ; par M. BOYARD. 1 vol. in 8°.   2 fr. 50 c.

ANNUAIRE DU BON JARDINIER ET DE L'AGRONOME, renfermant la description et la culture de toutes les plantes utiles ou d'agrément qui ont paru pour la première fois.

Les années 1826, 27, 28, coûtent 1 fr. 50 c. chaque.

Les années 1829 et 1830, 3 fr. chaque.

ART DE COMPOSER ET DÉCORER LES JARDINS, ouvrage entièrement neuf, par M. BOITARD, accompagné d'un Atlas contenant 120 planches, gravées par l'auteur. Deux vol. oblongs. 15 fr.

ART DE CULTIVER LES JARDINS, ou ANNUAIRE DU BON JARDINIER ET DE L'AGRONOME, renfermant un calendrier indiquant mois par mois tous les travaux à faire tant en jardinage qu'en agriculture; les principes généraux de jardinage, tels que connaissances et compositions des terres, multiplication des plantes par semis, marcottes, boutures, greffes etc.; la culture et la description de toutes les espèces et variétés d'arbres fruitiers et de plantes potagères, ainsi que toutes les espèces et variétés de plantes utiles ou d'agrément; par un Jardinier agronome. 1 gros volume in-18. 1835. Ouvrage orné de figures. 3 fr. 50 c.

Les années 1831 et 1832, 1833 et 1834, 3 fr. 50 c. chaque.

LES ANIMAUX CÉLÈBRES, anecdotes historiques sur les traits d'intelligence, d'adresse, de courage, de bonté, d'attachement, de reconnaissance, etc., des animaux de toute espèce, ornés de gravures; par A. ANTOINE. 2 vol. in-12. 5 fr.

ARITHMÉTIQUE DES DEMOISELLES, ou Cours élémentaire d'arithmétique, en 12 leçons; par M. VANTENAC. 1 vol. 2 fr. 50 c.
Cahier de questions pour le même ouvrage, 50 c.

ART DE BRODER, ou Recueil de modèles coloriés analogues aux différentes parties de cet art, à l'usage des demoiselles; par Augustin LEGRAND. 1 vol. oblong. 7 fr.

ART (l') DE CONSERVER ET D'AUGMENTER LA BEAUTÉ, de corriger et déguiser les imperfections de la nature; par LAMI. 2 jolis vol. in-18, ornés de gravures. 5 fr.

BARÊME (le) PORTATIF DES ENTREPRENEURS EN CONSTRUCTIONS ET DES OUVRIERS EN BATIMENT; par M. BARBIER. 1 vol. in-24. 60 c.

BEAUTÉS (les) DE LA NATURE, ou Description des arbres, plantes, cataractes, fontaines, volcans, montagnes, mines, etc., les plus extraordinaires et les plus admirables qui se trouvent dans les quatre parties du monde; par ANTOINE. 1 vol., orné de six gravures. 2 fr. 50 c.

BOTANIQUE (la) DE J.-J. ROUSSEAU, contenant tout ce qu'il a écrit sur cette science, augmentée de l'exposition de la méthode de Tournefort et de Linnée, suivie d'un Dictionnaire de botanique et de notes historiques; par M. DEVILLE. 2e édition. 1 gros vol., orné de 8 planches. 4 fr.
Figures coloriées. 5 fr.

CORDON BLEU (le), NOUVELLE CUISINIÈRE BOURGEOISE, dirigée et mise en par ordre alphabétique; par mademoiselle MARGUERITE. Dixième édition, considérablement augmentée. 1 vol. in-18. 1 fr.

CHIENS (les) CÉLÈBRES. Troisième édition, augmentée de traits nouveaux et curieux sur l'instinct, les services, le courage, la reconnaissance et la fidélité de ces animaux; par M. FRÉVILLE. 1 gros volume in-12, orné de planche. 3 fr.

CHOIX (nouveau) D'ANECDOTES ANCIENNES ET MODERNES tirées des meilleurs auteurs, contenant les faits les plus intéressans de l'histoire en général, les exploits des héros, traits d'esprit, saillies ingénieuses, bons mots, etc., etc., suivi d'un précis sur la Révolution française; par M. BAILLY. Cinquième édition, revue, corrigée et augmentée par madame CENMART. 4 vol. in-18, ornés de jolies vignettes. 7 fr.

CHOIX (nouveau) DE CHANSONS ET DE POÉSIES LÉGÈRES; 3 jolis vol. in-32. 3 fr.

CODE DES MAITRES DE POSTE, DES ENTREPRENEURS DE DILIGENCES ET DE ROULAGE, ET DES VOITURIERS EN GÉNÉRAL PAR TERRE ET PAR EAU, ou Recueil général des Arrêts du

Conseil, Arrêts de règlement, Lois, Décrets, Arrêtés, Ordonnances du roi et autres actes de l'autorité publique, concernant les Maîtres de Poste, les Entrepreneurs de Diligences et Voitures publiques en général, les Entrepr., neurs et Commissionnaires de Roulage, les Maîtres de Coches et de Bateaux, etc. ; par M. LAROE, avocat à la Cour royale de Paris, 2 vol. in-8. 12 fr.

COURS D'ENTOMOLOGIE, ou de l'Histoire naturelle des crustacés, des arachnides, des myriapodes et des insectes, à l'usage des élèves de l'Ecole du Museum d'Histoire naturelle, par M. LATREILLE, professeur, membre de l'Institut, etc., etc. Première année, contenant le discours d'ouverture du cours. — Tableau de l'histoire de l'Entomologie. — Généralité de la classe des Crustacés et de celle des Arachnides, des Myriapodes et des Insectes. — Exposition méthodique des ordres, des familles, et des genres des trois premières classes. 1 gros vol. in-8, et un atlas composé de 24 planches. 15 fr.
La seconde et dernière année, complétant cet ouvrage, paraîtra bientôt.

DICTIONNAIRE BOTANIQUE ET PHARMACEUTIQUE, contenant les principales propriétés des minéraux, des végétaux et des animaux, avec les préparations de pharmacie, internes et externes, les plus usitées en médecine et en chirurgie, etc., par une société de médecins, de pharmaciens et de naturalistes. Ouvrage utile à toutes les classes de la société, orné de 17 grandes planches représentant 278 figures de plantes gravées avec le plus grand soin ; 3 édit. revue, corrigée et augmentée de beaucoup de préparations pharmaceutiques et de recettes nouvelles. 2 gros vol. in-8, fig. en noir 18 fr.
Le même, fig. coloriées d'après nature. 25 fr.
Cet ouvrage est spécialement destiné aux personnes qui, sans s'occuper de la médecine, aiment à secourir les malheureux.

DESCRIPTION DES MOEURS, USAGES ET COUTUMES de tous les peuples du monde, contenant une foule d'Anecdotes sur les sauvages d'Afrique, d'Amérique, les Anthropophages, Hottentots, Caraïbes, Patagons, etc., etc. *Seconde édition*, très augmentée. 2 volumes in-18, ornés de douze gravures. 5 fr.

LES DERNIERS MOMENS DE LA RÉVOLUTION DE POLOGNE EN 1831, depuis l'attaque de Varsovie, récit des événemens de l'époque, accompagné des Observations et des Notes historiques, par M. Jean-Népomucène JANOWSKI. In-8 2 fr. 50 c.

ÉPILEPSIE (de l') **EN GÉNÉRAL**, et particulièrement de celle qui est déterminée par des cause morales ; par M. DOUSSIN-DUBREUIL. 1 vol. in-8. *Deuxième édition.* 3 fr.

ESPAGNE (de l'), et de ses relations commerciales ; par F.-A. DE CH In-8°. 3 fr.

ÉTUDE ANALYTIQUE SUR LES DIVERSES ACCEPTIONS DES MOTS FRANÇAIS, par mademoiselle FAURE 1 vol in-12. 2 fr. 50 c.

ÉVÉNEMENS DE BRUXELLES ET AUTRES VILLES DU ROYAUME DES PAYS-BAS, depuis le 25 août 1830, précédés du Catéchisme du citoyen belge et de chants patriotiques. 1 vol in-18. 1 fr. 25

EXTRAIT D'UN DISCOURS SUR L'ORIGINE DU CLERGÉ, les progrès et la décadence du pouvoir temporel; par l'ancien archevêque de T.... Brochure in-8. 2 fr.

EXAMEN DU SALON DE 1827, avec cette épigraphe : *Rien n'est beau que le vrai.* 2 brochures in-8. 3 fr.

GALERIE DE RUBENS, dite du Luxembourg, faisant suite aux galeries de Florence et du Palais-Royal; par MM. MATHEI et CASTEL. Treize livraisons contenant 25 planches. 1 gros vol. in-fol. (Ouvrage terminé.)
Prix de chaque livraison, figures noires. 6 fr.
Avec figures coloriées. 10 fr.

GÉOMÉTRIE PERSPECTIVE, avec ses applications à la recherche des ombres, par G.-H. DUVOU colonel du génie, membre de la Légion-

3

Monneur, et secrétaire de la Société des Arts de Genève, in-8, avec un Atlas de 11 planches in-4. 6 fr.

GRAISSINET (M.), ou Qu'est-il donc? histoire comique, satirique et véridique, publiée par Doval. 4 vol. in-12. 10 fr

Ce roman, écrit dans le genre de ceux de Pigault, est un des plus amusans que nous ayons.

HISTOIRE DE POLOGNE, d'après les historiens polonais Naruszewicz, Albertrandy, Czacki, Lelewel, Bandtkie, Niemcewicz, Zielinski, Kollontay, Oginski, Chodzko, Prdczaszynski, Mochnacki, et autres écrivains nationaux. 2 vol. in-8. 7 fr.

HISTOIRE DES PROGRÈS DES SCIENCES NATURELLES, depuis 1789 jusqu'à ce jour, par M. le baron G. Cuvier. 4 vol. in-8. 18 fr.

HISTOIRE DES LÉGIONS POLONAISES EN ITALIE, sous le commandement du général Dombrowski, par Léonard Chodzko 2 vol. in-8. 17 fr.

INFLUENCE (de l') **DES ÉRUPTIONS ARTIFICIELLES DANS CERTAINES MALADIES**, par Jenner, auteur de la découverte de la vaccine. Brochure in 8 1 fr 50 c.

LETTRES SUR LES DANGERS DE L'ONANISME, et Conseils relatifs au traitement des maladies qui en résultent; ouvrage utile aux peres de famille et aux instituteurs; par M. Doussin-Dubreuil. 1 vol. in-12. Troisième édition. 1 fr. 50 c.

LETTRES SUR LA MINIATURE, par Mansion. 1 vol. in-12. 4 fr.

MANUEL DES JUSTICES DE PAIX, ou Traité des fonctions et des attributions des Juges de paix, des Greffiers et Huissiers attachés à leur tribunal, avec les formules et modèles de tous les actes qui dépendent de leur ministère; auquel on a joint un recueil chronologique des lois, des décrets, des ordonnances du roi, et des circulaires instructions officielles, depuis 1790, et un extrait des cinq Codes; contenant les dispositions relatives à la compétence des justices de paix; par M. Levasseur, ancien jurisconsulte. Nouvelle édition, entièrement refondue, par M. Rondonneau 1 gros volume in-8. 1833. 6 fr.

— **MUNICIPAL** (nouveau), ou Répertoire des Maires, Adjoints, Conseillers municipaux, Juges de paix, Commissaires de police, et des Citoyens français, dans leurs rapports avec l'administration, l'ordre judiciaire, les collèges électoraux, la garde nationale, l'armée, l'administration forestière, l'instruction publique et le clergé; contenant l'exposé complet du droit et des devoirs des Officiers municipaux et de leurs Administrés, selon la législation nouvelle; suivi d'un appendice dans lequel se trouvent les formules pour tous les actes de l'administration municipale, par M. Boyard, président à la Cour royale d'Orléans. 2 vol. in-8. 1834. 12 fr.

— **DE LITTÉRATURE A L'USAGE DES DEUX SEXES**, contenant un précis de rhétorique, un traité de la versification française, la définition de tous les différens genres de compositions en prose et en vers, avec des exemples tirés des prosateurs et des poetes les plus célèbres, et des préceptes sur l'art de lire à haute voix; par M. Viess. 5e. édition, revue par madame d'Hautpoul. 1 vol. in-18. 1 fr. 75 c.

MANUEL DES POIDS ET MESURES, des monnaies et du calcul décimal; par M. Tarbé des Sablons. Édition avec un supplément contenant les additions faites à l'édition in 18. 1 gros vol. in 8 3 fr. 50 c.

— **DES EXPERTS EN MATIÈRES CIVILES**, ou Traités, d'après les Codes civil, de procédure et de commerce 1° des experts, de leur choix, de leurs devoirs, de leurs rapports, de leur nomination, de leur nombre, de leur récusation, de leurs vacations, et des principaux cas où il y a lieu d'en nommer; 2° des biens et des differentes espèces de modifications de la propriété; 3° de l'usufruit, de l'usage et de l'habitation; 4° des servitudes et service cières; 5° des réparations locatives, de la garantie des défauts de la ab due, de la vérification des écritures, du faux incident civil, des même tivement aux indemnités auxquelles elles peuvent donner lieu entre les proprié taires de terrains et les concessionnaires, et de l'estimation ou fixation de la valeur des différentes espèces de biens, notamment de ceux qui sont expropriés pour cause d'utilité publique; 6° des bois taillis, des futaies et forêts, de leur séparation, délimitation et arpentage, le tout d'après les règles établies par le Code forestier.

Cet ouvrage, indispensable aux architectes, entrepreneurs, propriétaires fermiers, locataires experts et autres est terminé par des modèles de procès verbaux, ou rapports des principales opérations d'experts en matières contentieuses et non contentieuses, par M. Ch., ancien jurisconsulte, auteur du Manuel des arbitres. 6° édit.   6 fr.

MANUEL DES ARBITRES, ou Traité des principales connaissances nécessaires pour instruire et juger les affaires soumises aux décisions arbitrales, soit en matières civiles ou commerciales, contenant les principes, les lois nouvelles, les décisions intervenues depuis la publication de nos Codes, et les formules qui concernent l'arbitrage, ouvrage indispensable aux personnes qui consentent à être nommées arbitres ou qui sont attachées à l'ordre judiciaire, ainsi qu'aux notaires, négocians, propriétaires, etc.; par M. Ch., ancien jurisconsulte auteur du Manuel des Experts. Nouvelle édition.   3 f.

— COMPLET DU VOYAGEUR AUX ENVIRONS DE PARIS, ou Tableau actuel des environs de cette capitale. 1 gros vol. in-18, orné d'un grand nombre de vues et d'une carte très détaillée des environs de Paris; par M. DE PATY.   3 f.

— COMPLET DU VOYAGEUR DANS PARIS, ou nouveau Guide de l'étranger dans cette Capitale; par M. LEBRUN. 1 gros vol. in-18, orné d'un grand nombre de vues et de trois cartes.   3 fr. 50 c.

MÉMOIRES ET CORRESPONDANCE DE DUPLESSIS-MORNAY 12 vol. in-8   84 f.

MÉMOIRES SUR LA GUERRE DE 1809 **EN ALLEMAGNE,** avec les opérations particulières des corps d'Italie, de Pologne, de Saxe, de Naples et de Walcheren: par le général PELET, d'après son journal fort détaillé de la campagne d'Allemagne, ses reconnaissances et ses divers travaux, la correspondance de Napoléon avec le major-général, les maréchaux, les commandans en chef, etc.; accompagnés de pièces justificatives et inédites. 4 vol. in-8.   38 fr.

MÉTHODE COMPLÈTE DE CARSTAIRS, dite **AMÉRICAINE,** ou l'Art d'écrire en peu de leçons par des moyens prompts et faciles; traduit de l'anglais sur la dernière édition, par M. TRÉMERY, professeur. 1 vol. oblong, accompagné d'un grand nombre de modèles mis en français.   3 fr.

MINISTRE (le) DE WAKEFIELD. 2 vol. in-12. Nouvelle édition.   4 fr.

NOTES SUR LES PRISONS DE LA SUISSE et sur quelques unes du continent de l'Europe; moyens de les améliorer; par M. Fr. Cuningham; suivies de la description des prisons améliorées de Gand, Philadelphie, Ilchester et Milbank; par M. Buxton. In-8.   4 fr. 50.

NOSOGRAPHIE GÉNÉRALE ÉLÉMENTAIRE, ou Description et traitement rationnel de toutes les maladies; par M. SÉDILLOT-GENS, docteur de la Faculté de Paris. Nouvelle édition. 4 vol. in-8.   10 fr.

NOUVEAU COURS DE THÈMES pour les sixième, cinquième, quatrième, troisième et deuxième classes, à l'usage des collèges; par M. PLANCHE, professeur de rhétorique au collège royal de Bourbon, et M. CARPENTIER. Ouvrage recommandé pour les collèges par le Conseil royal de l'Université. Seconde édition, entièrement refondue et augmentée. 1 vol. in-12.   10 fr.

Les mêmes avec les corrigés à l'usage des maîtres, 10 vol.   13 fr. 50 c.

ŒUVRES POÉTIQUES DE BOILEAU. *Nouvelle édition*, accompagnée de Notes faites sur Boileau par les commentateurs ou littérateurs les plus distingués; par M. J. PLANCHE, professeur de rhétorique au collège royal de Bourbon, et M. NOEL, inspecteur-général de l'Université. 1 gros v. in-12. 1 fr. 50 c.
— DE KRASICKI, 1 vol. in-8, à deux colonnes. gr. papier vélin. 15 fr.

ORDONNANCE SUR L'EXERCICE ET LES MANŒUVRES D'INFANTERIE, du 4 mars 1831 (Ecole du soldat et de peloton). 1 vol. in-18, orné de figures. 75 c.

PENSÉES ET MAXIMES DE FÉNELON. 1 vol. in-18, portrait. 3 fr.
— DE J.-J. ROUSSEAU. 1 vol. in-18, portrait. 3 fr.
— DE VOLTAIRE. 1 volumes in-18, portrait. 3 fr.

PRÉCIS DE L'HISTOIRE DES TRIBUNAUX SECRETS DANS LE NORD DE L'ALLEMAGNE, par A. LOEVE VEIMARS. 1 vol. in-18. 1 fr. 25 c.

PRÉCIS HISTORIQUE SUR LES RÉVOLUTIONS DES ROYAUMES DE NAPLES ET DE PIEMONT EN 1820 ET 1821, suivi de documens authentiques sur ces évènemens; par M. le comte de D... *Deuxième édition.* 1 volume in-8. 4 fr. 30 c.

PRINCIPES DE PONCTUATION, fondés sur la nature du langage écrit, par M. FREY, ouvrage approuvé par l'Université. Un vol. in-12. 1 fr. 50 c.

PROCÈS DES EX-MINISTRES; Relation exacte et détaillée, contenant tous les débats et plaidoyers recueillis par les meilleurs sténographes. *Troisième édition.* 3 gros volumes in-18, ornés de quatre portraits gravés sur acier. 7 fr. 50 c.

ROMAN COMIQUE DE SCARON. 4 volumes in-12, figures. 8 fr.

RECUEIL GÉNÉRAL ET RAISONNÉ DE LA JURISPRUDENCE et des attributions des justices de paix, en toutes matières, civiles, criminelles, de police, de commerce, d'octroi, de douanes. de brevets d'invention, contentieuses et non contentieuses, etc. etc., par M. BIRET. Cet ouvrage honoré d'un accueil distingué par les magistrats et les jurisconsultes, vient d'être totalement refondu dans une troisième édition; c'est à présent une véritable encyclopédie où l'on trouve tout, absolument tout ce que l'on peut désirer sur ces matières. Toutes les questions de droit, de compétence, de procédure, y sont traitées, et des lacunes, des controverses très nombreuses y sont examinées et aplanies. *Troisième édition.* 1 forts volumes in-3. 1834. 14 fr.

SCIENCE (la) **ENSEIGNÉE PAR LES JEUX**, ou Théorie scientifique des jeux les plus usuels, accompagnée de recherches historiques sur leur origine, servant d'introduction à l'étude de la mécanique, de la physique, etc; imité de l'anglais par M. RICHARD, professeur de mathématiques. Ouvrage orné d'un grand nombre de vignettes gravées sur bois par M. GODARD fils. 2 jolis volumes in-18 7 fr.

STATISTIQUE DE LA SUISSE, par M. PICOT, de Genève. 1 gros vol. in-12 de plus de 600 pages. 7

SERMONS DU PÈRE L'ENFANT, PRÉDICATEUR DU ROI LOUIS XVI. 8 gros volumes in-12, ornés de son portrait. Deuxième édition. 20 fr.

SYNONYMES (nouveaux) FRANÇAIS, à l'usage des Demoiselles; par mademoiselle Favre. 1 volume in-12. 3 fr.

DE LA POUDRE LA PLUS CONVENABLE AUX ARMES A PISTON; par M. C.F. Vergnard aîné. 1 volume in-18. 75 c.

THÉORIE DU JUDAISME, par l'abbé Chiarini, 2 vol. in-8. 10 fr.

TABLEAU DE LA DISTRIBUTION MÉTHODIQUE DES ESPÈCES MINÉRALES suivie dans le cours de minéralogie fait au Muséum d'histoire naturelle en 1833, par M. Alexandre Brongniart, professeur. Broch. in-8. 2 fr.

VOYAGE MÉDICAL AUTOUR DU MONDE, exécuté sur la corvette du roi la Coquille, commandée par le capitaine Duperrey, pendant les années 1822, 1823, 1824 et 1825 ; suivi d'un mémoire sur les Races humaines répandues dans l'Océanie, la Malaisie et l'Australie ; par M. Lesson. 1 vol. in-8. 4 fr. 5 c.

OUVRAGES POUR COMPTE.

ABRÉGÉ D'HISTOIRE UNIVERSELLE, première partie, comprenant l'histoire des Juifs, des Assyriens, des Perses, des Egyptiens et des Grecs, jusqu'à la mort d'Alexandre-le-Grand, avec des tableaux de synchronismes; par M. Bourgon, professeur de l'académie de Besançon. Seconde édition. 1 vol 2 fr.

ABRÉGÉ D'HISTOIRE UNIVERSELLE, seconde partie, comprenant l'histoire des Romains depuis la fondation de Rome : par M. Bourgon, etc. 1 vol. in-12. 3 f. 50 c.

ABRÉGÉ DE L'HISTOIRE UNIVERSELLE, quatrième partie, comprenant l'Histoire des Gaulois, les Gallo-Romains, les Francs et les Français jusqu'à nos jours, avec des Tableaux de synchronismes; par M. J.-J. Bourgon. 2 volumes in-12. 6 fr.

ARABESQUES POPULAIRES, suivies de l'Album des murailles. Un vol in-18. 3 fr.

ALBUM TOPOGRAPHIQUE; par Perrot. 1 cahier oblong contenant six planches coloriées. 7 f

ALMANACH DU CULTIVATEUR, pour l'année bissextile 1836, deuxième année. 15 c.

ARITHMÉTIQUE ÉLÉMENTAIRE, THÉORIQUE ET PRATIQUE; par Jocanne. 1 vol. in-8. 2 f. 50 c.

ART DE LEVER LES PLANS, et nouveau Traité d'arpentage et de nivellement: par Mastaing, 1 vol. in-12. 4 f

ATLAS DE LESAGE. Nouvelle édition. In-fol. cartonné. 130 f.

ANALYSES DES SERMONS du P. Guyon, précédées de l'Histoire de la mission du Mans. 1 vol. in 12.

CARTE TOPOGRAPHIQUE DE SAINTE-HÉLÈNE, très bien gravée 1 f. 50 c.

CONGRÈS SCIENTIFIQUES DE FRANCE, première session, tenue à Caen en juillet 1833. Un vol. in-8. 4 f. 50 c.

CATALOGUE DES LÉPIDOPTÈRES DU DEPARTEMENT DU VAR ; par M. L.-P. Cantener. In 8. 2 fr.

CHIMIE APPLIQUÉE AUX ARTS; par Chaptal, membre de l'Institut. Nouvelle édition, avec les additions de M. Guillery. 5 livraisons en un seul gros vol. in-8. grand papier. 20 f.

CONSIDÉRATIONS SUR LES TROIS SYSTÈMES DE COMMU

3.

CATIONS INTERIEURES, au moyen des routes, des chemins de fer et des canaux; par M. Nadault, ingénieur des ponts-et-chaussées. 1 vol. in-4°.　6 f.

COUPE THÉORIQUE DES DIVERS TERRAINS, ROCHES ET MINÉRAUX QUI ENTRENT DANS LA COMPOSITION DU SOL DU BASSIN DE PARIS; par MM. Cuvier et Alexandre Brongniart. Une feuille in-fol.　1 fr. 5o c.

COURS D'ARITHMÉTIQUE ET D'ALGÈBRE, élémentaires, théoriques et pratiques, avec un supplément pour les aspirans à la marine; par Jodanno. 1 vol.　6 f.

ÉLECTIONS (des) SELON LA CHARTE ET LES LOIS DU ROYAUME, un Examen des droits, privileges et obligations attachés à la qualité d'électeur; par M. Boyard. 1 vol. in-8.　6 f.

ÉLÉMENS (nouveaux) DE LA GRAMMAIRE FRANÇAISE; par M. Fullers. 1 vol. in-12.　1 f. 15 c.

DES DROITS ET DES DEVOIRS DE LA MAGISTRATURE FRANÇAISE ET DU JURY, par M. Boyard, conseiller à la Cour Royale de Nancy. 1 vol. in-8.　6 f.

DESCRIPTION GÉOLOGIQUE DE LA PARTIE MERIDIONALE DE LA CHAÎNE DES VOSGES; par M. Rozet, capitaine au corps royal d'état-major. In-8, orné de planches et d'une jolie carte.　10 fr.

DESCRIPTION DES NOUVELLES MONTRES A SECONDES; par H. Robert. In-4 avec planches.　7 fr.

ESPRIT DU MÉMORIAL DE SAINTE-HÉLÈNE; par le comte de Las-Cases. 5 vol. in-12.　12 f.

ÉLÉMENS D'HISTOIRE NATURELLE, présentant dans une suite de tableaux synoptiques accompagnés de nombreuses figures, un précis complet de cette science; par C. Saucerotte, docteur en médecine de la faculté de Paris, membre correspondant de l'Académie royale de médecine et de plusieurs Sociétés savantes, auteur de divers ouvrages couronnés, professeur d'histoire naturelle, etc.

Cet ouvrage comprend trois parties, Minéralogie-Géologie, Botanique et Zoologie: il est accompagné d'un atlas de 35 pl. in-4, et terminé par une table étymologique des diverses branches de l'histoire naturelle.

Prix de l'ouvrage complet: 1 vol. in-4, de 56 feuilles d'impression, figures noires, 10 fr.; coloriées, 20 fr.

Chaque partie se vend séparément:

— Minéralogie-géologie, 2 édit., 1 vol. in-4, 5 planches, figures noires, 4 fr. coloriées, 8 fr.

— Botanique, 2 édit., 1 vol. in-4, 14 planches, figures noires, 3 fr. 50 c.; coloriées, 7 fr.

— Zoologie, 2 édit., 1 vol. in-4, 15 pl, fig. noires, 4 fr.; coloriées, 8 fr.

— Précis de géologie, 1 vol. in-4 avec 2 planches, 2 fr.

FONCTIONS (les) DE LA PEAU, et des Maladies graves qui résultent de leur dérangement; par M. Doussin-Dubreuil. 1 vol. in-12.　1 f. 50 c.

GÉOMÉTRIE USUELLE, dessin géométrique et dessin linéaire sans instrumens en 120 tableaux dédiés à M. le baron Feutrier; par C. Bourdeau. 1 vol. in-4.　10 f.

GLAIRES (des), de leurs eaux, de leurs effets, et des indications à remplir pour les combattre. Neuvième édition; par M. Doussin-Dubreuil. In-8.　4 f.

GRAMMAIRE NOUVELLE DES COMMENÇANS, contenant les dix parties du discours, développées et mises à la portée des enfans; par M. Brice, élève de M. Jacotot.　1 f.

GUIDE GÉNÉRAL EN AFFAIRES, ou Recueil ... Treizième édition. 1 vol. in-12.　1 f.

DICTIONNAIRE COMPLET GEOGRAPHIQUE, STATISTIQUE ET COMMERCIAL DE LA FRANCE ET DE SES COLONIES; par M. Briand-de-Verzé. 1 vol. in-18. 9 fr.

ECLECTISME EN LITTÉRATURE, mémoire auquel la médaille d'or de première classe a été décernée; par madame Elisabeth Celnart. 1 fr. 25 c.

EDUCATION (DE L') DES JEUNES PERSONNES, ou indication succincte de quelques améliorations importantes à introduire dans les pensionnats par mademoiselle Fabre. 1 vol. in-12. 1 fr. 50 c.

ÉLÉMENS DE GEOGRAPHIE UNIVERSELLE ancienne et moderne, par M. Noëllat. Un gros vol. in 12. 4 fr.

HEPTAMERON, ou les sept premiers jours de la création du monde, et les sept âges de l'église chrétienne. 1 grand vol. in 8. 5 fr.

JEUX DE CARTES HISTORIQUES; par M. Jouy, de l'Académie française. À 2 francs le jeu.

Contenant l'Histoire romaine, l'Histoire de la monarchie française, l'Histoire grecque, la Mythologie, l'Histoire sainte, la Géographie.

Celui ci se vend 50 c. de plus, à cause du planisphère.

L'Histoire du Nouveau Testament pour faire suite à l'Histoire ●●●●, l'Histoire d'Angleterre, l'Histoire des animaux, l'Histoire des emp●●● ●● Lecture, la Musique, la Chronologie, l'Astronomie et la Botaniqu●●

JOURNAL D'AGRICULTURE, d'Economie rurale et des M●●●●●● du royaume des Pays Bas. La collection complète jusqu'à la fin de 1828 se compose de 16 vol. in-8. Prix, à Paris 95 f.

LEÇONS D'ARCHITECTURE; par Durand. 2 vol. in-4. 40 f.
La partie graphique, ou tome troisième du même ouvrage : 20 f.

LETTRES INÉDITES de Buffon, J.-J. Rousseau, Voltaire, Piron, de Lalande, Laharpe, etc. 1 vol. in-12. 3 f.

LIBERTES (les) GARANTIES PAR LA CHARTE, ou de la Magistrature dans ses rapports avec la liberté de la presse et la liberté individuelle; par M. Boyard. 1 vol. in-8. 6 f.

MANUEL DES BAINS DE MER, leurs avantages et leurs inconvéniens; par M. Biot. 1 vol. in-18. 2 f.

MANUEL DES INSTITUTEURS ET DES INSPECTEURS D'ÉCOLES PRIMAIRES; par ***, membre d'un comité d'arrondissement. 1 vol. in-12. 4 f.

MANUEL DU CAPITALISTE; par M. Bonnet, 1 vol. in-8. 6 fr.

MANUEL DU NEGOCIANT DANS SES RAPPORTS AVEC LA DOUANE, ouvrage indispensable aux armateurs, négocians, capitaines de navires, commissionnaires, courtiers, commis du dehors, etc.; par M. Bézon Magnien, employé à la douane de Bordeaux. 1 volume in-12. 4 f.

MANUEL DES PEINTURES ORIENTALES ET CHINOISES en relief, par Saint Victor. 1 vol. in 18. 3 f.

MANUEL DES NOURRICES; par madame Elisabeth Celnart. Un vol. in 18. 1 fi 50 c.

MANUEL DE TREFILERIE DE FIL DE FER, par M. Miguard-Billinge, 1 vol. in 18. 2 fr. 50 c.

MAPPEMONDE (la) de l'*Atlas de Lesage.* 2 f.

MODELES DE L'ENFANCE. Deuxième édition, revue et augmentée par M. l'abbé Théodore Pradel. 1 vol. in-18. 2 f.

SUITE AU MEMORIAL DE SAINTE-HÉLÈNE, ou Observations critiques et anecdotes inédites pour servir de supplément et de correctif à cet ouvrage, contenant un manuscrit inédit de Napoléon, etc. Orné du portrait de M. Las Cases. 1 vol in 8. 7 f.
Le même ouvrage. 1 vol. in-12. 3 f. 50 c.

MÉTHODE DE LECTURE ET D'ÉCRITURE, d'après les principes d'él.

seignement universel de M. JACOTOT, développés et mis à la portée de tout
monde; par BRAUD, 1 vol. in-4.   1 fr. 50 cu

**NOUVEAU RÉPERTOIRE DE LA JURISPRUDENCE ET DE LA
SCIENCE DU NOTARIAT**, depuis son organisation jusqu'à présent, contenant, dans l'ordre alphabétique, l'extrait et l'analyse des meilleurs ouvrages et
de tout ce qu'il y a de plus intéressant sur cette matière, avec des notes et formules; par J. J. S. SERIBYS. 1 vol. in-8.   7 fr.

**NOUVEAUX APERÇUS SUR LES CAUSES ET LES EFFETS DES
GLAIRES**: par M. DOUSSIN-DUBREUIL. In-8.   2 fr.

OEUVRES DE M. BALLANCHE, 5 vol. in-8. papier vélin, 4 ont paru.
Prix de chaque vol.   9 fr.

Les mêmes, 16 volumes in-18, papier vélin, 12 ont paru, prix de chaque
volume.   1 fr. 50 c.

POÉSIES D'ADAM MICKIEWICZ; 3 volumes in-18, papier vélin
superfin d'Annonay.   15 fr.

PHILOSOPHIE ANTI-NEWTONIENNE, ou Essai sur une nouvelle physique de l'univers, par M J. BEAUTÉS. 3 livraisons in 8.   4 fr. 50 c.

RECUEIL DE MOTS FRANÇAIS, rangés par ordre de matières, avec des
notes sur les locutions vicieuses et des règles d'orthographe, par B. PAUTEX.
Quatrième édition, in-8, cart.   1 fr. 50 c.

RECUEIL ET PARALLÈLES D'ARCHITECTURE, par M. DURAND.
Grand in-fol.   180 fr.

RAPPORTS DES MONNAIES, POIDS ET MESURES des principaux
états de l'Europe : ce tarif est collé sur bois.   5 fr.

SOURD-MUET (le) **ENTENDANT PAR LES YEUX**, ou Triple
Moyen de communication avec ces infortunés, par des procédés abréviatifs de
l'écriture, suivi d'un projet d'imprimerie syllabique; par LE PÈRE D'UN SOURD-
MUET. Un vol. in-4°.   7 f.

STÉNOGRAPHIE, ou l'Art d'écrire aussi vite que la parole; méthode
simplifiée d'après les systèmes des meilleurs auteurs français, avec 4 planches,
par C. D. LAGACHE. Un vol. in-8°.   3 fr. 50 c

STÉNOGRAPHIE, ou l'Art d'écrire aussi vite que la parole; par M. COSEN
DE PRÉPÉAN. *Nouvelle édition.*   4 f. 50 c.

SOUVENIRS ATLANTIQUES, Voyage aux Etats-Unis et au Canada; par
Théodore PAVIE. 2 vol. in-8.   15 fr.

**TABLEAU DES PRINCIPAUX ÉVÉNEMENS QUI SE SONT PASSÉS
A REIMS**, depuis Jules-César jusqu'à Louis XVI inclusivement; par M. CA-
MUS-DARAS, *Deuxième édition*, revue et augmentée. 1 vol. in-8°.   10 f.

**TRAITÉ SUR LA NOUVELLE DÉCOUVERTE DU LEVIER VO-
LUTE**, dit LEVIER-VINET. In-18.   1 f. 50 c.

TOPOGRAPHIE DE TOUS LES VIGNOBLES CONNUS, contenant
tous les renseignemens géographiques, statistiques et commerciaux qui peuvent intéresser les consommateurs et les négocians; quatrième édition, u volumes in-8°. Prix, 7 fr. 50.

Ouvrages de M. l'abbé Caron.

LA ROUTE DU BONHEUR. 1 vol. in-18.   1 f.
L'ART DE RENDRE HEUREUX TOUT CE QUI NOUS ENTOURE.
2 vol. in-18.   2 f.
LA VERTU PARÉE DE TOUS SES CHARMES. 1 vol. in-18.   2 f.
LE BEAU SOIR DE LA VIE. 1 vol. in-18.   2 f.
L'ECCLÉSIASTIQUE ACCOMPLI. 1 vol. in-18.   2 f.
LES ÉCOLIERS VERTUEUX. 2 vol. in-18   4 f.
L'HEUREUX MATIN DE LA VIE. 1 vol. in-18.   2 f.
NOUVELLES HÉROÏNES CHRÉTIENNES. 2 vol. in-18   4 f.
PENSÉES CHRÉTIENNES. 12 volum 6 in-18.   21 f.
— **ECCLÉSIASTIQUES.** 12 vol. in 18.   21 f.

RECUEIL DE CANTIQUES ANCIENS ET NOUVEAUX. 1 vol. in-18.
1 f. 50 c.

Ouvrages de M. Noël.

ABRÉGÉ DE LA GRAMMAIRE FRANÇAISE; par MM. Noël et Chapsal. 1 vol. in-12. 90 c.

GRAMMAIRE LATINE (nouvelle) sur un plan très méthodique: par M. Noël, inspecteur de l'université et M. Felleus, un vol. 1 fr. 80 c.

GRAMMAIRE FRANÇAISE (nouvelle) sur un plan très méthodique avec de nombreux exercices d'Orthographe, de Syntaxe et de Ponctuation, tirés de nos meilleurs auteurs, et distribués dans l'ordre des Règles; par MM. Noël et Chapsal. 3 volumes in-12 qui se vendent séparément, savoir:
— La Grammaire, 1 vol. 1 f. 50 c.
— Les Exercices, 1 vol. 1 f. 50 c.
— Le corrigé des Exercices. 2 f.

LEÇONS D'ANALYSE GRAMMATICALE, contenant: 1° des Préceptes sur l'art d'analyser; 2° des Exercices et des sujets d'analyse grammaticale, gradués et calqués sur les Préceptes; par MM. Noël et Chapsal. 1 vol. in-12. 1 f. 80 c.

LEÇONS D'ANALYSE LOGIQUE, contenant: 1° les préceptes de l'art d'analyser; 2° des Exercices et des sujets d'analyse logique, gradués et calqués sur les Préceptes; par MM. Noël et Chapsal. 1 vol. in-12. 1 f. 80 c.

TRAITÉ (nouveau) **DES PARTICIPES,** suivi de dictées progressives, par MM. Noël et Chapsal. 1 vol. in-12. 2 f.

CORRIGÉ DES EXERCICES SUR LE PARTICIPE. 1 vol. in-12.
2 f.

COURS DE MYTHOLOGIE. 1 vol. in-12. 2 f.

NOUVEAU DICTIONNAIRE DE LA LANGUE FRANÇAISE. 5e édition. 1 vol. in-8, grand papier. 8 f.

Ouvrages de M. Olivier.

ARITHMÉTIQUE USUELLE ET DE COMMERCE, ou Cours complet de calcul théorique et pratique. *Sixième édition.* 1 vol. in-12. 2 f. 50 c.

RECUEIL des 500 exercices et des 350 problèmes très variés, contenus dans l'Arithmétique usuelle et de commerce. 6e édition. In-12. 1 f. 25 c.

PHYSIQUE USUELLE, ou Thèmes sur la physique, pour être appris de mémoire par les élèves. *Deuxième édition.* In-12. 2 f.

TOISÉ DES SURFACES ET DES VOLUMES, autrement appelé Planimétrie et Stéréométrie. In-12. 1 f.

GÉOMÉTRIE USUELLE, ou Cours de mathématiques théorique et pratique, 1 vol. in-8. 6 f.

MÉCANIQUE USUELLE, contenant la théorie des forces, ainsi que l'application de ces principes aux différentes machines, telles que les leviers, les poulies et moufles, le treuil, le plan incliné, la vis et le coin, le tout suivi de problèmes; par G.-F. Olivier, bachelier ès sciences, etc. 1 fr. 50 c.

Cet ouvrage, réellement élémentaire et à la portée de tout le monde, faisant suite à la *Géométrie usuelle*, est principalement destiné aux jeunes élèves des collèges et institutions.

Ouvrages de M. Vilerol.

GRAMMAIRE CLASSIQUE, ou cours complet simplifié de langue française, théorique et pratique réellement élémentaire et à la portée des jeunes élèves de l'un et de l'autre sexe. 1 fr. 25 c.

EXERCICES sur l'orthographe et la Syntaxe. 1 fr. 25 c.

GÉOGRAPHIE CLASSIQUE suivie d'un Dictionnaire explicatif des lieux principaux de la géographie ancienne, à l'usage des jeunes élèves des collèges et institutions. 1 fr. 25 c

CHRONOLOGIE CLASSIQUE, ou abrégé d'Histoire générale, 1re partie, comprenant l'*Histoire ancienne*, c'est-à-dire l'Histoire suivie et non interrompue de chacun des principaux peuples qui ont existé sur la terre, jusqu'à l'e-

rigine de ce ux qui y existent maintenant. A l'usage des jeunés él col·
éges et institutions. 1 fr.

Ouvrages pour les écolès chrétiennes.

ABRÉGÉ DE GÉOMÉTRIE PRATIQUE appliquée an dessin linéaire,
u toisé et au lever des plans; suivi des principes de l'architecture et de la
perspective; par F. P. et L. C. Ouvrage orné de 430 figures en taille douce.
Prix, broché : 2 f. 50 c.

NOUVEAU TRAITE D'ARITHMETIQUE DÉCIMALE, contenant toutes
les opérations ordinaires du calcul, les fractions, la racine carrée les réduc-
tions des anciennes mesures et réciproquement; un abrégé de l'ancien calcul,
les principes pour mesurer les surfaces et la solidité des corps, etc. Édition en-
richie de 1316 problèmes à résoudre, et d'une planche représentant plusieur
gravures de géométrie, pour servir d'exercice aux élèves, par les mêmes. Vol.
in-12, de 216 pages. Prix, broché : 1 f. 50 c.

RÉPONSES ET SOLUTIONS des 1316 questions et problèmes contenu
dans le nouveau Traité d'arithmétique décimale, par les mêmes. Vol. in 12 de
81 pages. Prix, broché : 1 f. 5 c.

NOUVELLE CACOGRAPHIE, dont les exemples sont tirés tant de l'Ecri
ture-Sainte que des saints Pères et autres bons auteurs; suivie de modèle
d'actes; par les mêmes. Vol. in-12. Prix, broché : 75 c.

CORRIGÉ DES EXERCICES DE LA CACOGRAPHIE, dont les exem
ples sont tirés tant de l'Ecriture-Sainte que des saints Pères et autres bou
auteurs; par les mêmes. 1 vol. in 12. Prix, broché : 1 f

ABRÉGÉ DE GÉOGRAPHIE COMMERCIALE ET HISTORIQUE
contenant un précis d'astronomie selon le système de Copernic, les définition
des différens météores, un tableau synoptique pour chaque département, e
des notions historiques sur les divers etats du globe, etc.; par L. C. et F. P
Vol. in-12 orné de 6 cartes géographiques. A l'usage des écoles primaires
1 f. 20 c

OUVRAGES D'ASSORTIMENT.

ABRÉGÉ DE LA FABLE, ou de l'Histoire poétique, par JOUVENCY, trad
en français et rangé suivant la méthode de DOMAIRON. In-18. 1 f. 50 c

ABRÉGÉ DE LA GRAMMAIRE FRANÇAISE, par M. de V
2ème édition. 1 vol. in-12.

ABRÉGÉ DE L'HISTOIRE DE FRANCE, à l'usage des él   ··e an
cienne ecole royale militaire, 1 vol. in-12, cart.   2 fr

— DE L'HISTOIRE ROMAINE, idem, in-12, cart.   2 fr
— DE L'HISTOIRE ANCIENNE, idem, in 12, cart.   2 f
— DE L'HISTOIRE SAINTE, idem, in 12, cart.   1 fr. 75 c
— DE LA FABLE, idem, in-12, cart.   1 f

ANNÉE AFFECTIVE, par AYRILLON. In-12.   2 f. 50

**ABRÉGÉ DES TROIS SIÈCLES DE LA LITTÉRATURE FRAN
ÇAISE,** par SABATIER DE CASTRES. 1 vol. in-12.   3

ABRÉGÉ DU COURS DE LITTÉRATURE DE LA HARPE, p
PERRIN. Deuxième édition. 3 vol. in 12.   7

AVENTURES DE TÉLÉMAQUE, par FÉNÉLON. Nouvelle édition; a
des notes géographiques et mythologiques, et des remarques pour l'intelligen
de ce poème; augmentée des Aventures d'Aristonoüs. 1 vol. in-12. 1 f. 50

AVENTURES DE ROBINSON CRUSOÉ. 4 vol. in 18.   6
Le même ouvrage. 4 vol. in 12.   6

AME (l') CONTEMPLANT LES GRANDEURS DE DIEU. In 1
1 f. 50

AME (l') AFFERMIE DANS LA FOI, et prémunie contre la séduction de l'erreur. 1 vol. in-12. 3 f. 50 c.

AMÉLIE MANSFIELD, par madame Cottin. 3 vol in-18 4 f.

AVIS AUX PARENS, sur la nouvelle méthode d'enseignem ent mutuel; par G. C. Herrin. 1 vol. in-12. 2 f. 50 g.

BEAUX TRAITS DU JEUNE AGE, par Fréville. Troisième édition. 1 vol in 12 3 f.

CATÉCHISME HISTORIQUE, par Fleury. Un vol. in 18, cart. 60 c.

CÆSARIS COMMENTARII, ad usum Collegiorum, 2 vol. in-18. 1 f. 40 c.

CANTIQUES DE SAINT-SULPICE; 1 volume in-18. 1 fr. 25 c.

CÉVENOL (le vieux ; par Rabaut-Saint-Etienne, 1 vol. in-18. 3 f.

CICERONIS ORATOR. In 12. 75 f.

COMMENTAIRES (les DE CESAR. Nouvelle édition, retouchés avec soin ; par M. de Wailly. 2 vol. in-12. 6 f.

CORNELII NEPOTIS Vitæ excellentium imperatorum, 1 vol. in-18. 1 f.

DICTIONNAIRE (nouveau) DE POCHE FRANÇAIS-ANGLAIS ET ANGLAIS-FRANÇAIS, par Nugent. Dix-huitième édition, revue par M. Fain. 1 vol. in-16. 6 f.

DOCTRINE CHRÉTIENNE DE LHOMOND. In-12. 1 f. 50 c.

ÉDUCATION DES FILLES; par Fénelon, in 12, fig., 1 fr. 50 c.

ÉLÉMENS DE LA CONVERSATION ANGLAISE, par Perrin; revus par Fain. 1 vol in 12. 1 f. 25 c.

ÉLÉMENS D'ARITHMÉTIQUE, suivis d'exemples raisonnés en forme d'anecdotes, à l'usage de la jeunesse; par un Membre de l'Université. 1 vol. in 12. 1 f. 50 c.

ÉPITRES ET EVANGILES DES DIMANCHES ET FÊTES DE L'ANNÉE, avec de courtes réflexions Edition augmentée des Prières de la messe et des Vêpres du dimanche. In 12. 2 f. 50 c.

ESPRIT (de l') DES LOIS, par Montesquieu. Nouvelle édition, ornée du portrait de l'auteur. 4 gros vol. in 12. 12 f.

ESQUISSE D'UN TABLEAU HISTORIQUE DES PROGRÈS DE L'ESPRIT HUMAIN, par Condorcet. 1 gros vol in-18. 3 fr.

FABLES DE LAFONTAINE, avec figures, 1 vol. in-18, br. 1 fr. 50 c.

DE FLORIAN, avec figures. 1 vol. in-18, br. 1 fr. 50 c.

LA FILLE D'UNE FEMME DE GÉNIE, traduit de l'anglais. 2 vol. in-12, avec figures. 6 fr.

GRAMMAIRE FRANÇAISE DE RESTAUT. Gros vol. in-12. 2 f. 50 c.

GRANDEUR (de la) DES ROMAINS, par Montesquieu 1 vol. in-12 2 f.

GRADUS AD PARNASSUM, ou Dictionnaire poétique latin-français, grand in 8. 7 f.

GUIDE DU MARÉCHAL, par Larosse. Nouvelle édition. 7 f. 50 c

HISTOIRE DES DOUZE CÉSARS, par F. de La Harpe. Cinquième édit. 2 vol. in 18 6 f. 50 c.

HISTOIRE ABRÉGÉE DE L'ANCIEN TESTAMENT, à l'usage de toutes les écoles, 1 vol in-12, cart. 1 fr 50 c.

HISTORIETTES ET CONVERSATIONS A L'USAGE DES ENFANS, par Berquin. 2 vol. in 8. 3 f.

JARDINS (les quatre) ROYAUX DE PARIS. 1 vol. in-8. Troisième édition 1 f 50 c.

JÉRUSALEM DÉLIVRÉE, traduite en vers, par M. Octavien 3 vol. in-8. 8 f.

JUSTINII HISTORIARUM ex Trogo Pompeio Libri xliv. In-18. 2 f. 50 c.

JULII CÆSARIS COMMENTARII. 1 vol. in-18. f. 50 c.

LETTRES DE MESDAMES DE COULANGES ET DE NINON DE LENCLOS, suivies de la Coquette vengée. 1 vol. in-12. 2 f. 50 c.

LETTRES DE MESDAMES DE VILLARS, DE LAFAYETTE ET TENCIN. 1 vol. in-12 f. 50 c.

LETTRES DE MADEMOISELLE AISSÉ, accompagnées d'une notice biographique et de notes explicatives. 1 vol. in-12. 2 f 50 c.

LETTRES PERSANES, par Montesquieu. *Nouvelle édit.* 1 vol. in-12. 3 f.

LETTRES DE J. MULLER a ses amis, MM. Bonstetten et Gleim; précédées de la vie et du testament de l'auteur. in-8. 6 f.

MALVINA, par madame Cottin. 3 vol. in-8. 4 f.

MÉMOIRES DE GRAMMONT, par Hamilton 1 vol in 32. fig. 5 f.

MÉMOIRES DU CARDINAL DE RETZ, DE GUY-JOLY ET DE LA DUCHESSE DE NEMOURS. *Nouvelle édition.* 6 vol. in-8, avec portr. 36 f.

MORALE (la) EN ACTION, ou Élite de faits mémorables et d'anecdotes instructives. 1 vol in-12, orné de 4 gravures. Paris, 1820. 3 f.

MORCEAUX CHOISIS DE FLÉCHIER, par Rolland. 1 vol. in-18, portrait. 1 f. 80 c.

MORCEAUX CHOISIS DE FLEURY, par Rolland. 1 vol. in-18, portrait. 1 f. 80 c.

ŒUVRES DE CHAMPFORT. 5 vol. in-8. 30 f.

ŒUVRES DRAMATIQUES DE DESTOUCHES. 6 vol. in-8. 56 f.

PARFAIT le) CUISINIER, ou le Bréviaire des Gourmands. 1 volume 12. 3 f.

PARFAIT (le) MODÈLE. 1 vol. in-12. 1 f. 25 c.

PRÉCEPTEUR (le) DES ENFANS, par madame de Renneville. 1 vol. in-12. 3 f.

PSAUTIER de David. *Nouvelle édition.* 1 vol. in-12. 1 f.

RÉCRÉATIONS D'EUGÉNIE, par madame de Renneville. *Troisième édition.* 1 vol. in-18, orné de 4 jolies figures. 1 f. 50 c.

RÉVOLUTION DE CONSTANTINOPLE en 1807 et 1808, par M Ju-chereau de Saint Denis. 2 vol. in 8. 9 f.

SELECTÆ E NOVO TESTAMENTO Historiæ ex Erasmi detumptæ. 1 vol. in 18. 1 f. 40 c.

Souvenirs de madame de Caylus. 1 vol. in-12. 3 fr.

TRAITÉ DE LA VENTE, par Pothier. 1 vol. in-32. 1 f.

DE LA MORT CIVILE en France par M. Desquiron de Saint-Agnant, avocat près la Cour royale de Paris. 1 vol. in 8. 7 f.

VÉRITABLE (le) ESPRIT DE J.-J. ROUSSEAU, par M. l'abbé Sabatier. 3 vol. in-8. 15 f.

VIE DE SAINT LOUIS DE GONZAGUE, de la Compagnie de Jésus. 1 vol. in-12. 2 f. 50 c

VOYAGE DE CHAPELLE ET BACHAUMONT. 1 vol. in-32. 1 f. 50 c.

VOYAGES (les) DE GULLIVER, traduits de Swift par Desfontaines Nouvelle et très jolie édition .4 vol. in-18, ornés de bellesgravures. Paris. 6 f.

Imprimerie de BOURGOGNE et MARTINET, successeurs de Lachevardière, rue du Colombier, n. 30.

COLLECTION

DE MANUELS

FORMANT UNE

ENCYCLOPÉDIE

DES SCIENCES ET DES ARTS,

FORMAT IN 18;

Par une réunion de Savans et de Praticiens;

MESSIEURS

AMOROS, ARSENNE, BOISDUVAL, BOSC, CHORON, *Ferdinand* DENIS, JULIA-FONTENELLE, HUOT, LACROIX, LANDRIN, LAUNAY, *Sébastien* LENORMAND, LESSON, PEUCHET, RICHARD, RONDONNEAU, RIFFAULT, TERQUEM, VERGNAUD, etc., etc.

Tous les traités se vendent séparément; pour les recevoir franc de port, il faut ajouter 5o centimes par volume.

Cette Collection étant une entreprise toute philantropique, les personnes qui auraient quelque chose à nous faire parvenir dans l'intérêt des sciences et des arts, sont priées de l'envoyer franc de port à l'adresse de M. le *Directeur de l'Encyclopédie in-18*, chez RORET, libraire, rue Hautefeuille, n° 10 *bis*, à Paris.

www.ingramcontent.com/pod-product-compliance
Lightning Source LLC
Chambersburg PA
CBHW060953220326
41599CB00023B/3701